中华美学全史

第四卷

陈望衡 著

人民出版社

目　　录

第　四　卷
秦　朝　编

导　语 …………………………………………………………………… 1150

第一章　《吕氏春秋》的美学思想 …………………………………… 1152

　　第一节　美感论："味" ……………………………………………… 1153

　　第二节　美论："数" ………………………………………………… 1156

　　第三节　乐论（一）："和" ………………………………………… 1159

　　第四节　乐论（二）："适" ………………………………………… 1163

第二章　秦始皇的美学贡献 …………………………………………… 1168

　　第一节　"书同文" …………………………………………………… 1169

　　第二节　"行同伦" …………………………………………………… 1171

　　第三节　山川崇拜 …………………………………………………… 1175

　　第四节　宫苑文化 …………………………………………………… 1178

第三章　李斯的美学贡献 ……………………………………………… 1183

　　第一节　人才观："四时充美" ……………………………………… 1184

　　第二节　审美观："娱心意说耳目" ………………………………… 1187

　　第三节　艺术观："适观而已" ……………………………………… 1189

第四节　书法观："道合自然" ………………………………… 1192
第四章　秦兵马俑的美学 ……………………………………… 1197
　　第一节　军功丰碑：统一中国,威武神圣 …………………… 1198
　　第二节　超前绝艺：高度写实,个性鲜明 …………………… 1202
　　第三节　神技炫耀：技化为艺,利巧合一 …………………… 1206
　　第四节　追求卓绝：锐兵利器,绝艳惊心 …………………… 1209

汉　朝　编

导　语 …………………………………………………………… 1214
第一章　《淮南子》的美学思想 ………………………………… 1217
　　第一节　"一"论 ……………………………………………… 1218
　　第二节　美论 ………………………………………………… 1219
　　第三节　形、气、神论 ………………………………………… 1225
　　第四节　天地大美与礼乐致美 ……………………………… 1227
　　第五节　大一统的美学 ……………………………………… 1230
第二章　《黄帝内经》的美学思想 ……………………………… 1233
　　第一节　阴阳说：生命之本 ………………………………… 1234
　　第二节　感应说：生命之成 ………………………………… 1236
　　第三节　"藏象"说：生命现象 ……………………………… 1240
　　第四节　"气"说：生命运动 ………………………………… 1243
　　第五节　"神"说：生命灵魂 ………………………………… 1247
第三章　《春秋繁露》的美学思想 ……………………………… 1253
　　第一节　天人感应与美学 …………………………………… 1255
　　第二节　阴阳五行与天地之美 ……………………………… 1260
　　第三节　礼乐美学 …………………………………………… 1263
　　第四节　经学诠释美学 ……………………………………… 1265

第四章　道教与中国美学 ································ 1270

第一节　本体的衍变 ································ 1271

第二节　主体的演绎 ································ 1273

第三节　环境的建构 ································ 1276

第四节　生命的浪漫 ································ 1277

第五章　《太平经》的美学思想 ···················· 1280

第一节　社会审美理想：致治太平 ···················· 1281

第二节　人生审美理想：与上帝同象 ·················· 1284

第三节　审美思维：阴阳和合 ······················ 1288

第四节　审美体验：乐出太平 ······················ 1292

第六章　礼乐美学新发展 ·························· 1296

第一节　贾谊：失爱不仁，过爱不义 ·················· 1296

第二节　刘向：食必常饱，然后求美 ·················· 1305

第三节　扬雄：厉之以名，引之以美 ·················· 1312

第四节　班固：四夷之乐，纳于太庙 ·················· 1323

第五节　应劭：乐道重雅，五岳崇拜 ·················· 1328

第七章　《诗经》诠释美学 ························ 1331

第一节　今文经学说诗 ···························· 1332

第二节　古文经学说诗：《毛诗序》 ·················· 1341

第三节　古文经学说诗：《诗谱序》 ·················· 1348

第八章　骚赋美学新发展 ·························· 1353

第一节　司马迁："发愤著书"说 ···················· 1354

第二节　王逸："引类譬谕"说 ······················ 1358

第三节　汉赋美学 ······························ 1361

第四节　汉人论赋 ······························ 1362

第五节　附录：刘勰论屈骚 ························ 1368

第九章　艺术美学兴起 ·························· 1371

第一节　绘画美学兴起 ···························· 1372

第二节　书法美学兴起 ⋯⋯⋯⋯⋯⋯⋯⋯⋯⋯⋯⋯ 1374

第三节　音乐美学兴起 ⋯⋯⋯⋯⋯⋯⋯⋯⋯⋯⋯⋯ 1388

第四节　园林美学兴起 ⋯⋯⋯⋯⋯⋯⋯⋯⋯⋯⋯⋯ 1394

第十章　汉画像石的审美天地 ⋯⋯⋯⋯⋯⋯⋯⋯⋯⋯ 1400

第一节　大汉威光 ⋯⋯⋯⋯⋯⋯⋯⋯⋯⋯⋯⋯⋯⋯ 1401

第二节　汉人社会 ⋯⋯⋯⋯⋯⋯⋯⋯⋯⋯⋯⋯⋯⋯ 1409

第三节　精神世界 ⋯⋯⋯⋯⋯⋯⋯⋯⋯⋯⋯⋯⋯⋯ 1415

第四节　大美融会 ⋯⋯⋯⋯⋯⋯⋯⋯⋯⋯⋯⋯⋯⋯ 1419

第十一章　王充的美学思想 ⋯⋯⋯⋯⋯⋯⋯⋯⋯⋯⋯ 1427

第一节　气、形、神 ⋯⋯⋯⋯⋯⋯⋯⋯⋯⋯⋯⋯⋯ 1428

第二节　疾虚妄 ⋯⋯⋯⋯⋯⋯⋯⋯⋯⋯⋯⋯⋯⋯⋯ 1429

第三节　文与质 ⋯⋯⋯⋯⋯⋯⋯⋯⋯⋯⋯⋯⋯⋯⋯ 1431

第四节　本性与善美 ⋯⋯⋯⋯⋯⋯⋯⋯⋯⋯⋯⋯⋯ 1433

第五节　批"五行"论 ⋯⋯⋯⋯⋯⋯⋯⋯⋯⋯⋯⋯⋯ 1436

第六节　"异端"美学 ⋯⋯⋯⋯⋯⋯⋯⋯⋯⋯⋯⋯⋯ 1438

第十二章　张衡的美学思想（上）：环境美学 ⋯⋯⋯ 1443

第一节　都市审美：据地应天，合礼乐居 ⋯⋯⋯ 1444

第二节　宫殿审美：地上天宫，美轮美奂 ⋯⋯⋯ 1448

第三节　园林审美：观赏游猎，人间仙境 ⋯⋯⋯ 1452

第四节　自然审美：出入儒道，超尘绝俗 ⋯⋯⋯ 1456

第五节　极般游之至乐，苟纵心于物外 ⋯⋯⋯⋯ 1460

第十三章　张衡的美学思想（下）：设计美学 ⋯⋯⋯ 1464

第一节　尚器："艺"行佐国 ⋯⋯⋯⋯⋯⋯⋯⋯⋯ 1464

第二节　尚异：因艺而受任 ⋯⋯⋯⋯⋯⋯⋯⋯⋯ 1467

第三节　尚奇：以"孤技"自傲 ⋯⋯⋯⋯⋯⋯⋯⋯ 1469

第四节　主真：创科技之智 ⋯⋯⋯⋯⋯⋯⋯⋯⋯ 1471

第五节　尚礼："器以藏礼" ⋯⋯⋯⋯⋯⋯⋯⋯⋯ 1475

第六节　用简：遵节俭之风 ⋯⋯⋯⋯⋯⋯⋯⋯⋯ 1478

第 四 卷

秦朝编

导　语

公元前 221 年即秦始皇二十六年,秦国灭掉了最后一个诸侯国——齐国,全国统一,中华民族第四个统一的王朝——秦建立了。秦朝是一个伟大的王朝,这个王朝让中国真正成为一个统一的大国,此前的夏朝、商朝、周朝,无论在国土面积上还是在中央政权对于国家的控制上均无法与之相比,更重要的是,秦朝建立的郡县制度、以小篆为国家强制推行的规范文字,还有统一的度量衡制度都对中国后来产生巨大而深远的影响。秦朝是一个短命的王朝,它只存在 14 年,这 14 年本来可以在文化上作出更多的贡献,由于秦始皇的"焚书坑儒",让诸多的文化成果不敢再立文字,因此,真正著于秦朝的文献非常少,这就让治中国思想史、哲学史、美学史、文学史的学者非常为难,忽略秦朝是不妥当的,而要将秦朝纳入研究的范围之内,又苦于无材料可用。

笔者认为,美学史研究有它特殊优越的地方,它可以适当接纳形而下的实体材料为研究对象,故而笔者将 20 世纪 70 年代出土的秦兵马俑纳入研究视野,尽可能地提炼出一些有价值的美学观念来。此外,笔者认为由秦国著名的丞相吕不韦所主持编纂的《吕氏春秋》,虽然其完成早于秦朝,但它是秦帝国谋国理政的指导思想。秦朝建立后,《吕氏春秋》仍然居于国家意识形态的地位,因此,这部按其产生年代应为先秦的著作,其实也未尝不可纳入秦朝学术视野。而一旦将《吕氏春秋》纳入秦朝的思想领域,则发现《吕氏春秋》所展现海纳百川的宏伟气魄正是秦帝国阔大胸襟的写实。《吕氏春秋》所显示出来的杂家之杂，在秦帝国则融汇成一统天下的"一"。"大"与"一"正是秦帝国美学的基本特征。

秦帝国美学不能绕过秦始皇，秦始皇诚然不是美学家，也不是艺术家，但他的诸多治国的做法与美学关系极大，其中最重要的是"书同文""行同伦"。前者构建了中华民族共同认可的文字传媒，让与语言文字相关的所有艺术有了依托，从而为文字美学奠定了稳固而庞大的基础。后者则促进了中华民族共同的文化心理结构的建构，这主要是对于国家的认同，对于国土的认同，对于信仰的认同，还有对基本的美学观念的认同。

说到秦朝，不能不说到丞相李斯，他是一位极有作为的政治家、思想家，也是一位极有成就的书法家、文学家，他的美学思想虽然谈不上丰富，但不能被忽视，只可惜由于历史的原因，他这方面的才华没有得到充分的发挥，让后人为之叹息不已。

秦帝国的辉煌最突出的体现应该是物质上的构建：首先是秦宫殿，跨山越谷，连天接地，美轮美奂，只可惜它完全毁于战火，而文字记载又太少，给秦以后的人们留下无尽的想象。其次是 20 世纪 70 年代才出土的兵马俑。这多达 8000 多具的兵马俑，最接近真实地让人们感受到了秦帝国的强大。它是统一中国战争的宏伟纪念碑，也是中国造型艺术的辉煌展览。

兵马俑高超的雕塑造型，还有铜车马的精湛工艺让人叹为观止。这其中所体现出来的美学精神、美学观念，充分体现出中华民族奋发图强、一往无前的豪迈气概，这是一曲响彻云霄的英雄之歌、一座跨山越岭的壮丽画廊。

秦留下来的文献确实太少，它在美学理论上的成就可圈可点的确实不多，但是，对秦不能不怀有敬意，毕竟它是中国第一个统一的封建王朝，不仅它的政治制度，还有它的雕塑艺术观念、书法观念、美学观念均在后来的封建朝代得到继承与发展。从后来朝代的辉煌中我们可以清晰地看到秦的色调，而且这色调是基本的。如果将自夏代以来的中国审美理论及实践比喻成一座摩天大厦，那么，这基座中就有秦帝国。

第 一 章

《吕氏春秋》的美学思想

《吕氏春秋》是由秦相国吕不韦组织他的门客编写的一部著作。此书编撰于公元前 240 年，适时秦始皇执政已经七年，这个时候，秦国已经成为列国中最强大的国家，加快全国统一的步伐。

秦国在战国七雄中崛起的原因是多方面的，也许在意识形态上以法家思想为指导思想起到了决定性的作用，但随着法家的种种弊病显露，秦国的统治者也感到了国家意识形态宜以开放兼容为好。吕不韦编写这样一部书，其意应是为即将产生的秦帝国提供意识形态体系。

事实上，先秦的诸家如儒、墨、道、法、阴阳均不是完善的治国理论，它们各有其优点，也有其缺陷。《吕氏春秋》这部书不能派生为哪一家，它向来被归属于"杂家"。虽是杂家，只是指思想的丰富性，并不是指思想的杂乱性。事实上，《吕氏春秋》有个比较严谨的体系，这个体系的基石就是：国强民富。《吕氏春秋》既不是历史书，也不是专著。这不妨碍它的思想深度，也许这种史论结合、亦史亦论的表述方式更便于展示思想的深度与广度。《吕氏春秋》在思想上兼纳百川，在这里，儒、法、道、管、墨、阴阳诸家的思想都有，但不是大杂烩，它有一个中心，这中心就是民富国强；与此相关，在美学上，它不宗一家，而是兼取多家，从而形成了既具有独特个性又算得上体系庞大的美学体系，在这个体系中，作为美论的"数"

论、作为美感论的"味"论和作为艺术论的"音乐"论三足鼎立,构成了秦朝美学的辉煌宫殿。

《吕氏春秋》不仅当得上先秦思想集大成之作,而且当得上秦帝国思想的纲领。同样,它的美学也当作如是观。

第一节　美感论:"味"

美,在先秦著作中,是一个不陌生的概念,但是没有专论,也没有综论。相对而言,《吕氏春秋》的《本味》可以看作美的综论。这篇文章涉及美的诸多重要问题,也提出了一些重要的概念。

一、味之本

味,是最早由《老子》提出的一个哲学概念,《老子》从两个意义上用到味概念:一是将味作为名词。那么,味就是道的另一称呼,强调道是"淡乎其无味"——至淡以至于无的味。之所以以味来比喻道,是因为在老子看来,道的意义是精微的,需要特殊的思维方式方可理会,这种特殊的思维方式,就是味。这就涉及味的另一种用法,即将味看作动词。悟道就成为味道。当道作为味的对象来品味的时候,道给予人的感受就是"妙"。于是,老子的道论就成为美论,道即妙,妙即美,味道即审美。

味,本为一种感觉,它的重要性在于它是食物予人的感受。食为生命之源,食予人的感觉涉及生命。味,就其实质来说,不仅是生命之门,而且是生命之光。经过味觉选择的食物不仅于人的肉体生命,而且于人的精神生命都是有益的。于是,味就升华为一种文化——美食文化,由美食文化又延展到人生及社会的诸多方面,于是,广义的味,为人类文明开拓出一片璀璨的精神天空。

这方面,首功是商汤的大臣伊尹。据《史记》,伊尹名阿衡,本为厨子。"阿衡欲奸汤而无由,乃为有莘氏媵臣,负鼎俎,以滋味说汤,致于王道。或曰,伊尹处士,汤使人聘迎之,五反,然后肯往从汤,言素王及九主之事。

汤举任以国政。"① 这里,特别重要的是,他"以滋味说汤"。"滋味"中有道,有政,有无穷的智慧、无穷的美妙。

这是中国人对美的最具特色的认识!

认识美的途径很多,目之于色,耳之于声,嗅之于气,肤之于触,尝之于味,均是体美之途,这于人类是共通的。中华民族在这方面有其特点,这特点就是对于味觉的独到的认识。

伊尹,开味文化之先河,他是味文化的祖师;老子,成味文化之哲理,他是味文化的巨匠。其后,论味的言论有很多:

《左传·昭公元年》:"天有六气,降生五味,发为五色,徵为五声。"

《左传·昭公二十年》:"先王之济五味,和五声也 …… 声亦如味 ……"

《国语·郑语》:"和五味以调口 …… 味一无果 ……"

《庄子·天地》:"五味浊口,使口厉爽。"

《吕氏春秋》的重要贡献是提出"味之本"的概念。它说:"凡味之本,水最为始。五味三材,九沸九变,火为之纪。时疾时徐,灭腥去臊除膻,必以其胜,无失其理。"② 这仍然是在讲做羹汤。羹汤以水为本,水的质地如何最重要。"三群之虫,水居者腥",做羹汤宜用干净清洁的水,经过火的作用,"九沸九变",让"五味三材"融为一体,同时也通过火的作用,"灭腥去臊除膻"。

强调"味之本,水最为始",让我们联想到由多种事物构成的"和",原来有一个本。本的作用很重要:第一,本是和的基础。本决定了此和为统一,而不是杂多。犹如做羹汤,用了诸多的食材,但这些食材最终要溶为一锅羹汤,而不能是原来食材的堆积。第二,本的品位决定了和的品位,犹如做羹汤,水是怎样的水,决定了羹汤是怎样的羹汤。

"本"论的提出,提升了"和"论的理论高度,让"和"论成为彻底的哲

---

① 司马迁:《史记·殷本纪》。
② 《吕氏春秋·孝行览》。

学,这其中包括让"和"论成为彻底的美学。美作为和,是"一之和",而不是"杂之积"。"一之和",是多的化合;"杂之积",是杂的混合。没有统一性就没有审美,而什么样的统一性决定了它是哪样的审美。

味,这个概念,在魏晋南北朝广泛进入艺术审美。至唐朝,司空图提出"辨乎味",这"辨"就含有重视味之本的意义。清代王士祯在回答友人提问"敢问诗之味,从何以辨"时说:"诗有正味焉。太羹元酒,陶匏茧栗,《诗》三百篇是也。"但是,不同的时代诗味是不一样的,因此,他又说:"欲知诗味,当观世运。"①

二、调和之事

味在于和,和是需要调的,这调,在自然,由天调;在社会,由人调。《吕氏春秋》说:

> 调和之事,必以甘酸苦辛咸,先后多少,其齐甚微,皆有自起。鼎中之变,精妙微纤,口弗能言,志弗能喻。若射御之微,阴阳之化,四时之数。故久而不弊,熟而不烂,甘而不浓,酸而不酷,咸而不减,辛而不烈,淡而不薄,肥而不臊。②

这段文字具体论述如何调和:

第一,和,必定是多种口味的调和。"甘酸苦辛咸"诸种口味,分量不一,放入的先后不一,于是,就造成诸多的变数。

第二,和,其变化是神奇的。"口弗能言,志弗能喻"。

第三,和,其变化是有律的。概而言之,若"射御之微,阴阳之化,四时之数"。

第四,和,其效应是对立统一。"熟而不烂,甘而不哝,酸而不酷,咸而不减,辛而不烈,淡而不薄,肥而不臊",这样的美,是中华民族崇尚的刚柔相济之美、阴阳和谐之美、中和之美。

---

① 王士祯等:《诗友诗传录》。
② 《吕氏春秋·孝行览》。

这四条虽然具体说的是美食的制作，但可以联想到一切美物的创作。因此，这四条可以概括为美的规律。

第二节 美论："数"

《吕氏春秋》将自然界的变化归于"数"。数是有规律的，自然物因为集中体现了自然的数而呈现为美。

一、"毕其数"

《吕氏春秋·季春纪》有专论《尽数》。然而，它没有为"数"下个定义。《说文》云："数，计也。"它的本义应是计量，但它的引申义却不限于事物量的方面，而涉及事物内在的规定性，因此，它具有规律的意义。规律是科学概念，指的事物内在的本质及运行方式，但"数"在中国古代文化中的运用，远不只是这样，它还具有命数、天数、机数、术数等诸多意义，这些意义均具有神秘的意味，显示出数的绝对性。

《吕氏春秋·季春纪·尽数》开篇云：

> 天生阴阳寒暑燥湿，四时之化，万物之变，莫不为利，莫不为害。①

这就是数了，就这段说的数来看，数指的是自然界变化规律。"莫不为利，莫不为害"，是就它对于自身的意义而言的，自然界自身无利害可言，不能说春天对它有利，冬天于它有害。这自然无利害说，拒绝了一切将自然拟人化或拟神化的观念，揭示出自然的客观性、非人性。这种说法证明《吕氏春秋》的自然观是唯物主义的，它的这种自然观念与荀子的相似。

虽然自然本身无利害可言，但它于人有利害关系。《吕氏春秋》接着说：

> 圣人察阴阳之宜，辨万物之利以便生，故精神安乎形，而年寿得长焉。长也者，非短而续之也，毕其数也。毕数之务，在乎去害。何谓去害？大甘、大酸、大苦、大辛、大咸，五者充形则生害矣。大喜、大怒、大忧、

---

① 《吕氏春秋·季春纪》。

大恐、大哀,五者接神则生害矣。大寒、大热、大燥、大湿、大风、大霖、大雾,七者动精而生害矣。故凡养生,莫若知本,知本则疾无由至矣。①

《吕氏春秋》强调,虽然自然本身无利害可言,但它于人有利害关系。当人能够"察阴阳之宜,辨万物之利",即深入地认识到自然的规律,精细地辨识出它与人的利害关系,人就能获得最大的好处。从养生的角度言,人就可以"年寿得长",人得利;而于自然来说,为"毕其数"。"毕",完全、彻底义。"毕其数"意味着自然充分地为人所认识,并且充分地为人所利用。用现代哲学的用语来说,就是自然的合目的性与人的合规律性实现了统一。如果将自然的数表述为真,人的目的性表述为善,那么,善因为"毕其数"而切合于真;真因为"毕其数"而转化为善。这种真与善的相互转化以及由这种转化而实现的统一,也就是美。

《吕氏春秋》说,"毕数之务,在乎去害",它从养生角度说的"去害",分为形之害、神之害、精之害。其实,概括起来,不外乎两个方面:一是自然界的情状(真),不利于人;二是人的目的性(善),不利于自然。于此两不利,就不能相互认可,不能实现统一。这种自然与人的对立,于健康说来说,是病,而于审美说来说,是丑。

二、"精气之集"

《吕氏春秋》在"数"之外,还提出"精气"概念。精气存在于客观自然界,它是数的集中的典范的体现。

《季春纪·尽数》云:

> 精气之集也,必有入也。集于羽鸟与为飞扬,集于走兽与为流行,集于珠玉与为精朗,集于树木与为茂长,集于圣人与为夐明。精气之来也,因轻而扬之,因走而行之,因美而良之,因长而养之,因智而明之。②

---

① 《吕氏春秋·季春纪》。
② 《吕氏春秋·季春纪》。

"精气"是中国古代典籍出现较多的概念。精与气为两个概念，"精"侧重于说人与物的内在本质，"气"侧重于说这种本质的生命状态。凡活着的人与物都是有精气的，虽然不是具生命意义的物，如云霞、雨露、月色在人们的生活中也往往被赋予生命的意味，因而也有精气。

在这里它不是强调"精气"，而是强调"精气之集"。"集"，不是量的聚集，而是力的聚集，力的聚集产生裂变，事物内外均会发生变化。这种变化，就生物来说，是化生；就哲学来说，是升华；就美学来说，是靓化。

这里说："集于羽鸟与为飞扬，集于走兽与为流行，集于球玉与为精朗，集于树木与为茂长，集于圣人与为夐明。"

这里强调的不是生命的存在，而是生命的光华。不同的物有着不同的生命光华：

羽鸟的光华在飞扬；走兽的光华在流行；珠玉的光华在精朗；树木的光华在茂长；圣人的光华在夐明。

一般来说，按中国哲学的理解，凡具有实际的生命的生灵或具有生命的意味的事与物均具有审美的意义，在《吕氏春秋》中，它强调的是生命的巅峰状态——精气之集。实际上，它认为，精气之集才是美，美在精气之集。

三、流动之美

生命之美，在于生，生是活的存在形态，而活多表现为动。当然，动，是人对物位移的一种感受。有实在的动，表现为时空的变化，称之为动作；也有非实在的动，表现为心理的变化，这种动，可以理解为动意。

《吕氏春秋》对于"精气"的理解，强调动，它说：

> 流水不腐，户枢不蠹，动也。形气亦然，形不动则精不流，精不流则气郁。郁处头则为肿为风，处耳则为挶为聋……①

人们多从生命的意义上重视动，的确，动是生命的特征，生命之美在动。其实，何止生命，万事万物无不在动，动就是变化，变化是事物存在的本然

① 《吕氏春秋·季春纪》。

状态。变化才是事物的根本规律。《周易》作为人类第一部哲学经典，就在于它是中国乃至世界第一部论变化的书。

从审美上看待生命，必然重视生命的本然状态——生命之动。因此，动态美，无论对世界哪一个民族都得到最高的尊重。18 世纪的德国文艺评论家莱辛说："诗想在描绘物体美时能和艺术争胜，还可用另外一种方法，那就是化美为媚。媚就是在动态中的美，因此，媚由诗人去写，要比由画家去写较适宜。画家只能暗示动态，而事实上他所画的人物都是不动的。因此，媚落在画家手里，就变成一种装腔作势。但是，在诗里，媚却保持住它的本色，它是一种一纵即逝而却令人百看不厌的美。"[1]

第三节　乐论（一）："和"

中国古代创礼乐治国的体制，礼乐治国源于传说中的黄帝，始于中国第一个王朝夏，而大全于周。周朝分为西周和东周。东周，名义上国有共主，实际上诸侯分治。礼乐体系创于西周初年，主要创立者为周公。周朝的礼乐制度，在《仪礼》《周礼》《礼记》中有较为详细的记述。到东周以及春秋战国时期，礼乐体系遭到破坏，称之为"礼崩乐坏"。严格说来，打破的是礼制"乐"，却是因为在一定程度上摆脱了礼的制约而得到长足发展。自东周以来，基于礼崩乐坏的现实，学者们多喜欢议论礼乐，一般来说，多侧重于礼。

《吕氏春秋》有些特别，它不太议论礼，对于乐，倒是津津乐道。论乐的篇幅之大在先秦诸子著作之中无有过者，而思想之深刻更是首屈一指，至少可与《乐记》相提并论。

《吕氏春秋》论乐，有一个突出特点，那就是基本上脱离礼。因此，实际上，它所论述的乐，不是礼之乐，而是独立的乐。

---

[1]　北京大学哲学系美学教研室：《西方美学家论美和美感》，商务印书馆 1980 年版，第 149 页。

　　值得我们注意的是,《吕氏春秋》所谈的乐与西周的乐有所不同,西周的乐是音乐、诗歌、舞蹈的集合体,《吕氏春秋》所谈的乐就是音乐。正文中,"音乐"这个概念已经出现①,《吕氏春秋》乐论的核心概念是"和"。

一、乐生于"度量"与"太一"之和

　　音乐是怎么产生的?《吕氏春秋·仲夏纪》提出一个观点:"音乐之所由来者远矣,生于度量,本于太一。"② 一是生于,二是本于,二者均为乐的构成基础,意义是差不多的。"度量"即数,在这里,是指构成音乐的数。此数为音律。之所以重要,它是声成为乐的先天法式。只有符合此法式的声才成为乐。"太一"即太极,它是宇宙的本质,准确地说,是宇宙的生命之力。前者为乐的形式,后者为乐的内容。宇宙的生命之力当为乐的法式所度量,它就成为乐。

　　这个地方,见出了类似康德的认识理论。在康德看来,认识之成立是先验的知性模式与经验的感性材料统一的结果。康德认为,知性不能直观,感性不能思维,只有当它们联合起来才能产生知识。《吕氏春秋》说乐产生的两个因素,"度量"属于知性模式,"太一"属于经验材料。前者是理性的,后者是感性的。理性的为形式,感性的为内容。

　　怎么见得"度量"是理性的,而"太一"倒是感性的呢?需要看乐的"度量"指什么。乐的度量为音律,中国古代关于音律有诸多具体的规定,如五声、十二律、八音等。这些规律都不是感性的实物存在,而是抽象的观念存在。而"太一"呢?《吕氏春秋》开初的描述是:"太一出两仪,两仪出阴阳,阴阳变化,一上一下,合而成章。浑浑沌沌,离则复合,合则复离,是谓天常。"③ 这说的是,宇宙的力,一种由阴阳对立而产生的变化有序的力。正是这种力,推动着宇宙的运动,并产生了万物。"万物所出,造于太一,化于阴

---

① 如《仲夏纪》有句:"音乐通乎政""先王必托于音乐以论其教"。
② 《吕氏春秋·仲夏纪》。
③ 《吕氏春秋·仲夏纪》。

阳。萌芽始震,凝滠以形。形体有处,莫不有声。"① 这种种不同的声,即是"太一"的具体的感性的显现。不是所有声音为乐,只有经过人工的努力,按乐的"度量"制作出来的声音,才是乐。

这乐的产生,见出了一种和,这种和,是先验的知性形式与经验的感性内容的统一所构制出来的和。

二、乐见出天地阴阳之和

《吕氏春秋》云:"凡乐,天地之和,阴阳之调也。"② 《乐记》也有类似的说法:"乐者,天地之和也。"③ "地气上齐,天气下降,阴阳相摩,天地相荡,鼓之以雷霆,奋之以风雨,动之以四时,煖之以日月,而百化兴焉。如此,则乐者,天地之和也。"④

这样一种认识,一方面是中国特有的太极阴阳哲学的体现,具有某种程式化的意义,似乎并不重要,但另一方面它揭示出:音乐作为人工制品,与天地自然具有一种内在的相通之处,就这方面而言,它具有比较重要的意义。西方艺术学中有模仿论,认为艺术是对自然的模仿,中国艺术学中有相通论,即认为艺术与自然是相通的,这种相通主要为精神。《吕氏春秋》的"夫乐,天地之和,阴阳之调也"即相通论的体现。相通论与模仿论都体现出人与自然的联系,只是相通论重人与自然内在精神上的联系,模仿论重人对自然的模仿,而这种模仿主要是外在的,因而看重的是人与自然外在现象上的联系。

三、乐和为平

关于乐之和,《吕氏春秋》最为看重的是"平"这种品格。

《吕氏春秋》说"大乐,君臣父子长少之所欢欣而说也。欢欣生于

---

① 《吕氏春秋·仲夏纪》。
② 《吕氏春秋·仲夏纪》。
③ 《乐记·乐论》。
④ 《乐记·乐礼》。

平"①,"君臣父子长少"是具有一定社会关系的人,既然是具有一定的社会关系,他们之间就有种种权利、责任、义务的问题存在,其核心是利益。这样,就会发生冲突,冲突的结果必然是破坏和睦。而乐,特别是大乐,能够让"君臣父子长少"之间不产生冲突,或有冲突而化除,让他们欢欣,让他们和睦。而之所以这样,是因为有了平。平,含义丰富。首先是公平,《吕氏春秋》说,"平出于公"②。公,公正。其次是平衡。平衡是公正的实现。因为所谓公正意味着人与人之间的种种关系,遵守着一定的原则,这原则主要是兼顾有关系的双方彼此的权利、责任和义务。兼顾即平衡。再次是平等。平等总是在一定意义上说的,具有一定关系的人,他们之间本是不平等的,如君臣。但这种不平等是有所指的,那是地位、权利,不是一切不平等,在公正原则的遵守上,他们是平等的。因此,人与人之间对立的藩篱得以摒除,心中因对立而生的块垒得以消泯,这就必然出现欢欣。这种欢欣具有审美的意义,因为这是自由的快乐。

《吕氏春秋》进一步提出"平生于道"③。道是什么?《吕氏春秋》说:"道也者,至精也,不可为形,不可为名,强为之[名],谓之太一。故一也者制令,两也者从听,先圣择两法一,是以知万物之情,故能以一听政者,乐君臣,和远近,说黔首,合宗亲。能以一治其身者,免于灾,终其寿,全其天。能以一治其国者,奸邪去,贤者至,[成]大化。能以一治天下者,寒暑适,风雨时,为圣人。故知一则明,明两则狂。"对于道的认识,《吕氏春秋》基本上沿用《老子》,但它强调的是"太一"。"太一",至高至大至尊的"一"。这个"一"是"制令",是决定事物性质与未来的根本力量,是宇宙的律法。

四、天下太平乐乃可成

《吕氏春秋》将乐的生成归之于道,因此,乐家能不能识道、体道、味道以及能不能将道实现为乐,是决定乐能不能成的根本。但是,乐家是生活

---

① 《吕氏春秋·仲夏纪》。
② 《吕氏春秋·仲夏纪》。
③ 《吕氏春秋·仲夏纪》。

在一定的社会环境之中的,社会环境对于乐家的一切作为有着重大的影响。《吕氏春秋》说:"天下太平,万物安宁。皆化其上,乐乃可成。"这"天下太平"实指政治清明,百姓安居,国富民强。《吕氏春秋》的作者们努力撰写此著的时候,战国七雄正在不断地被秦所灭,而秦国也不是没有危机,事实上,与秦国实力接近的大国还有楚,未来究竟是谁的天下,还未可知也。在这样一个时候,不可能在象牙塔中讨论乐的问题。《吕氏春秋》的作者敏锐地发现政治对乐具有决定性的作用:"亡国戮民,非无乐也,其乐不乐。溺者非不笑也,罪人非不歌也,狂人非不武也,乱世之乐,有似于此。君臣失位,父子失处,夫妇失宜,民人呻吟,其以为乐也,若之何哉?"这说得真好!这里,涉及美与美感的关系问题。乐作为审美对象,对于审美者来说,具有一定的客观性,这客观性中包括它所具有的审美潜能。但是,审美的实现,是审美客体与审美主体共同作用的结果。审美对象中所具备的审美潜能能不能转化成美,还得看审美主体的审美态度如何。亡国之戮民是没有心情欣赏乐曲的。让他作为审美主体来欣赏乐,哪怕是审美潜能丰富的乐,他也不能让这审美潜能充分地转化为美,因为亡国之痛在他的心中占据了主要地位,他快乐不起来,因此,"非无乐也,其乐不乐"!

关于乐和的论述,《吕氏春秋》一方面充分吸收了当时有关的研究成果,但另一方面又见出它自己独特的见解,显得较同类的论述更为深刻。

第四节 乐论(二):"适"

乐是用来让人感到快乐的,乐能不能让人快乐,除开特殊的社会环境,也除开心理特殊的欣赏者,就一般情况而言,有一个是否适合审美心理的问题。《吕氏春秋》提出几点重要的看法。

一、适心:"和心在于行适"

乐与其他艺术作品一样,它之所以为人所接受是建立在人的需要的基础之上的。需要是人所有行为的前提和动力。艺术是人的一种需求。基于艺术作为感性存在的特点，这种需求首先表现为感觉的需要。耳需要听音乐，于是就有音乐的创造；目需要观画面，于是就有绘画的创造。这个道理，应该说是常识，《吕氏春秋》并不着力论述此。它想要强调的是人的需求最终是由心所决定的。它说：

> 耳之情欲声，心不乐，五音在前弗听。目之情欲色，心弗乐，五色在前弗视。鼻之情欲芬香，心弗乐，芬香在前弗嗅。口之情欲滋味，心弗乐，五味在前弗食。欲之者，耳目鼻口也；乐之弗乐者，心也。心必和平然后乐，心比乐然后耳目鼻口有以欲之，故乐之务在于和心，和心在于行适。[1]

《吕氏春秋》说"心必和平然后乐，心乐然后耳目鼻口有以欲之"。将乐与欲的关系确定为乐决定欲，由此强调心的重要性。《吕氏春秋》将"欲"与"乐"、"耳目鼻口"等感官与"心"区分开来：

欲——感官

乐——心

这种区分，显示出《吕氏春秋》对于美感有着清醒而又深刻的认识：美感的初级是欲，表现为感官之需；美感的终极是乐，表现为心之需。这种认识逼近西方美学中对于美感的认识。古罗马普洛丁说："最高的美就不是感官所能感觉到的，而是要靠心灵才能见出的。心灵判定它们美，并不凭感官。"[2]

按现代美学，审美对象经由感知作用于人的情感与理智，审美主体心里就会激起反应。

反应有两类：

一类是同向的。审美对象与审美主体的价值观基本上一致，审美主体能够接受审美对象的价值观。具体分为两种情况：审美主体的心理反应是顺向的、和谐的、平缓的，我们称这种美感为优美感；如果审美主体的心理

---

[1] 《吕氏春秋·仲夏纪》。

[2] 北京大学哲学系美学教研室：《西方美学家论美和美感》，商务印书馆1980年版，第60页。

反应是逆向的、冲突的、强烈的,这种美感为崇高感。两种不同的美感均为正面的,审美对象的审美属性均可以统称为美。

另一类是反向的,即审美对象与审美主体的价值观是相反的,审美主体不能接受审美对象的价值观,那么,审美对象的审美属性在审美主体看来是反面的。不管心理反应如何,均为丑感。

值得指出的是,《吕氏春秋》说的"和平"是建立在道的基础之上的。《吕氏春秋》多处说到"和平"与"道"的关系:"务乐有术,必由平出,平出于公,公出于道。"① "欢欣生于平,平生于道。"②

因此,和平之心,不仅说明审美对象与审美主体的价值观是一致的,而且说明这种价值观是正面的。正是因为如此,这种"和心"所产生的乐,才是真正的美之乐。

二、适理:适心在"胜理"

上面说"和心在于行适"时,已涉及价值观。《吕氏春秋》对于价值观于行适的重要性,表述为"适心之务在于胜理":

> 夫乐有适,心亦有适。人之情,欲寿而恶夭,欲安而恶危,欲荣而恶辱,欲逸而恶劳。四欲得,四恶除,则心适矣。四欲之得也,在于胜理。胜理以治身则生全以,生全则寿长矣。胜理以治国则法立,法立则天下服矣。故适心之务在于胜理。③

《吕氏春秋》从"欲"谈起。人有"四欲":寿、安、荣、逸。"四欲"的对立面是"四恶":夭、危、辱、劳。"四欲"得,"四恶"除,为"心适","心适"为乐。

人谁不希望得"四欲"除"四恶"? 然而,"四欲"之得、"四恶"之除不是由主观心志所决定的,而是由客观之"理"所决定的。理是规律,只有"胜理"即掌握相关的规律,才能得"四欲"而除"四恶"。

---

① 《吕氏春秋·仲夏纪》。
② 《吕氏春秋·仲夏纪》。
③ 《吕氏春秋·仲夏纪》。

《吕氏春秋》这样一番论述，实质是为美找根据。美，为什么美？丑，为什么丑？归根结底，是由理决定的。只有明理，才能认识到并享受到真正的美，而不至于视丑为美。

三、适中："衷也者，适也"

上面谈到适心、适理，对于审美之乐具有决定性的意义。然而，还有一种适，虽然它对审美之乐不具决定性，但也是重要的，不可忽视的。这就是"衷"——适中。

《吕氏春秋》说："音亦有适……太巨、太小、太清、太浊皆非适也。"这是由人的生理—心理结构的接受能力与接受习性所决定的。由此，它提出"衷"的具体标准：

> 何谓适？衷音之适也。何谓衷？大不出钧，重不过石，小大轻重之衷也。黄钟之宫，音之本也，清浊之衷也。衷也者适也，以适听适则和矣。①

"以适听适"，这里，将"听"拎出来了。乐是用来听的，有关乐的一切适，均要通过听，听不适，则一切都谈不上。

四、适养："有情性则必有性养"

《吕氏春秋》重视乐的欣赏，但反对过分地消费乐。过分地消费乐，它名之为"侈乐"。

针对当时统治者"侈乐"的现象，它说："世之人主，多以珠玉戈剑为宝，宝愈多而民愈怨，国人愈危，身愈危累，则失宝之情矣。乱世之乐与此同。……故乐愈侈，而民愈郁，国愈乱，主愈卑，则亦失乐之情矣。"②

《吕氏春秋》这种观点表面上看与老子、墨子的很相似，都持有政治的立场：认为"侈乐"损害人民的利益、国家的利益，是祸国殃民之事。但《吕

---

① 《吕氏春秋·仲夏纪》。
② 《吕氏春秋·仲夏纪》。

氏春秋》还有另一个立场：音乐本位的立场。在他看来，"侈乐"其实有背音乐的宗旨。音乐的宗旨是什么呢？它说："凡古圣王之所为贵乐者，为其乐也。"就是说，快乐是音乐的宗旨。侈乐呢？《吕氏春秋》说："夏桀、殷纣作为侈乐，大鼓钟磬管箫之音，以巨为美，以众为观，诪诡殊瑰，耳所未尝闻，目所未尝见，务以相过，不用度量。"这种音乐失去了"度量"的音乐，已经不是音乐了，因为音乐，究其本，就是"生于度量，本于太一"的。《吕氏春秋》说：

> 侈则侈矣，自有道者观之，则失乐之情。失乐之情，其乐不乐。[1]

乐像人一样，有它的情性即"乐之情"。"乐之有情，譬之若肌肤形体之有情性也"。"有情性则必有性养也"，好比人的肌体，它有情性，这情性需要保养。一方面要保护，不让它受到伤害；另一方面则按照它的需要，科学地提供必要的营养。这就是养。

侈乐，过分地消费音乐，对音乐不是养；节乐，过分克制音乐，也不是养。养，就是要按照音乐自身的情性，去创造它，去欣赏它"乐所由来者尚也，必不可废。有节有侈，有正有淫矣。贤者以昌，不肖者以亡。"[2] 这里，全部问题的关键是：最大可能地实现音乐核心功能——乐，让音乐回归到它的本位。

---

[1] 《吕氏春秋·仲夏纪》。

[2] 《吕氏春秋·仲夏纪》。

第 二 章

秦始皇的美学贡献

　　秦始皇是中国历史上第一位皇帝，他的功过是非一直是人们热议的对象。大概引起后世对秦始皇最大反感的是"焚书""坑儒"了。正是因为这一点，让人们对于秦始皇在文化上的贡献不敢肯定。关于这件事的来龙去脉，钱穆在《两汉经学今古文平议》中有详细介绍。按钱穆的看法，从秦廷围绕焚书所颁布的禁令看，"并不以焚书为首要""最要者为以古非今，其罪至于灭族"。且此次焚书，"其首要者为六国之史记，以其多讥刺及秦，且多涉及政治也"。说秦焚书导致"诗书古文遂绝"，钱穆认为不符合事实。至于坑儒，"重亦不在坑儒，而别有在""其意在使天下惩之不敢妖言诽上"①，咸阳所坑，实际人数为 460 余人。虽然钱穆意在为秦始皇减轻罪责，但其罪还在。不过全面考察秦始皇在文化上的功过是非可能还不能因"焚书""坑儒"二罪而将其贡献否定。笔者在这里也不是企图全面评价秦始皇在文化上的功过，而仅就他在美学事业上的贡献谈一点看法。

---

① 　钱穆：《两汉经学今古文平议》，商务印书馆 2001 年版，第 188、190 页。

第一节 "书同文"

秦始皇对中华美学的贡献，首推"书同文"。周朝分封诸侯达 70 多国，到战国经兼并，剩下七个强国。七国均为汉族主体，均使用汉语，这是极为可贵的，但是七国文字不统一，各有自己的写法。这种不同，严重地影响到人们的交往。始皇即位后，决定统一文字。关于这件事，司马迁的《史记》语焉不详，西晋学者卫恒有比较具体的介绍：

> 昔周宣王时史籀始著大篆十五篇，或与古同，或与古异，世谓之籀书也。及平王东迁，诸侯立政，家殊国异，而文字乖形。秦始皇帝初兼天下，丞相李斯乃损益之，奏罢不合秦文者。斯作《仓颉篇》，中车府令赵高作《爰历篇》，太史令胡毋作《博学篇》，皆取史籀大篆，或颇省改，所谓小篆者。或曰下杜人程邈为衙吏，得罪始皇，幽系云阳十年，从狱中改大篆，少者增益，多者损减，方者使圆，圆者使方。奏之始皇，始皇善之，出为御史，使定书。或曰邈定乃隶字也。①

按此说法，统一文字有多位功臣。首先是李斯向秦始皇提出要以秦国的文字统一全国的文字，秦始皇批准这一建议，其后有多人参与统一文字的工作。整个工作，可以分为两个阶段，第一个阶段：创作新书体——小篆。主要工作由三人承担：丞相李斯作《仓颉篇》，中车府令赵高作《爰历篇》，太史令胡毋作《博学篇》。三篇文章中所用的字为小篆。小篆并不是秦国的文字，而是以"史籀大篆"为基础，予以简化所造成的字。自然，三人的简化会有所不同，最后可能经李斯统一，然后向全国颁布。第二个阶段，主要工作是由程邈做的。程邈本为衙吏，地位不高，因得罪秦始皇，被关了十年。他在狱中对于大篆予以美化：或增笔画，或减笔画，使方者变圆，圆变方，取方圆相济之妙。他出狱后，将这文字呈献给秦始皇，得到秦始皇的赞许。这种文字，有人说是隶书。

---

① 卫恒：《四体书势》。

从这个描述来看，秦始皇文字改革有两项成果：前期成果是小篆，这是秦帝国向全国强制推行的文字；后期成果是隶书。秦帝国后期，隶书出现，首先用于公文，其后社会上也开始用隶书。由于秦帝国很快就灭亡了，隶书在秦帝国并没有享受到国家文字的地位，只有到了西汉，它才成为国家文字。

"书同文"的主要推手应该是秦始皇，李斯等只是执行者。秦始皇的这项事业，是他对于中华文化的第一重大贡献。它的意义主要有三：

第一，自此，中国文化有了全国统一的载体，保证了全国各民族有了统一的语言规范，便于大家思想的交流，有利于中华民族大一统、中华帝国大一统局面的实现。

第二，自此，中国文化的积累在著作形态上有了共同认可的文字媒体，有利于中华文化的积累与传承。

第三，自此，中国书法正式形成。此前，中国文字虽然兼顾了交流功能与形式美观，但实际上，两者都做得不够。按卫恒的说法，"自秦坏古文，有八体：一曰大篆，二曰小篆，三曰刻符，四曰虫书，五曰摹印，六曰署书，七曰殳书，八曰隶书。"[1] 这几种文体中，小篆、隶书是秦朝创立的，其他均为秦前所有，这六种文体，一是缺乏共同认同的标准，有许多字别出心裁，他人不识；二是形式不美。正是因为如此，真正能够成为审美欣赏对象的书体应该没有。而秦帝国出现的小篆、隶书，除了具有简捷、便利、统一的实用性外，其审美性也越胜于以前所有的书体。蔡邕称赞篆书："不方不圆，若行若飞""摛华艳于纨素，为学艺之范先"。[2] 而隶书，也同样既便利又美观。钟繇称赞隶书："纤波浓点，错落其间，若钟簴设张；庭燎飞烟，崭岩嵯峨，高下属连，似崇台重宇，层云冠山。远而望之，若飞龙在天。近而察之，心乱目眩。奇姿谲诡，不可胜原。"[3]

---

① 卫恒：《四体书势》。

② 蔡邕：《篆势》。

③ 钟繇：《隶势》。

第二节　"行同伦"

秦始皇着手诸多一统天下的事业，这些事业对于中华民族统一的文化包括美学的产生奠定了物质的和意识形态的基础。其中，主要有：

一、改王为皇帝，皇帝至高无上

嬴政即位为秦王时，六国尚未被灭，是秦王嬴政最后灭掉了六国，在总结自己的丰功伟绩时，嬴政说："寡人以眇眇之身，兴兵诛暴乱，赖宗庙之灵。六王咸伏其辜，天下大定。"他让大臣为其议帝号。大臣均充分肯定他的不凡业绩，"平定天下，海内为郡县，法令由一统。自上古以来未尝有，五帝所不及。"建议上尊号为"泰皇"。泰皇，是古已有的说法，与天皇、地皇并列。三皇中，"泰皇最贵"。然而，嬴政对此建议不感兴趣，认为他的功劳盖过古代任何一位"皇"和任何一位"帝"，应该称为"皇帝"，就秦帝国来说，他是"始皇帝"，"后世以计数，二世三世至于万世，传之无穷"①。

皇帝名号的确定，在中国以此为始，其意义主要有二：第一，强调国家一统。秦王是以超乎前人的一统天下而得自封为皇帝的，因此，皇帝名号的政治基础是国家一统，这一思想对于中华民族心理影响甚深。中国式的爱国主义核心是国家一统，历代的爱国主义均在这一核心上体现得极为强烈而又突出，焕发出灿烂的光辉，国家至上，而且国家一统至上，成为中国式爱国主义的灵魂。这一点深刻地影响到中国美学，中国美学的核心精神就是家国情怀。家国情怀中，又以国为本。第二，皇帝的至高无上。中国式的封建主义以皇帝的至高无上为突出特点，本来，先秦中国社会不乏民主思想，先秦儒家尤其突出，然当秦朝确定皇帝专制之后，中国古代的民主观念遭到严重打击，崇奉民主主义的儒家也不得不屈服于专制的君权，从而也使得中国的文化严重地受到扭曲，中国文化遂在某种意义上成为奴性

---

① 司马迁：《史记·秦始皇本纪》。

文化，其可悲可以想见。中国美学也同样遭到严重阉割，突出表现则是孔子提出的诗教说"兴观群怨"在汉代阉割成了"主文谲谏"说，而苏轼就是因为其诗未能全部遵守"谲谏"的藩篱，而遭到宋儒的批评。其可悲处，还在于自秦朝始，中国的爱国观念与忠君观念结下不解之缘，作为中国美学重要精神的家国情怀也就不能不裹着忠君的魂灵，杜甫号称以民间疾苦为念的人民诗人，但诗篇只要涉及时事仍然处处显出愚忠的影子。除了让人慨叹其愚昧之外，那就是可怜的幻想。"致君尧舜上，再使风俗淳"，哪里还有尧舜？明末清初的黄宗羲有感于中国皇帝制度之害，写了著名的《原君》一文。文章明确地说，虽然都称为君，古之君与今之君是完全不同的。他说："古者以天下为主，君为客，凡君之所毕世而经营者，为天下也；今也以君为主，天下为客，凡天下之无地而得安宁者，为君也。是以其未得之也，屠毒天下之肝脑，离散天下之子女，以博我一人之产业，曾不惨然，曰'我固为子孙创业也'，其既得之也，敲剥天下之骨髓，离散天下之子女，以奉我一人之淫乐，视为当然，曰'此我产业之花息也'。然则为天下之大害者，君而已矣。"① 皇帝制度是中国文化的毒癌，中国的落后均可以追责到这种制度。

二、推行"五德终始"说，以"水德"自居

五德终始说，是战国时代阴阳家创立的一种学说，这种学说一直没有真正在社会上得到实施，秦始皇建立大一统的政权后，为了证明这个政权的合理性，援用了阴阳家的五德终始说。司马迁的《史记》记述道：

> 始皇推终始五德之传，以为周得火德，秦代周德，从所不胜。方今水德之始，改年始，朝贺皆自十月朔。衣服旄旌节期皆上黑。数以六为纪，符法冠皆六寸，而舆六尺，六尺为步，乘六马，更名河曰德水，以为水德之始。②

五德终始说，完全是一种迷信，没有任何科学根据，但此说借阴阳五行

---

① 黄宗羲：《原君》，见《黄宗羲全集》第一册，浙江古籍出版社 2002 年版，第 2 页。
② 司马迁：《史记·秦始皇本纪》，岳麓书社 1988 年版，第 56 页。

生克说得以获得自身圆融，具有极大的欺骗性。秦始皇利用此说，骗取百姓的支持，维护政权，值得我们注意的是，虽然此说没有科学根据，但是它对于中国文化的影响不容忽视。它的影响主要有三个方面：

第一，它成为统治者改朝换代的理论根据。汉代秦，同样沿用五德终始说，汉自称得土德，土克水，所以，获取政权有理。水为黑，土为黄色，故汉代尚黄色。

第二，它内化为中华民族文化心理，成为一种唯心主义的历史观，被用来解释历史。不仅如此，它还成为一种哲学观，被用来解释人生问题，甚至用来看命，看风水。虽然这种理论漏洞百出，完全脱离实际，但仍然具有强大的欺骗力。

第三，它有限地成为一种美学观。说有限，一是使用领域有限，这种美学观，多用于皇家礼仪之中，也用于道教的风水文化之中。二是它往往被附会上某种神秘的意义。它的被尊崇，不是因为本身的真理性，而是因为它所被赋予的王权或神权的绝对性。

三、统一度量衡并"车同轨"

秦朝的改制中有"一法度衡石丈尺"。战国时，各国的度量衡制度是不一样的。度量衡的不统一是影响经济发展的瓶颈。"一法度衡石丈尺"后，全国度量衡统一了，商贸活动得以方便自由地进行，经济迅速得到发展。如果不是暴政，新生的秦王朝不仅不会很快地灭亡，而且会创造从来没有过的经济繁荣以及相连带的文化繁荣。

战国时，各国车轨的宽度是不一样的，这样做，便于自己的战车通行，而不利别国的战车通行，这于保护国家安全是有利的。秦统一中国后，下令全国车轨宽度一致，这除了要改变车制外，还要改变道制。这一政令没遭到阻碍，顺利实行。这样，全国真正连成一片，它的重要意义，一是有利于秦王朝大一统的政权的稳固，被消灭的诸侯国要想死灰复燃就不那么容易了。二是有利于货物的运输，推动经济的发展。三是有利于国人的来往。国人来往不外乎政治、经济、文化、教育等方面的目的，"车同轨"之后，想到哪个地方去办事,就方便多了。

所有这一切有利都会在审美上显出良性的影响,因为这种交流中,肯定有艺术的交流,与之相关,肯定有审美趣味、审美风俗的交流,这样不仅有利于审美的发展、艺术的发展,而且有利于形成属于整个中华民族的异中有同、同中有异的审美风尚。虽然说,在夏商周,作为中华民族整体的审美风尚一直在形成之中,但由于诸侯国林立,彼此的对立,来往不方便,这种整体的审美风尚事实上一直没有得到发展,也没有形成,而只有秦朝,由于"车同轨",交通畅达,加上"书同文",文化的同化包括审美的同化加快步伐,很快取得长足的发展。

四、实行郡县制

秦帝国建立后,丞相王绾等建议分封诸王子弟为诸侯,朝廷上,为此展开激烈的辩论:

> 廷尉李斯议曰:"周文、武所封子弟同姓甚众,然后属疏远,相攻击如仇雠,诸侯更相诛伐,周天子弗能禁止。今海内赖陛下神灵一统,皆为郡县,诸子功臣以公赋税重赏赐之,甚足易制。天下无异意,则安宁之术也。置诸侯不便。"

> 始皇曰:"天下共苦战不休,以有侯王。赖宗庙,天下初定,又复立国,是树兵也,而求其宁息,岂不难哉!"廷尉议是。①

李斯以周朝分封制为教训,确实殷鉴不远,秦始皇迅即理解了李斯的良苦用心,表示赞同。他尖锐地说,"天下初定,又复立国,是树兵也"。于是,抛弃了分封制,采取郡县制,"分天下以为三十六郡,郡置守、尉、监"这一国家制度确实对于中国影响甚巨,自秦实行郡县制以来,历3000多年直到今日,中国的行政制度仍然是郡县制,是郡县制保证了中国的统一,避免了割据和分裂,功莫大焉。

中国真正的统一,是从秦帝国开始的。虽然以后的中国,出现过不少

---

① 司马迁:《史记·秦始皇本纪》。

的内乱,甚至几次出现南北分治的局面,但在中华民族子孙心目中,中国是统一的中国,分治只能是暂时的现象,统一是必然的趋势。不管现实的中国是不是完整,理想中的、应该存在的中国只能一个。与此相关,中华民族也只能是一个大民族,它的文化,内部诸因子可以丰富多彩、特色各具,但内在精神是相通的,且只有一个,总体本质与特色必然是统一的。同样,中华民族美学就总体来说,也是统一的,它的对外存在只有一个。历史的原因决定了中华民族的美学有诸多民族的构成因子,诸如汉民族美学、藏民族美学、回民族美学等,这些民族的美学有时空之别,就空间来说,有地域的区别,塞北与江南,其美学特色鲜明;另外,还有时间之别,从夏商周开始,一直到现在,各朝各代美学也不一样,但是所有这一切不同并不影响它是一个有机的整体,这个整体充满着活力,它是发散的、前进的、发展的,但它也是有内在的、规定性的。

第三节　山川崇拜

秦始皇建立起他庞大而又统一的中国之后,一个重要的举措就是巡游天下。秦始皇在帝位十二年,出巡郡县凡五次,他的目的,是向天下宣示,他是世界最高的主人,天下是他的。五次巡游中,不乏游历名山大川。据《史记》载,大体情况如下:

前220年,第一次巡陇西、北地二郡。这次出巡,主要是向匈奴宣示秦始皇的威力。出巡途中,登上了鸡头山。鸡头山地处甘肃泾源县西,相传黄帝登过此山。登上此山,也可能含有媲美黄帝的意思。

前219年,秦始皇东行,除视察郡县外,还登上了邹峄山。邹峄山在山东邹县,秦始皇在此山立石,与鲁地的儒生“议封禅望祭山川之事”。接着登上泰山,在泰山祭天(“封”),立石,歌颂秦皇丰功伟绩。下山时,“风雨暴起,休于树下,因封其树为五大夫”。然后来到梁父山,在此祭地(“禅”),同样刻石铭功。此后,去“渤海以东,过黄、腄,穷成山,登之罘,立石颂秦德”。接着,“南登琅琊,大乐之,留三月”。在这里,刻石颂秦德。秦始皇对于琅琊山，情有独钟，留此地竟达三月之久，这是有原因的。风景好，是第一原因，不然不会"大乐之"。另外，当年南方的越国灭吴后，北上迁都于此，筑高台盟诸侯，共尊周天子。秦始皇来到这里，登上越王勾践筑的琅琊台，百感交集。在刻石的碑文中，自豪地说："古之五帝三王，知教不同，法度不明，假威鬼神，以欺远方，实不称名，故不久长。其身未殁，诸侯背叛，法令不行。今皇帝并一海内，以为郡县，天下和平。昭明宗庙，体道行德，尊号大成。"[①] 其后，他又南巡湖南，登衡山。

前218年，秦始皇第三次东游，再次登上罘山，刻石。

前215年，秦始皇第四次东巡至碣石山，刻石。

前210年，秦始皇第五次南游云梦，继续南下，至九疑山。九疑山是大舜南巡最终的归宿地。秦始皇登九疑山，媲美大舜的意思非常明显。在巡游湖南之后，他浮长江东下，至会稽山。会稽山是大禹墓所在地，秦始皇来此祭大禹，刻石。

秦始皇这五次出游，意义重大：

第一，宣示天下一统，歌颂秦德。

第二，祭祀古代圣王，媲美古代圣王，甚至表示功盖古代圣王。

第三，游览名山大川的风景。

这种性质的游览与现代的旅游有相似之处，可以说，秦始皇是继周穆王之后中国历史上最重要的旅行家。他的旅行，就美学意义言之，可以视为自然美的最早发现。

秦始皇的山川审美主要意义有二：

（1）山川审美与山川崇拜的结合。秦始皇每到一座名山，都要祭祀。这里，以祭泰山最为重要。泰山在中国文化中具有崇高地位。汉代的《风俗通义》云："东方泰山，《诗》云：'泰山岩岩，鲁邦所瞻。'尊曰岱宗，岱者，长也，万物之始，阴阳交代，云触石而出，肤寸而合，不崇朝而遍雨天下，其惟泰山乎！故为五岳之长。王者受命易姓，改制应天，功成封禅，以告天

---

① 司马迁：《史记·秦始皇本纪》。

地。"① 秦始皇登泰山，当然，为的是封禅，以自己的丰功伟绩，告知天地神灵。封禅并不始于秦始皇②，但以秦始皇影响最大，因为他的作为，封禅泰山成为历代帝王一大人生理想。

（2）开启了中国名山崇拜的先河。中国有名山崇拜的传统，这一传统可以追溯到秦始皇的五次出游，这些出游所访的大山，几乎都成了名山。《史记·封禅书》云："自五帝以至秦，轶兴轶衰，名山大川或在诸侯，或在天子，其礼损益世殊，不可胜记。及秦并天下，令祠官所常奉天地名山大川鬼神可得而序也。"③

第四，寻仙。

这寻仙贯穿五次巡游的活动之中，其中重要的有这样两次：

（1）在琅琊，安排徐市东海求仙："既已，齐人徐市等上书，言海中有三神山，名曰蓬莱、方丈、瀛洲，仙人居之。请得斋戒，与童男女求之，于是遣徐市发童男女数千人，入海求仙人。"④

（2）在碣石，安排燕人卢生求仙。"始皇之碣石，使燕人卢生求羡门高誓。……因使韩冬、侯公、石生求仙人不死之药。"⑤ 后来，卢生等因为对秦始皇的残暴不满，不愿为他寻仙药，偷偷地逃亡了。

两次遣人求仙，以徐市最为著名。《史记》载，徐市等入海求神药，数年不得，害怕秦始皇惩罚他，就诈骗秦始皇，说蓬莱有仙药可得，只是有大鲛鱼看管，请皇上派射手去射大鲛鱼。秦始皇派射手去了，然而，没有发现大鲛鱼。射手无奈，转到罘山下的海面，发现有大鱼，射了一条，拿回去交差。此时，秦始皇已经病重，寻药的事也只得不了了之。

寻仙的事，在中国文化史、美学史上意义重大。

---

① 应劭：《风俗通义·山泽》卷十。
② 《太平御览》引《汉官仪》："孔子称封太山、禅梁父，可得而数，七十有二。"《史记·封禅书》说："管仲云：'古者，封泰山、禅梁父者，七十二家，而夷吾所记者，十有二焉。'"
③ 司马迁：《史记·封禅书第六》。
④ 司马迁：《史记·秦始皇本纪》。
⑤ 司马迁：《史记·秦始皇本纪》。

第一，神仙说是道教的核心。秦时，道教还未创立，但道教的思想素材有了一些，其中就有神仙说，秦始皇对于神仙的肯定，为道教的创立起到推动作用。

第二，仙境是道教思想的重要内容，仙境关涉中国人的环境美学思想，事实上，仙境就是中国人的理想环境。徐市向秦始皇上书，说东海有三座神山，名曰蓬莱、方丈、瀛洲，仙人居之。于是秦始皇遣徐市率童男童女数千人，入海求仙人。虽然徐市求仙未果，但海上三仙山意象深深地进入他的脑海之中，《秦纪》云："始皇都长安，引渭水为池，筑为蓬、瀛，刻石为鲸，长二百丈。"

这种做法得到以后朝代皇帝的继承，汉武帝在太液池筑瀛洲、蓬莱、方丈三仙山。有关东海三仙山的传说，在《三辅黄图》中有详细记载，后来不仅皇家花园筑三仙山，民间花园也筑三仙山，三仙山成为中华民族心目中的仙境代表。为秦始皇去海山寻药的徐市（徐福），野史记载最后去了日本，现日本有徐福庙宇纪念地。

第三，仙境以优美的原生态的自然景象取胜，仙境审美包含有原生态的自然审美。仙境意象在某种意义上可以视为原生态的自然意象，仙人与仙境的统一，成为中华民族极高远而又极亲近的人生理想。

第四节　宫苑文化

秦始皇登上皇位后，生活上极其奢华，其中，在史上留下浓墨重彩一笔的是他所筑的宫苑——阿房宫。阿房宫实际上不是他主持所建的宫殿的全部，他在继承前代秦王所建的宫殿的基础上有过增修。其中，史书上有记载的有三：

《三辅黄图》载：

> 始皇穷极奢侈，筑咸阳宫。因北陵营殿，端门四达，以则紫宫，象帝居，引渭水灌都以象天汉；横桥南渡以法牵牛。①

---

① 何清谷：《三辅黄图·咸阳故城》。

二十七年……作信宫渭南，已更命信宫为极庙，象天极。自极庙道通郦山，作甘泉前殿。筑甬道，自咸阳属之。①

两段文字，前段说筑"咸阳宫"，后段说"极庙"。两段文字都说到秦宫的修建，基本理念是效仿天象：咸阳宫像玉帝住的紫微宫，宫前的渭水像银河；"信宫"即咸阳宫，后更名为"极庙"。文中说，极庙"象天极"。天极星为北极星，在天球中央，为群星所拱，秦始皇的"极庙"象征的就是北极星，这正是秦始皇重要的建筑观念。秦始皇就是按照天帝的规格来建造他的宫殿的。

阿房宫是秦始皇新筑的宫苑。这所宫苑规模巨大，辉煌至极。

《史记》《三辅黄图》是这样介绍这座宫殿的：

三十五年……始皇以为咸阳人多，先王之宫廷小。吾闻周文王都丰，武王都镐，丰镐之间，帝王之都也。乃营作朝宫谓南上林苑中。先作前殿阿房，东西五百步，南北五十丈，上可以坐万人，下可以建五丈旗，周驰为阁道，自殿下直抵南山。表南山之颠以为阙。为复道，自阿房渡渭，属之咸阳，以象天极阁道绝汉抵营室也。②

阿房宫，亦曰阿城，惠文王造，宫未成而亡。始皇广其宫，规恢三百余里，离宫别馆，弥山跨谷，辇道相属，阁道通骊山八十余里。表南山之颠以为阙，络樊川以为池。作阿房前殿，东西五百步，南北五十丈，上可坐万人，下可建五丈旗。以木兰为梁，以磁石为门。周驰为复道，度渭属之咸阳，以象太极阁道抵营室也。③

从这些描述来看，整座王宫，在惠文王时就已建造，但规模较小，秦始皇感于咸阳人多，决定扩建，继续建造。阿房宫为秦始皇的新建，为王宫的前殿，亦名阿城。

阿房宫的建筑有这样几个重要的理念：

第一，取象于天，纳星汉于宫殿。这一理念袭用咸阳宫的建造。有所

① 何清谷：《三辅黄图·咸阳故城》。
② 司马迁：《史记·秦始皇本纪》。
③ 何清谷：《三辅黄图·秦宫》。

补充的是，这里特别提到"复道""阁道"。关于"复道"，"裴骃引如淳的解释：'上下有道，故谓之复道。'即在宫殿楼阁之间有上下两重通道，上面是用木料架设的空中通道，有似今之天桥。正如杜牧所云：'复道行空，不霁何虹'，复道乍看有似空中升起一道虹。"[1] 复道，让人想象宫殿就在天上。"'阁道'，星名，属奎星，共六星。《史记》卷二十七《天官书》：'（紫宫）后六星绝汉抵营室，曰阁道。'张守节《正义》：'阁道六星在王良北，飞阁之道，天子欲游别宫之道。'营室，星名，也称室宿，定星。二十八宿之一。玄武七宿的第六星。《尔雅·释天》：'营室谓之定。'注'定，正也。作宫室皆以营室中为正'。言所建复道象征天极星经过阁道星达到营室星。"[2]

第二，依山傍岭，建筑与自然环境的完美统一。

这座阿房宫下面有驰道，驰道直抵南山。南山、樊川，这山这水，都融入建筑群中，山为城门，水为池水。

阿房宫图

不仅阿房宫是这样，所有的建筑都注意与自然的统一。秦始皇时所造的宫殿不止阿房宫，除阿房宫这样主要用于朝会的宫殿外，还有很多离宫

---

① 何清谷：《三辅黄图·秦宫》。
② 何清谷：《三辅黄图·秦宫》。

别苑,用于皇帝寻欢作乐,这些宫殿的建造均依山傍势,"弥山跨谷"。《历代宅京记》记载:"咸阳北至九嵕、甘泉,南至鄠、杜,东至河,西至汧、渭之交,东西八百里,南北四百里,离宫别馆,弥山跨谷,辇道相属。"① 可以想象,这人造的山宫殿群与自然的山峦融会一体,显现出震天撼地的伟大气势,可谓前无古人,后无来者。

第三,规模巨大,极尽皇帝排场。

阿房宫不只是一座宫殿,实为一组宫殿,围成一座宫城,按《史记》所记尺寸折合,"东西五百步,南北五十丈,上可以坐万人,下可以建五丈旗"②。遗址在西安城郊的赵家堡。

第四,穷奢极欲,无比富丽堂皇。

修建宫殿,秦始皇一方面是为了彰显自己作为天下第一帝的排场,另一方面也是为了自己以及他的臣下的享受。阿房宫本是朝宫,是举行朝会仪式的宫殿,但也是享受的地方,《三辅黄图》说此宫"廷中可受十万人,车行酒,骑行炙,千人唱,万人和"③。

秦始皇建的离宫别馆,据《历代宅京记》记载:"木衣绨绣,土被朱紫。宫人不移,乐不改悬,穷年忘归,犹不能遍。"④ 可以想象,雕梁画栋,地砖艳绝,花团锦簇,宫殿堪谓美轮美奂,再加上宫中美人如云,钟鸣鼎食,真是极尽奢华了。

唐朝诗人杜牧在《阿房宫赋》中如此描绘阿房宫的美:"覆压三百余里,隔离天日。骊山北构而西折,直走咸阳。二川溶溶,流入宫墙。五步一楼,十步一阁;廊腰缦回,檐牙高啄;各抱地势,钩心斗角。"

秦始皇搜集天下最为珍贵的建筑材料来建筑他的宫殿。《拾遗记》云:"秦始皇起云明台,穷四方之珍木,搜天下之巧工。南得烟丘碧桂,郦水燃沙……东得葱峦锦柏,漂檖龙松……西得漏海浮金,狼渊羽壁……北得冥

---

① 顾炎武:《历代宅京记·关中一》。

② 何清谷:《三辅黄图·秦宫》。

③ 何清谷:《三辅黄图·秦宫》。

④ 顾炎武:《历代宅京记·关中一》。

阜干漆,阴坂文杞,襄流黑魄,暗海香琼,珍异是集。"① 不仅如此,他也搜寻天下奇珍来装饰并充塞他的宫殿,《西京杂记》云:"咸阳宫……金玉珍宝,不可称言,其尤惊异者,有青玉五枝灯,高七尺五寸,作蟠螭,以口衔灯,灯燃,鳞甲皆动,焕炳若列星,而盈室焉。"②《西京杂记》还说:"秦咸阳宫中有复铸铜人十二枚,坐皆高三尺,列在一筵上。琴、筑、笙、竽各有所执。皆组绶华彩,俨若生人。"③

第五,宫殿园林结合,开皇家园林规制。

秦始皇建的宫殿均为园林,或者说宫殿与园林合一。宫殿与园林合一,首先是功能上的合一。宫殿本是行政办公之所,园林乃是游冶娱乐之地。两者结合出于皇帝的需要。宫殿兼园林中,不仅筑有神仙所居地的蓬莱岛,而且还筑有各种池,有"兰池""鱼池""酒池"等。另外,还有豢养动物的"虎圈""狼圈"等。

秦始皇的宫殿及园林的建筑,开创了皇家园林的规制。这种规制一直延续到清代。

---

① 王嘉:《拾遗记·秦始皇》。
② 转引自雷从云等:《中国宫殿史》,百花文艺出版社2008年版,第62页。
③ 转引自雷从云等:《中国宫殿史》,百花文艺出版社2008年版,第63页。

第 三 章

李斯的美学贡献

李斯（？—前208），秦朝著名的政治家。原系楚国人，跟从当时的大儒荀子学习帝王之术，学成之后，度楚王不足以成大事，而秦国正在日趋兴旺之时，就西去秦国，投奔秦王。先为秦丞相吕不韦的舍人，公元前237年秦王任其用为长史。就在此时，韩国的郑国奸细案被发觉，秦王大惊，断然采取措施，下令驱逐所有来秦谋事的他国人士，李斯也在被逐的名单之内。李斯果断递上《谏逐客书》，试图挽救命运。秦王认为言之成理，遂收回成命，李斯得以留任。秦统一全国后，李斯升任丞相，参与制订包括"车同文""焚书坑儒"在内的重大国策，于秦、于历史功过皆有之。李斯最大的过错，是在秦始皇死后，因贪生怕死，妥协于二世胡亥、赵高的罪恶计谋，让二世胡亥篡夺了帝位，继而容忍二世、赵高的胡作非为，甚至助纣为虐，因而招致秦帝国很快灭亡，中华大地又立刻回到战火纷飞的灾难年代。

客观地说，虽然李斯在政治上有重大失误，但总体而言，李斯称得上有作为、有远见的政治家，贡献是主流。而就文化建树而言，李斯是秦帝国首位大学者，他继承荀子的儒法兼糅的学说，在实践上成功地推进了中国的统一事业，为中国此后的统治哲学奠定了基础。他在美学上也有一定的贡献，这主要是《谏逐客书》中所体现出来的一些与美学相关的理念，还有创立小篆书体以及关于书法的一些理念。

第一节 人才观:"四时充美"

春秋战国时期,国家观念是分层次的,有中央王朝周室所代表的国,也有诸多由周王朝分封的诸侯国,诸侯国有等级区别。春秋时,列国争霸,霸主虽为某一国的国君,但又是诸多结盟的诸侯国的盟主。在春秋战国时代,真正认定的国只有周室所代表的国。在文化上统称为华,为夏,凡承认并接受周王室为最高统治者的诸侯国均在华、夏之内。与华、夏相对的是夷狄,那是少数民族的地方政权。春秋战国时代,在周室以内,人员流动一般不设障碍。人才流动为正常现象,故有"楚材晋用"的说法,其实,楚国的人才哪里只是为晋用,诸多的诸侯国中都有楚地的人才在任职。正是因为这样,春秋战国时期的爱国主义就体现出多层面的意义:有对于周室忠诚的爱国主义,有对于自己祖先以及自己出生地所属诸侯国忠诚的爱国主义,还有对自己任职国忠诚的爱国主义。

《谏逐客书》所体现出来的国家意识显然是任职国的意识,在具体阐述不能逐客的理由中,他表达了这样几点国家意识:

一、国强在人才

国家要强,首在有人,这人,不是一般的百姓,而是人才。人才是强国首要。人才中最重要的是制定国家大政的人才。

李斯在他的《谏逐客书》中讲到将秦国推向强大的几位重要人物:(1)秦穆公时期主要是由余、百里奚、蹇叔、丕豹、公孙支。这"五子"为秦穆公所用,"并国二十,遂霸西戎。"(2)秦孝公时期,主要有商鞅。"孝公用商鞅之法,移风易俗,民以殷盛,国以富强。"(3)秦惠王时期,主要有张仪。"惠王用张仪之计,拔三川之地,西并巴蜀,北收上郡,南取汉中,包九夷,制鄢郢,东据城皋之险,割膏腴之壤,遂散六国之从。"(4)秦昭王时期,主要有范雎。"昭王得范雎,废穰侯,逐华阳,强公室,杜私门,蚕食诸侯,使秦成帝业。"

这些均是历史事实,它充分说明,国强在人强,没有强人,就没有强国,而强人中,最重要的是决定国家大政的人才。从上面所论及的人物来说,这些人才共同的特点主要是:(1)洞悉天下风云变幻及发展趋势;(2)准确地找准自己国家所处的位置及未来的发展方向;(3)制订出乎常人意料且又切实可行预计影响巨大的重要战略决策;(4)具有极强的实践能力,果断而又聪明地推动战略决策实施并引向成功。

二、人才需求士

人强,这强人从何而来?理论上说,主要靠本国培养,但实际上,由于种种原因,本国一时培养不出这样的强人来,而国家又急需这样的人才,那么,怎么办?唯一的办法是"求士"。上面所列举的强人都是秦国的国王求来的。

这里,首先是胸怀问题。要相信:"士不产于秦,而愿忠者众。"这相信,首先是胸怀。人才是在行动中显示出他的品质与才华的,虽然在行动前,人才通常会表忠心,也会说他会做什么,但事实上,这种表白与陈述,是不能算数的,那么,该怎么办?首先是相信;相信,是自信的表现,更是胸怀的表现。上面所说的人才,之所以能够发挥巨大的作用,就是因为他们遇上了胸怀宽阔的明君。是他们的宽阔的胸怀解放了这些人才的手脚,让人才充分发挥作用,故而得成就大业。

三、求士在睿哲

求士,理论上似乎都能明白,然而在实践上做得好的君主极少。问题看似出在实践上,其实,还是出在观念上。《谏逐客书》将这一问题提到哲学的高度:

> 臣闻地广者粟多,国大者人众,兵强则士勇。是以泰山不让土壤,故能成其大;河海不择细流,故能就其深;王者不却众庶,故能明其德。是以地无四方,民无异国,四时充美。①

---

① 吴调侯、吴楚材:《古文观止》上册,文学古籍刊行社 1957 年版。本书《谏逐客书》引文均见此书。

这里用的几个比喻用词是极讲究的。泰山的"不让",河流的"不择",王者的"不却",这样用词,李斯的意思是,在求士问题上,主体(君主)思想上不能预设框架,只有不预设框架,才能够不遗漏人才。当然,在求士的问题上,主体不可能完全没有标准,什么人都可以进来,这里就有一个死标准与活选择的关系问题,标准总是一般的、抽象的、大概的、无个性的,而人才都是具体的、特殊的、个别的,将固定的抽象的标准安放在具体的人的身上,就会发现诸多的不适用,这就需要主体善用标准,活用标准,在某种情况下还能突破标准。所有这些,都体现为哲学上的睿智。

睿智体现是诸多的,具体问题具体分析,不套用固有的套路,诚然是睿智的突出体现,但是,睿智更重要的是,善于从总体上把握对象、认识对象。《谏逐客书》在谈到人才问题上,作为总结的话是这样的:"地无四方,民无异国,四时充美。"

仔细思索这三个短句,含意深邃。

"地无四方"。地真的没有四方吗?是的。说地有四方,是认定观察者的存在,只要有观察者的存在,就有了观念的立足点。根据立足点,就有了四方。然而如果撤销了这个预设的观察者的存在,就没有四方可言了。地无四方,要的是地,而不是四方,用在求士上,这"地无四方",就意味着,我们要求的是士——人才,而不是别的非本质性因素,诸如,士所生的国度、姓氏、高矮、穷富,等等。

"民无异国"。这里说的"民"指"士"——人才。所谓"民无异国",不等于说民没有国度,民的出生地,就其行政归属来说,它必定要归属于某一个国家。但这只是就它的身份归属而言,并不等于说它的作用就只属于它所属的国。身份的归属与作用的归属是两回事。说"民无异国"是说民的作用没有国家约束。所有的人才,都是人类的人才,他们作用的发挥可以在不同的层面,或作用仅限于自己的国,或不限于自己的国,就伟大人才来说,他的作用的最高的发挥,是造福人类。

"四时充美"。这是精彩的总结。四时是不同的,虽然,人们对于它们的情感态度有所不同,但它们是组成自然这一整体不可分割的一部分。任何一部分都是重要的,而且它们的作用是相关的,因为有了冬,才会有春,同样正是因为有了春,才会有夏。因为有了四时,才有了全自然的美。懂得从整体上、生态体系上看地球上形形色色的人,那么,就不会感到这个世界没有人才,而是感到,这个世界上到处有人才,问题是能不能得到人才,这就需要胸怀与眼光了。

《谏逐客书》关于人才问题的论述,充满着灵动的美学智慧。

第二节　审美观:"娱心意说耳目"

为了说服秦始皇收回逐客令,《谏逐客书》一文,除了从人才本身来说道理以外,还用了一些非实用的物件从审美角度来说道理。在这部分文字中,体现出李斯一些可贵的美学思想:

在《谏逐客书》中,李斯谈到了来自他国的诸多美好的东西,在为秦人享受:

> 今陛下致昆山之玉,有随和之宝,垂明月之珠,服太阿之剑,乘纤离之马,建翠凤之旗,树灵鼍之鼓,此数宝者,秦不生一焉,而陛下说之。何也?必秦国之所生然后可,则是夜光之璧不饰朝廷,犀象之器不为玩好,郑卫之女不充后宫,而骏马駃騠不实外厩,江南金锡不为用,西蜀丹青不为采。所以饰后宫充下陈娱心意说耳目者,必出于秦然后可,则是宛珠之簪、傅玑之珥、阿缟之衣、锦绣之饰不进于前,而随俗雅化佳冶窈窕赵女不立于侧也。

这里,列举了诸多美好的东西,这些东西有的直接让"陛下说之";有的用于"饰后宫",装饰后宫女子;有的用于"充下陈",充实室内陈列。所有这一切为的是什么呢?"娱心意,说耳目"。

这段话涉及美感问题。美感有广义与狭义之分。广义的美感,指一切审美对象,包括美、丑以及由美丑组合成的各种格局如崇高、悲剧、喜剧等,给予主体的身体和心理的感受。狭义的美感仅指美的审美对象给予主体的身心感受。这里，它说的是狭义的美感。狭义的美感的特质即"娱心意，说耳目"。

"娱心意，说耳目"六字概括了美感的三个重要性质：

第一，美感首先是感官的愉悦。"说耳目"——悦耳悦目。当然，美感的感知能作用到所有的感官，除了视觉、听觉这两种感觉外，还有嗅觉、味觉、肤觉等。不同的美的事物，让人产生不同的美的感觉，往往是以某一感觉为主，其他感觉产生连带反应，因而形形色色，千变万化，精妙难言，唯体验可悟之。感官的愉悦见之于身。视觉的美感主要从眼睛的微妙表现上显现出来，而听觉的美感则从耳鼓的震动以及全身的相应反应显现出来。

第二，美感核心是情感的愉悦和理性的启迪。"娱心意"中的"心意"有两个重要因素：情感、理智。情感是一种具有晕染性的深层心理反应。情感基本可以分为正负两种：正面的为愉悦，负面的为悲伤。复杂的情感是正负两种反应的多种方式的组合。情感具有全身心的晕染性，就是说，当某种情感产生，不论其具体原因是什么，它都会波及全身心。愉悦的情感不仅有利于心理健康，而且有利于身体健康，反之，悲伤的情感不仅有害于心理健康，而且有害于身体健康。理智是潜在于情感之中的具有质的定位性的心理因素，所谓质的定位性，它或主要涉及对事物的真实性的认知，或主要涉及对事物善恶性的判定。在审美中，情感与理智两个因素融为一体，情显而理潜。因此，美感总是表现为情感的愉悦，而理智则只是显现为一种潜在的启迪。

第三，美感的快乐主要为娱乐。《谏逐客书》强调美感"娱"的性质。"娱"的外在体现是快乐，而其本质则是超功利。不能说能"娱"的东西，一点功利性也没有，但它成为"娱"的东西时，其功利性或是束之高阁，或是有意屏蔽。《谏逐客书》中所列举的美的事物基本上都是如此。《谏逐客书》将审美的这一性质予以突出，说明李斯对于美感的性质有着清醒的不缺深刻的认识。

第三节　艺术观:"适观而已"

《谏逐客书》也涉及艺术:

> 夫击瓮叩缶弹筝搏髀,而歌呼呜呜快耳目者,真秦之声也,《郑》《卫》《桑间》《韶》《虞》《武》《象》者,异国之乐也。今弃击瓮而就《郑》《卫》,退弹筝而取《韶》《虞》,若是者何也,快意当前,适观而已矣。①

这段文章本意是说,秦国本土的音乐是不那么美的,说是"歌呼呜呜",而《郑》《卫》《桑间》《韶》《虞》《武》《象》这些音乐非常美,然而它们并不产生于秦国。是不是秦国人就不愿欣赏这些音乐呢? 不是的,事实上,秦国人非常喜欢这些音乐。秦国人为什么这样做? 是因为"快意当前,适观而已"。

这"快意当前,适观而已"是李斯对于这些美好音乐的一种评价。这里涉及艺术观的问题。

一、乐的功能

李斯在文章中列举的这些美好的音乐作品,在中国先秦统称为"乐"。"乐"在先秦有两种意义:一种指音乐为主体包括诗歌、舞蹈等在内的艺术形式;另一种则仅指音乐。先秦有"艺"的概念,孔子有"游于艺"的说法,孔子"游于艺"的"艺"有六种:礼、乐、射、御、书、数,不指现今所说的艺术,而是指涵盖艺术在内的生活本领。孔子说的"游",是熟练掌握的意思。在先秦,周公、孔子说的"乐"与"艺"有重叠,在古籍中,乐通常与礼相提并论,荀子著《礼篇》,又著《乐篇》,强调二者并列的地位。在荀子看来,礼乐的作用,各有分工,而共同的事业则是治国理政。荀子说:"乐也者,和之不可变者也;礼也者,理之不可易者也。乐合同,理别异。礼乐之统,管乎

① 吴调侯、吴楚材:《古文观止》上册,文学古籍刊行社1957年版,第170页。

人心矣。"乐之所以能提到这样高的地位,与礼并列,乃是因为在儒家看来,乐是通礼的。《乐记》明确地说明它们的关系:"乐者,通伦理者也,是故知声而不知音者,禽兽是也,知音而不知乐者,众庶是也。唯君子能知乐。是故审声以知音,审音以知乐,审乐以知政,而治道备矣。"这里,肯定,"乐"是"通伦理"的。这里有三点需要论辩一下:

第一,"伦理"指什么?字面上指人伦之理,在先秦人伦之理包含人际关系的全部,基础是家庭人员的关系,扩展则是社会关系。社会关系,纵向关系则是臣对君的关系,类似于家庭关系中父(母)子关系;横向关系则是朋友关系,类似家庭中的兄弟关系。正确处理这些关系的道理统称"伦理"。说乐通伦理,通的是这样的伦理,乐的社会责任就非常之大了。

第二,说乐"通伦理"是指一部分乐,还是指全部的乐?显然,它是指全部的乐。乐是不是也有让人快乐的功能?有。儒家对这一点不否定,但因为将乐的功能首先定为"通伦理""管乎人心""合同"即实现人际关系之和上,乐的娱乐功能就几乎微乎其微了。

第三,声、音、乐的区别与关系。在《乐记》看来,声与音不同,声是自然性的,音才是文化性的。只是知声而不知音,只是动物的本领,连人都不是。这样定位,音乐自然就会"通伦理"了。另外,在《乐记》看来,音与乐也不同。只是知音,那只是普通百姓;只有知乐,那才是君子。君子通过"审乐"而"知政",由"知政"而通向"治国"。

然而在这里,李斯对于他老师荀子的观点似乎一点也没有顾及,他径直地认定:乐的功能没有那样高,什么"合同""通伦理""知政""治道"全没有。乐只有一项功能,那就是"快意当前,适观而已矣"。

不能不认为,李斯对于儒家的艺术观不是有所保留,而是基本上反对的。他不认为乐有治国理政的功能。乐就是给人提供"快意",也就是娱乐而已。

二、乐的标准

在谈及乐的时候,李斯所列举的"乐"可以分为两类:一类为民间的乐，它就是《郑》《卫》《桑间》；另一类为庙堂的乐，它就是《韶》《虞》《武》《象》。《虞》是大舜的乐，《韶》《武》《象》分别是周文王、周武王、周成王的乐。民间的乐，是比较重视娱乐功能的，因此，也为儒家所批评，孔子说"郑声淫"，提出"放郑声"，尽管如此，经过孔子修订的《诗经》，还是保留了它们的地位，没有完全删除。至于《韶》《武》《象》这类的乐，孔子赞美不已。《论语》载："子谓《韶》，'尽美矣，又尽善也。'谓《武》，'尽美矣，未尽善也。'"[1] 按孔子的评价标准，《韶》《虞》《武》《象》这类庙堂之乐远高于《郑》《卫》《桑间》这类民间之乐。孔子的艺术评价显然是政治标准第一的。然而李斯不这样看，他认为乐的评价标准只有一个，那就是"快意"。快意首先是强调乐的娱乐性，其次是强调乐的欣赏中的主观性。将娱乐性与主观性统一起来，李斯提出"适观"说。

"适观"的"观"为观赏，观赏的实质为娱乐。观是中国美学的一个重要范畴，它是情性的、感性的、悟性的。在观之中感受，在感受中动情，在动情中悟理，整个过程都是快意的。

李斯的"观乐"说与《乐记》的"审乐"说，有着重大的不同。"观"是感性的，"审"是理性的。故"观"为审美欣赏，而"审"为科学认知。

李斯在"观"前加上"适"，强调观的适宜性。何谓适？适什么？李斯没有继续申说，但根据前后文，大致可以猜定，他说的适，是适于观赏者。适于观赏者总体来说可以理解为适宜于观赏者的审美生理—心理结构，然展开来说，它可以分出好几层意思：(1)适宜于观赏者的审美能力；(2)适宜于观赏者的审美标准；(3)适宜于观赏者的审美习惯；(4)适宜于观赏者的主观期望。凡此种种，既有诸多不同层次、不同意义的共通性，更有更多的个体性、主观性、变化性、随机性。

李斯的"适观"说不仅基本上否定了儒家所强调的乐的"合同""移风易俗"说，而且深刻地揭示了审美的规律。

---

[1]　《论语·八佾》。

第四节　书法观："道合自然"

李斯是中国历史上第一位大书法家。秦始皇根据他的提议，取"书同文"国策，让他为首改造文字，李斯以秦书为基础，斟酌周朝的大篆，并能考六国文字，创造出小篆书体，用这一书体，作《仓颉篇》一文。从此，小篆成为全国统一的书体。

小篆书体的出现，其重要意义有三：

第一，从此有了全国统一的文字，因为语言最终要用文字书写，所以，实际上它统一了中国的语言。语言的统一，对于中华民族的统一，对于中国的统一所起到的作用之大，任什么评价都是可以理解、可以接受的。某种意义上说，它是中华民族的统一、中国的统一的重要标志。

第二，从中国文字的发展史来看，小篆的出现，在一定程度上推动了中国书法的正式产生。中国文字发现很早，距今约 8000 年的裴李岗文化、大地湾文化，距今约 7000 年至 5000 年的仰韶文化，距今 6000 年至 4000 年的大汶口文化均发现刻画符号，这些刻画符号很可能就是文字，只是现在我们还不能辨识。其后，发现甲骨文，这主要是夏商使用的文字，因为出现在龟甲、兽骨上，故称之为甲骨文，经专家辨识有 4000 多个不同写法且意义有别的文字。目前认定它为中国文字之始，随后，就有金文。因为铸刻在青铜器上，故称之为金文。这种文字商代就已出现，周朝是它的黄金期。历经数百年的发展，金文的风格有所变化，不同历史时期呈现出不同的风貌，由于刻家的水平与审美情趣的不同，金文也有各种写法，因此，金文缺少统一风格，也缺少统一的写法。金文，就字体风格来说，为大篆。大篆，应该是后人的说法，与之相对的是小篆，小篆是李斯在大篆的基础上创立的书体。

小篆与大篆基本风格相同，主要是均以曲笔为主，圆转婉约。但小篆有着不同于大篆的重要特点，这主要是：

（1）字体规整。大篆中只有部分字规整，诸多字不够规整，有些字直接为物形的写真，如马、鸟、水等字，有些字方正，有些字拖着长长的尾巴。有些字过繁，有些字过简。这些缺点，小篆均克服了。

（2）单体美化。甲骨文的功能是表意，不太注意美，大篆已注意到字体的美化，但总体来说，大篆比较在意整篇的美，而不注重单体的美。而小篆注重单体字的美。

正是因为小篆注重单体的美，可以说，小篆才是中国书法全面的展开。

现在保存的秦朝的小篆都以石刻的形式存在。

中国文字的载体，就保存的方式来看，史前的刻画符号，主要是陶器；商代的甲骨文，主要为龟板、兽骨；金文，是青铜器；小篆，一是用在竹简上，另是用在碑石上。竹简上的小篆主要是行政文字；碑石上刻的文字，主要是纪念文字。显然，石刻文字的意义要伟大得多。石刻文字之始，据说是为纪念大禹治水所刻的《岣嵝碑》。此碑不存，传世的《岣嵝碑》均为后人托刻。比较可信的是石鼓文。唐朝初年，有人在雍县田野发现十只鼓状的圆石，学者们大多认为是秦朝建立前的文字。石鼓上所刻为歌颂周朝的四言诗，北宋欧阳修修录时仅存 465 个。唐朝张怀瓘评论石鼓文："体象卓然，殊今异古；落落珠玉，飘飘缨组。苍颉之嗣，小篆之祖。"①

石刻文字真正的发展是在秦始皇做皇帝之后，秦始皇好巡游，巡游都刻石。秦始皇即位后，五次巡游，刻石六处。这刻石的文本，据学者们推测，均为李斯所做，也为李斯所书。

秦始皇六块刻石是：绎山刻石、泰山刻石、琅琊台刻石、之罘刻石、碣石刻石、会稽刻石。六处刻石存世情况大体如下：

之罘刻石、碣石刻石原件及拓本均不存。有原件或拓本存世的为绎山刻石、泰山刻石、琅琊台刻石、会稽刻石。

绎山刻石，原石唐朝已毁，但有拓本存世，宋太宗用拓本刻了一块石碑，现藏西安碑林，元代有人翻刻一石，立于浙江绍兴。

泰山刻石原立于泰山山顶，后移到碧霞元君祠中，至清代乾隆年间，仅

_____

① 张怀瓘：《书断》。

存二十九个字。后此祠失火，碑亦遭毁。好在有拓本存世，有人据拓本又刻一石，可惜不久又遭碎裂亡失。嘉庆二十年（1815），有人在玉女池发现残石二块，存10字，不想，后又损一字，现嵌置在东岳庙内。此碑存世拓本为二，一为29字，一为9字。

李斯泰山刻石拓片

琅琊台刻石原文497字，同样，遭遇自然风雨的毁损，但有拓本存世。苏轼《书琅琊篆后》云："蜀人苏轼来守高密，得旧纸本于民间，比今所见犹为完好。知其存者，磨灭无日矣。而庐江文勋适以事至密，勋好古善篆，得李斯用笔意，乃摹诸石，置之超然台上。"现在琅琊台刻石原件存中国历史博物馆。拓本残存小篆13行，每行8字。清代杨守敬跋此碑云："嬴秦之迹，惟此巍然，虽磨泐最甚，然古厚之气自在，信为无上神品。"

会稽刻石，早毁损，而有拓本残片存世。元人申屠驹在翻刻绎山碑时，发现会稽刻石与绎山刻石在笔法布局上很相似，于是，又据将会稽刻石翻刻在绎山碑的阴面。此碑在唐朝应该还是存在的，唐朝李嗣真《书后品》云："秦望诸山及皇帝玉玺，犹夫千钧强弓，万石洪钟，岂徒学者之宗匠，亦是传国之遗宝。"这里说的"秦望诸山"应该就是指会稽碑。

李斯会稽刻石拓片

　　李斯的小篆书法，一直为后人赞叹。唐朝李嗣真《书后品》云："李斯小篆之精，古今妙绝。"张怀瓘《书断》说："李君创法，神虑精微；铁为肢体，虬作骖骊，江海淼漫，山岳巍巍；长风万里，鸾凤于飞。"

　　李斯不仅是优秀的书法家，还是优秀的书法理论家。关于书法，他有一个总体性的看法：

　　　　夫书之微妙，道合自然，篆籀以前，不可得而闻也。自上古作大篆，颇行于世，但为古远，人多不详。今斯删略繁者，取其合理，参为小篆。凡书，非但裹结流快，终籍笔力轻健。蒙将军恬《笔经》，犹自简略，斯更修改，望益于用矣。

　　　　用笔法：先急回，后疾下，鹰望鹏逝，信之自然，不得重改。如游鱼得水，景山兴云，或卷或舒，乍轻乍重，善深思之，此理可见矣。①

　　这段话于书法理论非常重要。他的基本观点是"书之微妙，道合自然"，这种艺术观来自道家哲学。老子说"道法自然"，李斯说"道合自然"，意思

---

① 　李欣复主编：《中国历代美学文库·秦汉卷》，高等教育出版社 1999 年版，第 1 页。

是一样的。艺术的最高境界是自然，而不是儒家所说的礼。李斯虽然是荀子的学生，在哲学上却是完全偏向于道家。道合自然的书法观，具体见于：

第一，笔力尚自然。笔力尚自然，体现为笔力轻健，笔力轻健当然就是自然了。

第二，笔法尚自然。笔法，既然称之法，它是有规则的，规则对于书者总是有一定的障碍的，因此，规则从其本质来说，谈不上自由。在这篇文章中，李斯提出用笔法是"先急回，后疾下"，这规则显然不是自由。但他用的比喻"鹰望鹏逝"，并说"信之自然"，那就说明，这"先急回，后疾下"的法则，在鹰、鹏来说，就不是规则，而是自由了，这种自由出自本性也就是自然。

总起来说，书法，不能没有法，但书法之贵在于自然，这种自然，好比"游鱼得水，景山兴云"。最好的书法，是充分抒写书法家本性的书法，它是法则与本性的统一。书法家做书，当历练到无不合法又无不切性的地步，那就是书法的佳境了。

李斯是中国历史上第一位深刻论述书法作为艺术的本质的书法家，可以说，他是书法美学的开拓者。

第 四 章

秦兵马俑的美学

1974 年，陕西一项重大的考古发现震惊世界，这就是秦兵马俑的发现。秦兵马俑在秦始皇的陵墓区内，被学术界认定为秦始皇的陪葬俑。经过数年开掘，已清理出一、二、三个俑坑，共有陶俑 8000 余件，后又发现铜车马坑、马厩坑、珍禽异兽坑、石铠甲坑、铜禽坑、百戏俑坑和各式各样的府藏坑等 180 余座。另外，还发现各种墓葬 500 余座，以及大量的宫殿建筑遗址。可以说，陵园已有的发掘全面地展示了秦朝陵墓陪葬文化场景，如此巨大的规模，如此精美的陪葬物品，可以说，在世界上绝无仅有，仅此一例。虽然陵墓陪葬文化丰富多彩，但突出的是兵马俑，多达 8000 余个的兵马俑，相当于现今一个师的兵力。兵马俑制作之精美、陈列之整齐、规模之巨大，不仅让人心灵震撼，而且让人深思，这是一种什么样的葬礼美学？它反映经过了数百年战火洗礼、浴火新生的秦帝国到底是怎样一个帝国？按视死如生的观念，兵马俑艺术所直接体现的葬礼美学是秦王朝现实生活的一种反映，充分展示秦王朝崇尚军功、崇尚科技、崇尚艺术、追求卓绝的审美气象。它是崇高的丰碑，是超前的绝艺，是惊世的神技。

第一节　军功丰碑：统一中国，威武神圣

秦朝原来是西北一个很小的诸侯国，生产方式很落后，往往被中原国家视为夷狄。然秦朝还是兴旺起来了，而且最后还灭掉了六国，成为中国的统一者。可以说，秦朝奠定了中华民族一体化的基础，奠定了中国作为统一国家的基础，秦帝国的统一中国，其历史意义之伟大，无可比拟。必须注意，秦的统一中国，不是用说服，不是用文化，而是用武力，残酷惨烈的战争对于秦帝国来说，犹如每天的早中晚三餐，平常不过。

战争，在秦帝国，是作为国家行为来理解的，关乎国家的命运、人民的命运。它是国战，这点与六国无别，但是，当它的战争朝着统一中国的方向发展而且具有更大的可能性的时候，它的战争就别有一种极其重要的意义。

对于军事的重视，必须从秦始皇的先祖秦孝公（前362—前338年在位）重用商鞅变法（前359）说起。商鞅变法的核心主要为三个：重农，重战，重刑。三项中，重农是核心。《商君书》说："国之所以兴者，农战也。今民求官爵，皆不以农战，而以巧言虚道，此谓劳民。劳民者，其国必无力，无力者，其国必削。"[1] 农、战二者中，农为本，以农养兵，以兵强国，以兵尊主。《商君书》说："为上忘生而战，以尊主安国也。"[2]

当时天下大乱，百家争鸣，为的都是强国，主要为三家，一为儒家，一为道家，一为法家。儒家强调仁义，认为仁义可以强国；道家强调自然，认为无为可以强国；法家强调农、战以及**法制**，认为这三者才可以强国，这其中，战是最重要的。商鞅痛斥儒家误国："《诗》、《书》、礼、乐、善、修、仁、廉、辩、慧，国有十者，上无使守战。国以十者治，敌至必削，不至必贫。国去此十者，敌不敢至；虽至，必却。兴兵而伐，必取；按兵不伐，必富。国好力者以难攻，以难攻者必兴；好辩者以易攻，以易攻者必危。"[3] 秦孝公采纳商

---

① 《商君书·农战第三》。

② 《商君书·农战第三》。

③ 《商君书·农战第三》。

鞅的意见，实行农战国策，迅速强大起来。荀子曾经去过秦国，对于秦国的强大有着深刻的印象："威强乎汤武，广大乎舜禹"①。秦国领土原来很小，之所以广大，主要是扩张，而扩张的利器则是军队。而军队之所以强大是因为采取了强军之策。荀子的《议兵》篇说，秦国原来领土狭小，生活资源匮乏。君王用强权逼迫人民去打仗，用穷困断绝了人民不去打仗的生路，用奖赏鼓励人民去战场杀敌立功。秦国对军功的奖赏是"五甲首而隶五家"。于是，"使天下之民所以要利于上者，非斗无由也"。② 正是因为奖罚分明且重奖重罚，所以，"齐之技击不可以遇魏氏之武卒，魏氏之武卒不可以遇秦之锐士。"秦"四世有强，非幸也，数也"。③

秦始皇陵区所发现的兵马俑共有四个俑坑（第四俑坑未建成），数千件兵马俑，作为纪念碑式的文物，具体由两个军阵、一个中军以及若干军事设施组成：一方兵马俑坑有陶俑、陶马约 6000 件④，已发掘出土的约 2000 件，其中战车 22 乘，拉车的陶马 88 匹、武士俑 1900 余件。"它是以步兵为主、战车与步兵相间排列的大型军阵。这一军阵由前锋、左右翼卫、后卫及军阵主体四大部分组成"⑤。"二号俑坑的编列与一号坑不同，它分为四个单元，即四个小阵有机地组成一个多兵种的曲形阵"⑥ "三号坑是统率一、二号兵马俑军阵的指挥部"⑦。"总观一、二、三号兵马俑坑，是整装待发的居阵，而不是战阵。"⑧ 除此以外，它还有诸多与军事相关的设施。

如此规模巨大的军阵，如果说只是用于守卫陵墓，那是不可信的，它只能是两种用途：一是冥军，就是说，秦始皇认为，即使到了另一个世界，还会有战事，他还是最高的军事统帅；另一种用途，它是军功的纪念碑。从军

---

① 《荀子·强国》。
② 《荀子·议兵》。
③ 《荀子·议兵》。
④ 袁仲一：《秦兵马俑》，生活·读书·新知三联书店 2004 年版，第 30 页。
⑤ 袁仲一：《秦兵马俑坑》，文物出版社 2003 年版，第 105 页。
⑥ 袁仲一：《秦兵马俑坑》，文物出版社 2003 年版，第 111 页。
⑦ 袁仲一：《秦兵马俑坑》，文物出版社 2003 年版，第 122 页。
⑧ 袁仲一：《秦兵马俑坑》，文物出版社 2003 年版，第 123 页。

秦兵马俑一号坑

阵为居阵来看，这后一种具有最大的可能。如果不是就它的实际用途，而是就它的伟大意义来说，它也应该是一座伟大的军事纪念碑。

战争，从美学上来说，它有四个维度：

第一，从战争的文化性质来认识。大体上，正义的战争，其美学意义是正面的；非正义的战争，其美学意义是反面的。这正义的标准可能有多种，其中一种，就是看它对于历史的发展具有何种意义。秦灭掉六国的战争，如果就它对于中国统一的意义来说，是值得肯定的，因此，作为军事纪念碑的兵马俑，它的美学性质为崇高。这崇高，洗去了战争的血腥与喧嚣，留下的只是圣洁与静穆。

第二，从战争的指挥艺术来认识。战争也是一种艺术。春秋战国时期，出了不少军事家，他们的军事指挥艺术可以说是具有美学意义的。产生于春秋的军事著作《孙子》是人类文明的瑰宝，其中也有着深刻的美学意义。也许，其中具体的美学观点，很难找到，但它对于战争性质及战争规律的认识既充满着智慧，体现出哲学上的真，同时也体现人性的善和人道主义的关怀，因而也体现伦理学上的善，因此它是真与善的统一，而真与善的统一必然展现出审美的光辉。秦朝的军事家有很多，进入《史记》列传的就有白起、王翦。司马迁评白起："白起料敌合变，出奇无穷，声震天下"；评王翦：

"王翦为秦将,夷六国,当是时,翦为宿将,始皇师之"。

第三,从军人的风度来认识。战争是军人的行为,军人有特有的服装、特有的风度,从而展现出不同于常人的形象,军人的风度主要体现为整齐、威严、英武、果决,这点我们在下节将展开论述。

第四,从军阵的形象来认识。军阵是战争基本的组织形式,具有严谨性与灵动性,它的功能主要体现为最有效地且最大量地消灭敌军,军阵具有一种美,既有形式的美,也有功能的美。秦兵马俑一、二号坑均为军阵。一号坑,主要为步兵军阵,战车与步兵相隔排列,有前锋、左右翼卫、后卫。二号坑,为多兵种军阵,由四个小军阵组成:(1)弩兵方阵;(2)战车方阵;(3)车步骑结合方阵;(4)骑兵阵。在二号坑的东北角还有一个由独立的步兵俑组成的方阵,由跪射俑、立射俑组成。他们的兵器均为弓弩。方阵的左后角有一高级军吏俑和一中级军吏俑。兵马俑一、二号坑的军阵均显示出整齐有序、戒备森严、严阵以待、所向无敌的气势。

以上四个美学维度在秦兵马俑都有充分的体现。

秦朝自秦孝公起用商鞅变法开始,励精图治,重农强兵,征伐六国,取得不少胜利,在战争史上写下了一页又一页的辉煌,仅从战争艺术的角度来谈秦主导的战争,也可圈可点,可赞可歌。就秦统一中国这宏伟大业来说,秦兵马俑无疑是最合适的纪念物,它是摩天的纪念碑,这纪念碑本也可以立在地面上。

有语"春秋无义战",诚然。但是,当历史由春秋进入战国,诸侯之间的战争越来越联系着中国的统一、中华民族的统一之时,战争的意义就逐渐分出意义上的彼此来。在这个大背景下,作为中国统一最有可能的秦国,它的战争无疑就具有了更多正面的意义。

作为秦始皇的陪葬,8000 余个兵马俑不只是秦地宫的守卫,也不只是秦始皇的陪伴,还是在地下的世界对自己威权的宣示,这种宣示对于早于他进入地下世界的六国诸侯也许是一种弹压,但更重要的应该不是这种实际的意义,而是丰功伟绩的纪念。这种纪念,在地面上主要是封禅,是勒石铭碑,这些,始皇均做了,在地下,他还需要做这样的纪念活动,但不取地面上这样的方式,而是取另一种方式:在地下陈列一支威武雄壮之师。

8000 余个兵马俑,就是 8000 余个巍峨军碑,它是中国统一战争的纪念碑。

第二节　超前绝艺:高度写实,个性鲜明

从艺术美学的维度来看兵马俑,让人心灵极为震撼的是它高度的艺术水准,这里,集中体现在雕塑上,主要为人物雕塑,其次有军马雕塑。

第一,高度写实。

兵马俑的主体是兵,兵士造型完全写实,人物的个头与真人一样,均 1.7—1.8 米,面目五官、体形、四肢均以真人为模型,另外,人物的穿着、发式一如当时的人物。兵士既然是兵,按兵种可以分出步兵、骑兵。

步兵:(1)根据分工,有轻装步兵俑、重装步兵俑。"轻装步兵俑立于军阵前锋或阵表,重装步兵俑为军阵主体。前者轻捷,利于奇袭;后者装备完善,利于坚持与敌格斗"①。重装步兵俑(又称铠甲步兵俑)又可分别出圆髻铠甲俑、扁髻铠甲俑、介帻铠甲俑。(2)根据动作,有立射动作步兵俑、跪射动作步兵俑、持长兵器动作步兵俑。(3)根据着装,有穿铠甲的轻装步兵俑、重装步兵俑,也有不穿铠甲的轻装步兵俑、重装步兵俑。(4)根据配合,有独立步兵俑、隶属战车步兵俑。隶属战车步兵俑的数量不等,但有规律可循。

骑兵:二号俑坑有陶马 126 匹,每匹马前立骑兵俑一件。骑手身高 1.8 米左右,一手牵拉马缰,一手持弓弩。马的大小与真马相似,身长约 2 米,通高 1.72 米,马背上配有鞍具,马头配有络头、衔、缰。骑兵的服装不同于步兵,这种衣服,上装袖口较窄,双襟较小,襟边开合口在胸的右侧,这样举足上马比较方便。骑兵的下装:着长裤,裤口紧束足腕,足蹬短筒靴。这就是赵武灵王倡导的"胡服",这种服饰,先是在赵国军队流行,后为秦国军队接受。此外,还有武器及其他的军事装备,所有这一切或完全为实物,

———————

① 袁仲一:《秦兵马俑坑》,文物出版社 2003 年版,第 53 页。

或按真实情况模拟制作，其与兵士的配置完全同于现实。之所以这样做，是因为在秦人的心目中，阴间世界完全同于现实世界。兵马俑的考古，有助于人们认识当时秦国军队装备的真实情况。它的科学造型一方面反映出当时社会以真为美的审美观念，另一方面也反映当时社会高度仿真的造型能力，堪谓巧夺天工。

第二，形神兼备。

形神兼备是写实型雕塑的美学追求。秦兵马俑的雕塑在形与神这两个方面都做得很出色，首先是形，体形合乎比例，四肢动作自如，这都还不算什么，最出色的是面部表情。雕塑师善于利用面上的细节，深挖兵士心中精神世界，比如，有这样一尊兵士雕塑，他头戴高帽，帽顶后耸，似因惊恐，头自然朝后。兵士脸孔尖削，耳朵上提，眼珠瞪圆，注视下方，两撇胡子，嘴微张，似在说什么，整张脸显示出惊愕的神气。虽然略有失色，但仍然在努力镇定，努力把持自己。正是因为注重到形神兼备，让人感到这俑是活生生的人。从他们的眉眼，可以透视其内心的活动；从他们的鼻口，似可以闻到紧张的声息。

秦兵马俑中，有些战士处于临战的状态，有一尊人俑为跪立持弓状态，人物面色严肃，凝视前方，嘴巴合紧，整个形象，似乎块块肌肉都处于紧张之中，极见出人物临战的心理状态，这是形神兼备的典范之作。

为了突出神，有些俑，其形有些失实，比如眉毛、胡须、眼珠，都有适度的夸张。但这些夸张恰到好处，显示出工艺师极高的艺术概括水平。这种做法，让我们想到南北朝的大画家顾恺之对于人物画的美学追求。顾恺之说："以形写神而空其实对，荃生之用乖，传神之趋失矣。空其实对则大失，对而不正则小失，不可不察也。一像之明昧，不若晤对之通神也。"[1]

第三，共性与个性统一。

人物个性有诸多情况：有些因职业见出的个性，有些因年龄见出的个性，有些因身份而见出的个性，有些因状态见出的个性，有些因心理见出的

---

[1]　沈子丞编：《历代论画名著汇编》，文物出版社 1982 年版，第 7 页。

个性。种种不同的个性统一在一起，成为复合个性。以上这些方面在秦兵马俑中均可以找出典型。

一是身份个性。身份个性指因身份而见出的个性。突出例子是将军俑与兵士俑的区别。兵马俑坑出土的人物俑，绝大部分为兵士俑，有少数军吏俑，而将军俑只有一位。将军俑出土于一号坑，高 1.97 米，高出于一般战士俑。将军俑戴冠，兵士俑没有冠，戴介帻或束发挽髻。将军俑的铠甲，甲片小，制作精致，色彩艳丽。将军俑的甲衣衣边有绚丽的几何形图案，前胸、后背、双肩有彩色花结。将军俑身体高大，体格强壮，目光炯炯有神，威严沉稳中不乏仁厚。两撇胡须向两旁翘起，见出几分帅气与浪漫。他的两手在腹部相互拿着，显出气定神闲的气象来。

二是状态个性。状态个性指因状态而产生的人物个性。这主要指因战时状态、临战状态与平时状态而见出的个性区别。一号坑出土一尊跪射兵士俑，他面容严肃，眼光锐利，沉着坚定，他全身肌肉紧绷，手持硬弓，随时准备放出利箭。这是临战状态而见出的个性。

处于临战状态的战士个性基本都是这样的，而处在队列中的战士，则没有这样的紧张，神情有的严肃，有的放松，有的嘴角似带微笑，有的眉目似在走心。

三是心理个性。心理个性有先天的原因，也有后天的原因，后天的原因多为修养所致，而修养与年龄、教育、家庭相关。秦陵的兵俑的模样绝不是千篇一律，而是千姿百态、栩栩如生。心理个性主要通过面部造型体现出来，据参与考古的学者袁仲一说，战士俑的面部造型，粗分可以分出 8 种，细分达 47 种，胡须达 24 种。不同神情的俑，达百余种。[1] 这当然还只是大致的区分，实际上远不止于此。虽然兵马俑的造型有一定的模型，但陶俑工艺师在制作时有意在人物的面部上表现出细微的差别，以突出人物的个性。在他们的心目中，每一个陶俑都是一个个活生生的人，都是鲜活的生命。著名美学家王朝闻先生参观兵马俑后说："越看越觉得神态很不平凡——在

---

[1] 参见袁仲一：《秦兵马俑》，生活·读书·新知三联书店 2004 年版，第 77 页。

严肃中显得活泼，在威猛中显得聪明，在顺从中显得充满自信等等引人入胜的个性特征。"①

为了凸显人物的个性，陶俑工艺师不仅在人物的面部及动作上下功夫，还在胡须、发髻、帽子、铠甲、战袍上做足文章。

陶俑马，在兵马俑艺术中占有重要的地位。秦俑马同样以写实为主，比例与真马相似，但也有精准的艺术提炼，以突出马的精神。实际上，在塑马时，在陶俑工艺师的心目中，马就是人，它们也有情感，有思想，因而有气概，有风度，有神采。

第四，塑绘结合。

秦兵马俑全部彩绘。秦俑色彩特点主要是明丽、鲜艳。彩绘雕塑是中国雕塑艺术的重要传统。这一传统可能始自先秦，具体物证可能就是兵马俑了。

人类的艺术大体上经历了一个从崇尚共性到崇尚个性的过程。为人们赞美不已的古希腊雕塑虽然个别作品显示出崇尚个性的光彩，但总的来说，还是以共性为主。欧洲雕塑崇尚个性应该是文艺复兴以后的事了，而距今2000年的秦兵马俑竟然能够在众多的军人雕塑中见出个性，实在是难能可贵的了。

秦朝向来以军功见称，其实秦人也崇尚艺术，如果社会不是从上至下普遍地崇尚艺术，秦兵马俑绝对达不到这样高的艺术水准。在雕塑审美上，秦人注重人物个性，注重人物精神气质，其审美趣味逼近现代审美。让我们不解的是，秦以后一个相当长的时间内，由秦兵马俑开创的重写实、重个性、重精神气质的审美取向没有得到充分发展。中国艺术表现过早地抽象化，与之相关的是共性化、形式化、程式化牢牢地统治着艺坛。艺术发展步子过慢，少有大的变化。人物画、山水画，基本上都有套路，陈陈相因，缺乏活力。此中的原因耐人寻味！不过，这也反衬出秦人艺术观以及艺术水准的超前。

---

① 《中国历代雕塑秦始皇陵俑塑群美术家笔谈秦俑》，陕西人民出版社 1983 年版。

第三节 神技炫耀：技化为艺，利巧合一

秦兵马俑坑除了出土战士俑外，还出土了战车、马俑。这些战车和马俑充分反映出秦朝先进的工艺水平。

一、战车

秦兵马俑坑内共出土战车140余乘，其中一号坑50余乘，二号坑89乘，三号坑1乘。如此多的战车伴随着英武的勇士陪葬，这是有原因的。先秦的战争，车战极为重要。大体上，一辆战车配上若干名步兵，战车上有三员战士，居中一位为御手，负责驾车，左右两位用武器刺杀敌人。战争开始时，在激烈的鼓声中，战马拉着战车奔驰向前，冲垮乱军，步兵随之扩大胜利。战车上配制的武器一般有弓弩、殳、矛、戈、戟等五种。《诗经·闷宫》郑玄注释中说"兵车之法，左人持弓，右人持矛，中人御"。

古代的车战为阵战，春秋时期，一般要待双方都列好队形，才发动攻击。《左传·僖公二十二年》记载：宋襄公亲率大军与楚人战于泓，宋军已列阵，而楚军还没有过河。宋军的统帅几次要求襄公下令攻击楚军，宋襄公都说不行。等到楚军阵势排开，还未到宋襄公下令，楚军就排山倒海地打过来了，宋军大败。由此看来，先秦春秋的作战很像是君子之战，不过这种情况到了战国就发生了极大的变化，战争中的种种阴谋诡计层出不穷。秦国主要采用多兵种联合作战，除了车战外，还有骑兵与步兵的联合作战，战争极为残酷惨烈，对于战车的要求远高于春秋时期。

兵马俑出土的战车，据专家研究，是战国时期最优秀的战车，达到当时工艺的最高水平。较之商、西周，以及同时期的其他各国的战车，它的战车有诸多重要改进，如：

第一，车舆的改进。车舆是御手、战士活动的地方，其重要性可以想见。殷商、西周的时候，车舆广为94—150厘米，进深73—107厘米；春秋战国时期，车舆广为110—150厘米，进深82—110厘米；而秦俑坑的车舆广为

140 厘米，进深 110—120 厘米。秦的车舆加宽了，车舆加宽，其蔽在车的行进变慢，但对于在车舆中战斗的军士来说，就方便多了，一是御手可以方便地调整战车的方向与速度，左右两翼的战士可以更灵活地保护好自己，却又能更便捷地击中敌人。

另外，车舆底部的铺垫也有所改进。殷商、西周、春秋时代，车舆底部都是铺木板的，从战国开始，有些国家用革带编织物铺舆底。秦俑坑出土的战车及秦始皇陵出土的一、二号铜车马，均用交叉编织的革带物铺舆底。革织物舆底较之木板舆底，要舒适、柔软，同时又防滑，便于战士在车舆中活动。

第二，车轴、轨距的改进。殷商、西周的车轴一般为 300 厘米，轨距为 215—240 厘米。春秋战国时期的车轴一般为 240 厘米，轨距一般为 155—200 厘米。显然，车轴、轨距均有所缩短。秦兵马俑坑出土的战车车轴和轨距又有所缩短，车轴为 250 厘米，轨距为 190 厘米。这样做，战车的体量变小了而灵活度增强了，更适宜在地形比较复杂的地面上作战。战国时，战争规模加大，远距离作战是常事，战车的灵活与否远比战车的体量大小重要得多。

第三，车轮的改进。车轮的重要性，古人早就意识到了。《考工记》为"轮人"设节，开篇即云："轮人为轮，斩三材必以其时。三材既具，巧者和之，毂也者，以为利转也；辐也者，以为直指也；牙也者，以为固抱也。轮敝，三材不失职，谓之完。"① 这里首先提到制作毂、辐、牙的材料要好，其后，要求工匠制作的水平要高，要巧。具体巧到何种程度？毂要"利转"——转得很灵活；辐要"直指"——笔直地连接毂与轮圈；牙即车轮的外周，要求"固抱"——将轮子坚固地拥抱。这三点在秦兵马俑坑出土的战车上均有所体现。毂的改进：殷商、西周的毂为直筒形或算珠形，春秋战国时期变为腰鼓形，而秦的战车的毂为壶形。这种形制的好处，因为中部空间大，因而可以减少摩擦力。车辐的改进：主要是将辐条的数量规制化，统一为 30 条。牙

---

① 　袁仲一:《秦兵马俑坑》，文物出版社 2003 年版，第 94 页。

的改进：轮牙为十节曲木，采用榫卯结构扣合而成，牙的断面呈腰鼓形，这样，着地面积就比较地仄，又因为牙的两侧为弧形面，可以利用离心力的作用使车行泥地不易带泥。

秦兵马俑坑中战车先进的地方还有很多，仅上面所谈三点，已经见出它的先进性。秦人充分地开展军事科技的研究，不仅让军事科技的成果用在战阵的组织上、战事的指挥上，而且还用在军事设备包括战车制作上。战车的制作已经见出科技与艺术的统一，科技强调原材料的选择、功能的设计以及在结构上的准确落实，这种设计需要一定机械学、物理学的知识为支撑。艺术则强调巧妙，包括巧妙的工艺、巧妙的造型、巧妙的结构等。科技与艺术的结合，是由真向美转化。秦人在这方面无疑是做得很出色的。

二、铜车马

秦始皇陵区出土有两乘铜车马。两乘铜车马的大小相当于真车马的二分之一。它们都属于秦始皇仪仗队的车驾。按规制，皇帝出行有三种扈从的车驾：大驾、法驾和小驾。它们属车乘数不一样，大驾81，法驾36，小驾9（一说12）。秦始皇陵出土的两乘，均为法驾扈从。

铜车马

一号车通长 225 厘米，通高 152 厘米，总重量 1061 公斤。车上立一高柄铜伞。伞下站立一御官，手执缰绳。此车古名立车，又名高车。车马通体彩绘，马头上的络头、缰绳、项圈全是金银打制的。车上配有兵器，它的性质为兵车，起着保护皇帝的作用。

二号铜车马，通长 317 厘米，通高 106.2 厘米，总重量 1241 公斤。车上有一个方形的车厢，顶上有盖，车厢前边和左右各有一窗，车厢后边有门。车厢的前方坐着一位御官，两手执着缰绳，驾马四匹，并排而立，威武雄壮。此车通体彩绘，金碧辉煌。一铜辔上有朱书大字："安车第一"。据此可知此车为安车。此车开窗即凉，闭窗即温，因此，又名辒辌车。两乘铜车马的御者均为御官，并非一般的御手。二号御官跽坐，地位更高，据专家分析，他的身份可能是奉车郎。两乘车均是秦始皇扈从仪仗车，可以想见秦始皇的车驾更为豪华。

两乘车零部件均有 3000 多件，金银构件共占二分之一，其余为铜构件。专家们经过八年的工夫方才将两车清理组合完毕，可见其复杂。

让我们惊叹不已的不只是秦朝高度的科技水平，还有科技向艺术转化水平。众所周知，由科技到艺术有一个中间环节，它就是工艺。工艺兼工与艺，其性质是技术与艺术的统一、利与巧的统一。将科技转化为工艺，再从工艺转化为艺术，这不仅反映秦人高度的科学技术水平和工艺水平，也反映出秦人的一种审美取向：崇尚科技的审美价值，崇尚由科技转化而来的工艺的美。

第四节 追求卓绝：锐兵利器，绝艳惊心

秦兵马俑坑出土的青铜兵器四万余件，有剑、戈、矛、戟、铍、金钩、殳、铖、弓、弩、箭镞等。这些武器的制作不仅突出地反映秦的科学技术水平，而且突出地反映秦的艺术趣味。秦的艺术趣味主要从剑、铍这两种武器见出。

秦兵马俑坑出土青铜剑 27 件。秦剑为长剑。一般来说，长剑便于穿

刺，但因为剑体长而易于折断。为了让长剑不至于折断，秦朝铸剑匠师，将剑厚薄做了有节奏的改变，自剑的基部至剑的锋端，其厚薄递减的落差不一样，基本节奏是厚——薄——加厚——再薄——再加厚——大薄——加厚——减厚，分为八段。这种做法，体现出高度的智慧。效果兼顾了功利与审美：一方面，剑更锐利而且更坚韧了；另一方面，剑身变化有序具有节奏之美。因此，这种智慧内含科学与审美，既是科学智慧，又是美学智慧。

秦兵马俑坑出土的青铜剑的表面有一层灰黑色的光辉，据科学工作者研究，青铜剑表面做过铬盐氧化处理。正是因为如此，出土的青铜剑没有锈蚀。《中国冶金史》编写组的学者认为，铬盐氧化处理这种技术近代才出现。而从秦兵马俑坑青铜剑上发现这一工艺，证明早在2000多年前，中国人已经发明这一工艺了。

中国古代对剑特别重视，号称"宝剑"。它是防身的重要武器，也是身份地位的象征。剑通常为军队中高级军吏乃至国君所佩，将军、国君均以拥有名贵的宝剑而自豪。剑在春秋战国时期充满着神奇的色彩，有关它的每一个故事都星光灿烂，扣人心弦。

据《越绝书》载，越国有铸剑高手欧冶子，他"因天之精神，悉其伎巧"曾为越王勾践造了五把名剑：湛庐、纯钧、胜邪、鱼肠、巨阙。这五把剑均是神物。吴王阖庐得知，想尽办法，得到了胜邪、鱼肠、湛庐三把宝剑。阖庐残暴不仁，杀了不少的百姓为他的子女送葬，结果，湛庐剑忽然像水一样流失了。湛庐剑其实没有丢，它被人偷走，带去了秦国。然经过楚国时，为楚王夺得。原来楚王做了一个梦，梦到有人拿了这把剑经过楚国，醒来后赶紧下手。楚王得到这剑，喜出望外，在剑首刻了个标记，藏了起来。秦王知道了，向楚王索要这把剑。楚王当然不给，于是秦兴兵伐楚，秦王说：只要你给我这湛庐剑，我就收兵。楚王还是不给，此事最后也就搁下了。秦王耿耿于怀，秦国破楚之时，必定会在楚宫搜寻此剑。

《越绝书》亦载，阖庐做吴国公子时，为篡夺国王位，让他的手下人专诸携鱼肠剑去行刺吴王僚。吴王僚平常穿三层铠甲，一般兵器刺不了他。专诸装扮成厨师，以献鱼为名，接近吴王僚。待鱼盆接近吴王僚时，猛然从鱼身中抽出鱼肠剑，将吴王刺死。这把鱼肠剑下落如何，史书没有交代，很可能楚国最后破吴国之时，为楚王掳去。而在楚为秦灭之时，与湛庐剑一起归入秦王的府库。

据《史记·刺客列传》，荆轲受燕太子丹的指令，以献燕国地图和秦叛将樊於期首级为名，去咸阳见秦王嬴政。荆轲在秦王的几案上，徐徐地将地图展开，图尽，现出一把匕首，荆轲猛然拉住秦王的衣袖，拿起匕首向秦王刺去。秦王急忙闪过，猛力抽身，将衣袖扯断。秦王拔剑，这剑不是从楚国掳来的湛庐、鱼肠，而是秦国自制的剑。这剑长，一时拔不出来。秦王急得在殿上跑，荆轲则在后面追。在场的大臣皆惊慌失措，又不能上殿去救。这时，侍医夏无且用他的药囊猛地向荆轲掷去。殿下大臣齐喊："大王用剑！"秦王此时方有所镇定，将长剑迅即拔出，一剑击中荆轲左腿。荆轲倒地，将匕首向秦王掷去，未中。秦的卫士一拥而上，将荆轲砍死。

我们无法凭这两个故事评剑，但有一点可以肯定，剑与秦国的命运有着紧密的关联。秦王珍惜剑是有足够的理由的。

兵马俑坑中另一重要兵器为青铜铍，共 16 件。铍由铍头、秘、镡组成，与矛相似，但铍头比矛头长，更锋利。铍头与短剑有些相似，但短剑是短兵，铍不属于短兵器。铍主要流行于春秋，汉代消失，在秦它还是重要的兵器。兵马俑坑出土的青铜铍，很完整，造型很美。它的突出特点是铍身两面布满云朵般的花纹，这些花纹不是刻画而成的，铸造之时就存在于器表之上，经过打磨后，清晰显露。兵器上有这种花纹并不罕见，湖北江陵出土的越王勾践剑，剑身就有菱格状的隐性花纹。据专家研究，这种花纹是由一种名为"硫化法"的工艺制成的。

青铜兵器之美与打磨分不开，秦兵马俑出土的青铜兵器均经过精致的打磨。王学理先生说："我们完全有理由相信，那时必定发明并使用着多种相当精密的加工机械，而且所使用的工具是钢铁性质的，尽管其动力还只是靠人力所承担。"[1]

---

[1]　王学理：《秦俑坑青铜器的科技成就管窥》，《考古与文物》1980 年第 1 期。

秦人兵器的精美见出秦国工匠技艺精湛，技艺的精湛不仅需要高度的技术水平、艺术水平，而且需要一种精神，此种精神就是工匠精神。工匠精神不止一种精神，而是多种精神的融合，但核心的是高度的责任感。秦兵马俑身上都注明工匠的名人或符号，这不仅是为了查责，而且也是一种自豪。其实，工匠的责任感的核心应是自豪与自信，自豪、自信均有一个"自"，"自"强调人的个体性、特殊性、创造性、荣誉感、自由感、幸福感。这是人之为人的本质所在，它才是人真正的美。

秦始皇陵墓区出土的兵马俑及相关的兵器、战车，在出土之际就轰动世界，而对它的研究从未停歇，其原因，一是因为它太重要了，二是它还有诸多的谜要解。

通过对秦兵马俑及相关兵器、战车的分析，距今 2000 多年前的秦帝国具有怎样的美学气象？主要有四点：尚武，尚艺，尚科，尚绝。

尚武，其社会意义是推动中国大一统局面的形成；其人性意义是弘扬精忠报国、不畏生死的英雄主义精神。尚艺，是强调秦王朝文化所达到的先进程度。对于全部文治来说，艺只是一项，但艺是时代精神、社会风尚、文明水准的亮丽展现。无疑，秦在雕塑艺术上所达到的高度，即使在今天，我们也不能不为之叹服。尚科，指的是对于科学技术的重视。在战争年代，兵器无疑处于科学技术的前沿。制作兵马俑当然不是为了展示科学技术的先进性，但它实打实地说明在当时的中国，秦无疑是先进科技的卓越代表。尚绝，绝指的是做任何事都要做到极致。秦是一个非常重视管理的国家，各项制度都非常严格。从事各项事务的人员也有一种敬业精神，这同样反映秦文化的高度。总体来说，秦兵马俑是秦诸多先进文化的集中反映。它是一面鲜亮的旗帜，上写着"大秦"，而"大秦"就是中华的前身。

汉朝编

导　语

　　汉代在中国文化发展史上居重要地位，大一统的强大的封建帝国为文化包括美学的发展提供了前所未有的社会条件。先秦产生的三大派美学——儒家美学、道家美学、骚赋美学都在汉代得到了一定程度的总结和发展，更重要的是，在汉朝，纯粹的儒家、道家都没有了，汉朝的哲学出现了前所未有的兼容胸怀与博大气魄，于是，汉朝美学出现了两个重要特性：

　　第一，综合性。综合性主要体现在学派的综合性上，儒家吸收道家的天命观、阴阳家的阴阳五行学说，创造了前所未有的以天人感应为核心的哲学—美学体系，这一体系创立者董仲舒是继孔子之后的另一位儒学宗师，他的哲学—美学的关键词是：仁义、天命、阴阳五行。道家同样着力于吸收其他学派的养分。作为道家新发展的黄老哲学，在附会上黄帝之后，其哲学更具神秘—神圣的色彩。虽然其内容仍然是道，但其道含仁义，含天命，也含阴阳五行，内容之丰富远非老子的道可比。《淮南子》作为黄老哲学的代表，凸显出汉帝国气吞山河、包揽天地、纵贯古今的气势，其美学思想的丰富性、灵动性让人惊叹。

　　第二，政治性。中国的美学自先秦始，就与政治有着解不开的缘，但由于儒家代表人物孔子、道家代表人物老子，虽然也曾在统治层做过小官，但基本上没有影响朝政的能力。因此，虽然有政治情怀，但没有政治力量。汉朝不一样，在学术界具有重大影响的人物如董仲舒、贾谊、刘向、扬雄、班固、张衡等都在政治上有着相当的影响力。儒学在汉朝出现两大学术流派——今文经学和古文经学，表面上是学术观点上的不同，而实质是对政治的理解与态度不同。这种对政治的理解与态度之不同，不是政治观点不同，而是用世的方式不同，今文经学热衷于当代用世，直接化经学为政治，"礼制"是他们学说的主题；而古文经学致力于国家长治久安，维持学术的纯真，着力于改造人心，"教化"似乎更为他们看重。经学在美学上的重要成果是对《诗经》的解释。《诗经》说虽然在孔子时代已经升华为政治美学了，但只是一个提纲，内容并不充实，而到汉朝通过今文经学、古文经学的说《诗》，《诗经》美学的"教化"主题得以彰显，这对于中国美学的发展影响极为深远。

汉朝奠定了中国美学的基本骨架，这骨架就是：以人生与家国为主题，以天命与礼乐为灵魂。

在汉朝，美学开始全面地兴起，主要体现在：

第一，艺术美学兴起。中国的艺术在先秦统称为"乐"。"乐"实际上只是指以《诗经》为代表的兼具诗、乐、舞的综合艺术。先秦，艺术并没有分化，而在汉朝，艺术实现了分化，直接由屈骚发展而来的赋，成为文学的主流艺术。汉赋以其恣肆汪洋的气势、富丽辉煌的形式充分展示大汉的强大。汉赋对"丽"的崇尚也见出艺术美的觉醒。而乐则发展出音乐，而音乐中，琴艺术得以凸显，成为音乐的代表性艺术。赋、琴，都不再是礼的附庸，它们的独立，在某种意义上标志着艺术美学的萌芽。另外，书法由实用工具而成为艺术。书法的实用功能仍在但其审美性得以彰显。书法在汉代独立成为艺术，反映出汉代文人对形式美的重视。书法作为"有意味的形式"，其后得到很好的发展，成为"国粹"。汉朝的绘画艺术较之秦与先秦时期有很大的发展，汉代画像石虽然成就很高，但基本上仍然附庸于礼，其观赏性并没有得到凸显。有关绘画的论述比较缺乏。看来绘画美学在汉代并没有产生，它的产生要迟至魏晋南北朝。

艺术美学中，最重要的是书法美学的兴起。此前虽然有书法，但无论是实用功能还是审美功能都没有得到充分的实现，而在汉朝，先是隶书的出现，后是行书、楷书的出现，于是，各种运用书写的场合，无论是简册，还是碑刻，均有合适的书体与之相应。书法的实用功能全面地得以实现，而草书异军突起，风行社会，又将书法的审美功能发挥到极致。

第二，环境美学兴起。汉朝重视园林、城市、宫苑的建造，与之相关，环境美学得以兴起。司马相如的《上林赋》、班固的《两都赋》、张衡的《两京赋》可以视为这方面的突出成果，而以张衡为重要代表。

第三，设计美学兴起。东汉产生了著名的科学家张衡。张衡创造的浑天仪、地动仪，由于实物不存，有诸多方面未能解谜，尽管如此，两仪在科学上的卓越创造不容否定，张衡是中国第一位世界级的科学家，他的设计美学思想吸收了墨子的养分而有新的创造，值得我们重视。

汉朝作为中华民族引以为傲的伟大王朝，它在诸多方面的成就值得称赞，而美学是其中之一。

汉朝是一个强大的国家。这种强大基于一个伟大的心脏，这心脏就是它的意识形态。汉朝的意识形态，主要有经学包括今文经学以及跟它有所关联的谶纬神学、古文经学，由是，奠定了儒学治国的基本国策，此国策一直延续到清王朝终结。其次有黄老学说、道教，它们是儒学治国的重要补充。事实上，黄老学是汉朝前期的国家意识形态，而道教的影响深入民间，中国文化的奥秘与力量主要在道教。这些学说在当时都具有一定的先进性，但其落后的糟粕也很突出，故而也遭到王充坚决批判。王充是中国历史上极为难得的唯物主义哲学家。汉朝的意识形态给予中华美学以巨大影响。也许在艺术实践上，汉朝比不上唐，更比不上宋，但是汉朝的意识形态基本上决定了唐宋文化的格局，包括美学格局。

汉朝美学是伟大的。

第 一 章
《淮南子》的美学思想

　　《淮南子》又称《淮南鸿烈》，是汉代初期皇族淮南王刘安主持编撰的一部著作。刘安生于公元前 17 年（汉文帝元年），卒于公元前 122 年（汉武帝元狩元年）。刘安喜爱文艺，善于言辞，曾著《离骚传》（已佚），对屈原有很高评价，其论被司马迁写入《屈原贾生列传》。刘安还著有《淮南王赋》82 篇、《群臣赋》44 篇、《淮南歌诗》4 篇。

　　《淮南子》这部著作共 21 卷，全书基本思想出自道家，这与西汉初期统治阶级采用黄老之术、实行"无为"而治是相一致的。不过，《淮南子》并非纯粹的道家著作，其中杂有儒家、阴阳家的思想，取兼容并包的态度，这亦与汉代初期宽宏大量、雄强进取的气概相一致。这部著作涉及面很广，从自然到社会，从哲学到养生都谈到了。其中涉及美学的地方不少，但都比较零散，而且有些与美学有关的言论，作者的本意也不是谈美学的，不过这并不妨碍它对美学产生影响。在中国美学史上，《淮南子》是一部值得重视的著作。

　　《淮南子》的美学思想很丰富，择其要点有三。

第一节 "一"论

《老子》说:"道生一,一生二,二生三,三生万物。"①《淮南子》就"一"做了重要阐发:

> 道者,一立而万物生矣。是故一之理,施四海;一之解,际天地。其全也,纯兮若朴;其散也,混兮若浊。浊而徐清,冲而徐盈。澹兮其若深渊,泛兮其若浮云。若无而有,若亡而存。万物之总,皆阅一孔;百事之根,皆出一门。其动无形,变化若神;其行无迹,常后而先。②

《淮南子》说的"一"即为老庄所说的"道",但《淮南子》的阐发有其特点。它不仅强调"一"是"万物之总""百事之根",而且强调,"其动无形,变化若神;其行无迹,常后而先。"也就是说,它看待"一"的本质,立足点是其"变",不是多样统一,而是一而多样。清代石涛的"一画"论与这种观点相通,石涛说:"太古无法,太朴不散,太朴一散而法立矣。法于何立,立于一画。一画者,众有之本,万象之根;见用于神,藏用于人……立一画之法者,盖以无法生有法,以有法贯众法也。"③《淮南子》论"一"重在"变",石涛论"一"重在"用",其精神是一致的。

《淮南子》论"一",还涉及"无"与"有"、"虚"与"实"、"动"与"静"的关系。《淮南子》认为:"所谓无形者,一之谓也。"④不仅"无形"可谓"一","无声""无味""无色"皆可谓"一"。"无"不是什么也没有,更不是死寂的别称。恰恰相反,"无形者,物之大祖也;无音者,声之大宗也。"⑤"无"具有最大的生成力,这是"无"的重要性质。"无形而有形生焉,无声而五音鸣

---

① 《老子·四十二章》。
② 《淮南子·原道训》。
③ 石涛:《画语录·一画章》。
④ 《淮南子·原道训》。
⑤ 《淮南子·原道训》。

焉,无味而五味形焉,无色而五色成焉。"① 由此看来,这"一"可说是"无"与"有"的统一。这种统一不是两种东西的统一,而是由一物生另一物即由"无"生"有"的统一。由"无"与"有"的关系又导出"虚"与"实"、"静"与"动"的关系。"无"为"虚",为"静";"有"为"实",为"动"。"有生于无,实出于虚"②,同样,动也生于静。这样,"无"与"有"的统一又可导出"虚"与"实"的统一,"静"与"动"的统一。

这三个统一,《淮南子》本是用来说"道"的性质,无意于说艺术,说审美;然而,它却是与艺术、审美相通的,艺术创作的奥妙、艺术美的奥妙尽在这三个统一之中。宋代李涂论文曾说:"《庄子》文字善用虚,以其虚而虚天下之实;太史公文字善用实,以其实而实天下之虚"③。文章尚且如此,诗更不必说。明代何景明说:"夫声以窍生,色以质丽,虚其窍,不假声矣,实其质,不假色矣。苟实其窍,虚其质,而求之声实之末,则终于无有矣。"④画、戏曲亦如此。明代大画家董其昌最为看重"实虚互用",认为作画"但审虚实,以意取之,画自奇矣"⑤。明代戏曲理论大家王骥德认为,"剧戏之道,出之贵实,而用之贵虚。"⑥

关于"动静"说,中国美学史上也多有论述,而且一般都推崇以静写动,动中有静。清代吴雷发说:"真中有幻,动中有静,寂处有音,冷处有神,句中有句,味外有味,诗之绝类离群者也。"⑦

第二节　美　论

《淮南子》关于美丑的理论基本上源于道家的美在"道",美在"天地";

---

① 《淮南子·原道训》。
② 《淮南子·原道训》。
③ 李涂:《文章精义》。
④ 何景明:《与李空洞论诗书》。
⑤ 董其昌:《画禅室随笔·画诀》。
⑥ 王骥德:《曲律·杂论》。
⑦ 吴雷发:《说诗菅蒯》。

但《淮南子》对美的认识更具开放性,更见辩证法。

一、美是多样的

《淮南子》云:

> 蹠越者或以舟,或以车,虽异路,所极一也。佳人不同体,美人不同面,而皆说于目。梨橘枣栗不同味,而皆调于口。[1]

> 西施毛嫱,状貌不可同,世称其好美钧也;尧舜禹汤,法籍殊类,得民心一也。[2]

《淮南子》这种看法在先秦是没有的。对美持如此宽容的态度,似乎只是一种美学观点而已,其实,不只是如此。它是新建立的大一统汉王朝在思想领域持宽容政策的反映,是一种时代精神。汉代初期,儒、道、阴阳各种学说都有一己之地,《淮南子》本身就杂糅了道家、儒家、阴阳家诸家学说,因而号称"杂家"。美的多样性看来是一个比较普通的美学观点,但这一观点在先秦时代未能明确提出,而在西汉初期却能明确提出,这是有比较深刻的时代意义的。

二、美在适宜

《淮南子》说:

> 靥辅在颊则好,在颡则丑。绣以为裳,则宜,以为冠则讥。[3]

的确,酒窝生在脸颊上就美,生在额头上就丑了;刺绣用在衣裳上是适宜的,用在帽子上则因不合时俗为人讥笑。《淮南子》的这个观点,先秦没有人明确地提出过。美在适宜,这一观点在西方美学中比较受人重视。在《大希庇阿斯》中,柏拉图就借希庇阿斯之口提出过这一观点。虽然柏拉图觉得美在适宜还不能服人,但柏拉图自己也没找出比它更有说服力的关于美的定义。英国 17、18 世纪的经验主义比较推崇美在适宜的观点。荷迦兹说:"就

---

[1] 《淮南子·说林训》。
[2] 《淮南子·说林训》。
[3] 《淮南子·说林训》。

是极优美的形状，假如用得不恰当，往往看起来很讨厌。"① "赛马的马周身上下的尺寸，都最适宜于跑得快，因此也获得了一种美的一贯的特点。"②

所谓适宜，主要还是从物的功能上考虑的，荷迦兹如此，《淮南子》也是如此。《淮南子》为说明适宜的重要性，还说："马不可以服重，牛不可以追速。铅不可以为刀，铜不可以为弩，铁不可以为舟，木不可以为釜，各用之于其所适，施之于其所宜……明镜便于照形，其于以函食，不如箄；牺牛粹毛，宜于庙牲，其于以致雨，不若黑蜮。"③ 当然，《淮南子》讲适宜，无意于建立一种美学观点。它只是为了说明，从"道"的观点看问题，"物无贵贱"，主张"以物观物"，物尽其用，而不要"以人灭天"。但它在美学上的意义无疑是重大的。儒家认为美在道德意义上的善，道家认为美在自然本性上的真，墨家认为美在物质上的功利，相对来说，都比较地忽视美自身的形式、结构与其功能的和谐。《淮南子》将这一点突出地提出来了，而且《淮南子》讲的美在适宜，是形式对其功能的适宜，形式的作用得到了重视。

三、美需要修饰

《淮南子》说：

> 今夫毛嫱西施，天下之美人。若使之衔腐鼠，蒙狸皮，衣豹裘，带死蛇，则布衣韦带之人，过者莫不左右睥睨而掩鼻。尝试使之施芳泽，正娥眉，设笄珥，衣阿锡，曳齐纨，粉白黛黑，佩玉环揄步，杂芝若，笼蒙目视，冶由笑，目流眺，口曾挠，奇牙出，靥辅摇，则虽王公大人有严志颉颃之行者，无不惮悇痒心而悦其色矣。④

以西施作比喻谈美，孟子、庄子都做过；对照上引文字可以看出，《淮南

---

① 转引自北京大学哲学系美学教研室编：《西方美学家论美和美感》，商务印书馆 1980 年版，第 102 页。

② 转引自北京大学哲学系美学教研室编：《西方美学家论美和美感》，商务印书馆 1980 年版，第 102 页。

③ 《淮南子·齐俗训》。

④ 《淮南子·修务训》。

子》显然提出了一种不同于孟子、庄子的新说。《淮南子》认为，即使是西施、毛嫱这样天生丽质的美人，也需要恰当的修饰。恰当的修饰可使之更美；反过来，修饰不恰当，让西施、毛嫱"衔腐鼠，蒙猬皮，衣豹裘，带死蛇"，就把美女变成人人讨厌的丑女了。

修饰是人为，按道家的观点，是不需要修饰的，美在本色，美在自然。《淮南子》此处的观点显然不同于道家。修饰是形式的修饰，《淮南子》重视形式美于此可以见出。汉代重视精神美，也重视形式美，不仅体现在人的修养上，而且也体现在工艺的追求上。著名的长信宫灯，就功能来说，为照明；如果只是实现这一功能，则灯可以制作得很简单，但长信宫灯就给做成了一件精美的雕塑。

长信宫灯

四、没有绝对的美丑

《淮南子》认为："桀有得事，尧有遗道，嫫母有所美，西施有所丑。"[1] "自古及今，五帝三王，未有能全其行者也。"[2] 《淮南子》这一观点很重要。它

---

① 《淮南子·说山训》。
② 《淮南子·氾论训》。

不同于庄子的"厉与西施,道通为一",既认为美丑有别,但又不把美丑绝对化,而是认为美中有丑,丑中亦有美。在那个时代看问题能如此辩证,难能可贵。

五、美丑的客观性

《淮南子》虽不认为有绝对的美丑存在,但并不否定美丑的客观性:

　　美之所在,虽污辱,世不能贱;恶之所在,虽高隆,世不能贵。①

那么,面对复杂的世界又如何去判断事物的美丑性质呢? 《淮南子》认为,要善于透过事物表面的现象去看它的实质。"明月之珠出于蚖蜄,周之简圭生于垢石,大蔡神龟出于沟壑。"② 这是说美质为丑形所遮蔽,反过来丑质因美形而掩饰也常有所见,《淮南子》所论精辟之致。

对于美丑皆有的事物,《淮南子》提出要能正确地判断何者为主,何者为次。因此,决定事物性质的是事物内部矛盾中占主导地位的矛盾方面。它说:

　　夏后氏之璜不能无考,明月之珠不能无类。然而天下宝之者何也? 其小恶不足妨大美也。③

是的,即使是夏后氏的璧玉,价值连城的夜光宝珠也能找出那么一点小缺点;但毕竟只是小疵,所谓"白璧微瑕",其"小恶"不足以妨害它的"大美"。

看人也一样。《淮南子》说:"周公有杀弟之累,齐桓有争国之名,然而周公以义补缺,桓公以功灭丑而皆为贤。今以人之小过揜其大美,则天下无圣王贤相矣。"其结论是:"人有厚德,无间其小节;而有大誉,无疵其小故。"④ 这里透出睿智,也见出气度,与新建立的大汉王朝是很相称的。

---

① 《淮南子·说山训》。
② 《淮南子·说山训》。
③ 《淮南子·氾论训》。
④ 《淮南子·氾论训》。

六、对无限美的追求

《淮南子》作为汉代初期一部重要的理论著作，既有对先秦学术总结的意义，更有为新兴的刘汉政权提供治国方略的意义。前面我们谈到，《淮南子》的基本思想是道家的。这不能仅归结为《淮南子》的主持者刘安个人的意愿，而是时代使然。人民饱受春秋战国长期战乱、分裂之苦，渴望国家统一、社会安定、时局太平。秦的建立应该说是顺应民心的，但是秦的苛捐杂税、残酷统治，使人民大为失望，转而怨愤不已。被灭亡的六国其残余贵族利用民心四处起事，以图推翻暴秦，于是天下又致大乱。汉代吸取了秦的教训，对农民实行让步政策，在政治上采取比较宽松的政策。在这种背景下，以"无为而治"为政治主张的老子的学说自然得到统治阶级的厚爱，《淮南子》就是应这种政治需要而编撰的。《淮南子》的主导思想虽说是道家的尤其是老子的，但吸取了儒家的许多东西，特别是其中的仁义说。在《泰族训》一篇中，《淮南子》比较集中地描述了它的宇宙观、人生观，立足点是政治，但极富美学意味，因而也可以看作它的美学宣言。

在《淮南子》看来，宇宙最美好的景象是祥和，万物运动井然有序而又不见其功："天设日月，列星辰，调阴阳，张四时，日以暴之，夜以息之，风以干之，雨露以濡之。其生物也，莫见其所养而物长；其杀物也，莫见其所丧而物亡。"[1] 事物与事物之间均有联系，各依其性互相产生影响："夫湿之至也，莫见其形而炭已重矣；风之至也，莫见其象而木已动矣。"[2] "一动其本而百枝皆应，若春雨之灌万物也，浑然而流，沛然而施，无地而不澍，无物而不生。"[3] 这种祥和的景象，《淮南子》又称之为"神明""大化"。

祥和大化的自然景象应有同样的社会景象与之相呼应。那么，怎样建立起祥和大化的社会秩序呢？《淮南子》提出"宁民""反性""教训"等一套杂道、儒两家治国方略的理论。它说："为治之本，务在宁民；宁民之本，

---

① 《淮南子·泰族训》。

② 《淮南子·泰族训》。

③ 《淮南子·泰族训》。

在于足用；足用之本，在于勿夺时；勿夺时之本，在于省事；省事之本，在于节用；节用之本，在于反性。"① 这里说的"宁民""反性"基本上是道家的主张；然而，《淮南子》又认为对人民又不可不施之礼义教育，只是这种教育都应从人性出发。"民有好色之性，故有大婚之礼；有饮食之性，故有大飨之谊。"②"无其性，不可教训；有其性，无其养，不能遵道。"③

既顺人之"性"，又施人以"养"，按《淮南子》的理论，这天下就祥和大化，其乐融融了。

这是一种很富有美学色彩的政治理想，反映了当时从统治者到广大人民比较一致的心愿。

《淮南子》虽然作者多人，但从头到尾都贯串着同一种气势：雄强奋发，乐观进取，思致风发，情理交融。请看下段文字：

> 凡人之所以生者，衣与食也。今囚之冥室之中，虽养之以刍豢，衣之以绮绣，不能乐也；以目之无见，耳之无闻。穿隙穴，见雨零，则快然而叹之，况开户发牖，从冥冥见昭昭乎？从冥冥见昭沼，犹尚肆然而喜，又况出室坐堂，见日月光乎？见日月光，旷然而乐，又况登泰山、履石封，以望八荒，视天都若盖、江河若带，又况万物在其间者乎？其为乐岂不大哉！④

何等昂扬的情绪，何等宽阔的胸怀，何等远视的目光！这可看作汉朝初期时代精神的体现，亦可看作对无限美的热烈追求。

第三节　形、气、神论

"形""气""神"均是中国美学极重要的概念。虽然这三个概念不是《淮南子》最早提出的，但《淮南子》对这三个概念的阐发较前人有新的贡献，

---

① 《淮南子·泰族训》。
② 《淮南子·泰族训》。
③ 《淮南子·泰族训》。
④ 《淮南子·泰族训》。

而且更切近于美学。更重要的是,《淮南子》第一次将这三个概念串成一组,对于美学的意义就更重大了。

首先,我们看《淮南子》对"形""气""神"基本概念的理解:

> 夫形者,生之舍也;气者,生之充也;神者,生之制也。一失位则三者伤矣,是故圣人使人各处其位,守其职而不得相干也。故夫形者,非其所安也而处之,则废;气不得其所充而用之,则泄;神非其所宜而行之,则昧。①

"形"是人的身体、生命所寄托的物质躯壳;"气"是人体中的"血气",它充实于人的身体各处;"神"是人的精神,它是生命的统帅。

《淮南子》认为,"人所以眭然能视,督然能听,形体能抗,而百节可屈伸,察能分白黑,视丑美,而知能别同异、明是非者,何也? 气为之充,而神为之使也。"② 可见,"气"与"神"是人的意识之本。

《淮南子》关于"气"的论述,因为只是限于"血气",未能提到精神上去,故而对后世影响并不大,它的主要贡献是对"神"的论述。《淮南子》对于"神"的重大作用,做了种种描述。如:"神与化游,以抚四方"(《原道训》);"神托于秋毫之末,而大宇宙之总"(《原道训》);"志与心变,神与形化"(《俶真训》);"身处江海之上,而神游魏阙之下"(《俶真训》);"夫目视鸿鹄之飞,耳听琴瑟之声,而心在雁门之间;一身之中,神之分离剖判,六合之内,一举千万里"(《览冥训》)。

《淮南子》将"神"与"形"构成一对概念,它说:

> 故以神为主者,形从而利,以形为制者,神从而害。③
> 神贵于形也,故神制则形从,形胜则神穷。④

《淮南子》强调神对形的主导作用、统制作用,不能"形胜",只能"神胜";不能"形制",只能"神制"。它的本义主要是讲养生,但影响绝不止于此。

---

① 《淮南子·原道训》。
② 《淮南子·原道训》。
③ 《淮南子·原道训》。
④ 《淮南子·诠言训》。

《淮南子》也有将形神论直接用到艺术创作上去的言论：

  画西施之面，美而不可说（悦）；规孟贲之目，大而不可畏，君形者亡焉。①

  使但吹竽，使工厌窍，虽中节而不可听，无其君形者也。②

"形""神"作为一对相互依存的概念在中国美学中占据重要地位，自汉魏到清，几乎每个朝代都有精彩的论述，可见其重要。虽然单个的概念在《淮南子》之前就有人提出来了，但《淮南子》将其构成一对概念，并着重强调"神"的主导作用，却是首创。

第四节 天地大美与礼乐致美

《淮南子》最后一篇为《泰族训》，这是全书的总结，它充分见出《淮南子》以道家为本融入儒家的基本立场，而它的基本美学思想也就是天地自然与人文礼乐的统一。

一、"神明"

《淮南子》首先强调美在自然。美在自然，本是先秦道家观点，老子说"道法自然"；但《老子》说的自然，更多的不是指自然界，而是指自然性，即物与人的本性。因此，道法自然，实质是道法本性。移用到审美上，则是本性为美。《庄子》则不仅说自然性，也讲自然界。它说的"天地有大美"，这天地既是指自然性，又是指自然界。虽然《庄子》说的自然兼顾了自然性与自然界，但更多地关注自然性。

《淮南子》基本上持道家的立场，强调美在自然，但是它的论述要深入得多。首先，它提出"神明"这一概念：

  天设日月，列星辰，调阴阳，张四时，日以暴之，夜以息之，风以干

---

① 《淮南子·说山训》。

② 《淮南子·说林训》。

之，雨露以濡之。其生物也，莫见其所养而物长；其杀物也，莫见其所丧而物亡，此之谓神明。①

此神明，指的是控制自然界所有活动的根本因素，用今天的哲学术语来说，就是本质。《淮南子》用"神明"来表示，意思是如神灵之明，像控制人类生死祸福的天帝，控制人自身全部活动的意识。神明的表述具有审美的意味，如果说美在自然的话，那自然之美则美在神明。

"神明"是无形的，但它的效果是显明的，如"风之至也，莫见其象，而木已动矣"。

此无形生有形，切合道家哲学的"有生于无"。

二、大巧

大自然的一切活动都是由"神明"操纵的，非人力所为，即《淮南子》所说"神明之事，不可以智巧为也，也不可以筋力致也"，强调自然美的客观性。

整个自然界的活动是人类真善美的本源，但自然界的活动，也有一些是人不喜欢的；也就是说，它也会给人类带来假恶丑。《淮南子》提出美在自然论，但并不认为自然即美。

自然物无一不是神明的产物，但只有其中一部分为人所欣赏，被视为宝物。它将这一部分称为"大巧"：

> 天地所包，阴阳所呕，雨露所濡，化生万物。瑶碧玉珠，翡翠玳瑁，文彩明朗，润泽若濡；摩而不玩，久而不渝。奚仲不能旅，鲁般不能造：此之谓大巧。②

说"天地所包，阴阳所呕，雨露所濡，化生万物"，实际上是在讲"神明"造物。"万物"意谓整个自然界。虽然都是神明造的，但造出来的结果不一样，其中一部分，如"瑶碧玉珠，翡翠玳瑁"非常之美："文彩明朗，润泽若濡；

---

① 《淮南子·泰族训》。
② 《淮南子·泰族训》。

摩而不玩,久而不渝"。这样的美物,是奚仲、鲁班这样的人间巧匠不能效仿,更不能制造的。这样的美物,为"大巧","大巧"的提出,意味着有小巧;那么,小巧是什么呢? 小巧就是人的优秀创造。

大巧归于自然,小巧归于人。大巧即天工,小巧为人工,天工是人工不能达到的。

三、"怀天心"

尽管神明至上,人不能与之相比,甚至不能仿效,但《淮南子》仍然主张象"神明"。它说:

> ……此之谓神明,圣人象之,故其起福也,不见其所由而福起;其祸除也,不见其所以而祸除。[1]

这里说的"象之",就是道法自然。象"神明",具体如何象,《淮南子》提出"法天心":

> 圣人者怀天心,声然能动化天下者也;故精诚感于内,形气动于天,则景星见,黄龙下,祥凤至,醴泉出,嘉谷生,河不满溢,海不溶波。[2]

这里的基本意思还是先秦道家说的"道法自然",然而用的概念不是"法",而是"怀"。"法自然"变成了"怀天心"。"怀天心"当然也是"法自然",但是,它法的不是自然现象,而是自然本质即"天心"。"天心"如何法? 就是怀有"天心",即以天心的大真大善大美来修理人类社会,来改造人心,来创造美好的生活。于是,以自然美为典范,像天心创造自然美那样,以人心创造社会美。

四、"因性"

怎样才能做到"怀天心",《淮南子》认为,首要是"养心",如何养心? 在"诚":

---

① 《淮南子·泰族训》。
② 《淮南子·泰族训》。

圣人养心莫善于诚，至诚而能动化矣。①

诚是什么意思？诚就是真，真就是自然。庄子说，"不精不诚，不能动人"。精，也是诚，为赤诚。

在如何认识诚的问题上，儒家与道家取同一立场。《中庸》说："诚者，天之道也。诚之者，人之道也。"作为"天之道"的"诚者"是自然，它不需要法什么，它就以本色存在着，变化着；"法自然"是人之所为，虽然做得很好，也只属于"人之道"，为"诚之者"。

"诚之者"作为"人之道"，它的突出体现就是"因性"。性即自然，它是事物的本性。人做事，要想做得好，做成功，必须善于"因性"。于物，则因物之性；于人，则因人之性。《淮南子》说：

> 圣人之治天下，非易民性也，拊循其所有而涤荡之。故因则大，化则细矣。禹凿龙门，辟伊阙，决江浚河，东注之海，因水之流也。后稷垦草发菑，粪土树谷，使五种各得其宜，因地之势也。……民有好色之性，故有大婚之礼……有悲哀之性，故有衰绖哭踊之节。故先王之制法也，因民之所好而为之节文也。因其好色而制婚姻之礼，故男女有别；因其喜音而正雅颂之声，故风俗不流……此皆人之所有于性，而圣人之所匠成也。故无其性不可教训，有其性无其养不能遵道。②

《淮南子》紧紧地抓住"性"这一关键词，将道家的"法自然"与儒家的"重教化"统一起来。教化是必要的，但教化都建立在尊重、顺应人性的基础上；于是，作为"诚之者"的"人之道"上升到作为"诚之者"的"天之道"。

天地之大美与礼乐之致美在《淮南子》中实现了统一。

第五节　大一统的美学

《淮南子》是汉代美学的奠基者，它突出地反映了汉代初期的时代精神

---

① 《淮南子·泰族训》。

② 《淮南子·泰族训》。

和审美意识。

《淮南子》的基本精神是道家的宇宙观。道家那种"周游六合""腾越古今""与天地精神相往来"的豪放气魄在《淮南子》中不仅得到继承，而且这种气魄显得更坚实，更厚重。先秦道家天马行空式的神游，转变成高瞻远瞩、胸襟阔大的进取。字里行间，那种"登泰山履石封，以望八荒，视天都若盖、江河若带"的一往无前的气概，显然是雄视古今的汉代精神的体现。汉代的美学不管其理论形态，还是艺术形态，都以阔大、雄伟、绚丽、奔放为其特点。

《淮南子》的美学与先秦道家美学的相异之处，主要在于其对现实生活的执着，不做那种虚幻的精神上的畅游。道家看问题的辩证、透脱以及道家所追求的人天合一的境界，《淮南子》是一并继承了的。这是《淮南子》的美学又一大特点。

《淮南子》试图把儒家思想嫁接到道家学说上去，它的"因性""化养"说就是儒道的结合。《淮南子》认为"性"与"养"二者缺一不可："无其性不可教训，有其性无其养不能遵道。茧之性为丝，非得工女煮以热汤而抽其统纪，则不能成丝。""人之性有仁义之资，非圣人为之法度而教导之，则不可使乡方。"[1] 因此，《淮南子》是主张将本色与修饰、资秉与教导、自然与人工统一起来的，认为这才是真正的造就圣贤的道路。

在美学上，《淮南子》把儒家美学注重内在人格精神的完善转向对外部现实世界的开拓。它提出的美在适宜说，兼有儒家的美善说和道家的美真说，但骨子深处则是属于它自己的务实求美的精神。在《淮南子》看来，对本色的尊重与对本色的修饰，似乎没有什么矛盾。庄子将"天"与"人"对立起来，提出无"以人灭天"；孔、孟、荀等儒家人物却把人的后天修养看得更为重要，认为人的先天禀赋并不是不可以改造的。孟子的"砥砺"说，强调成大事者必先"饿其体肤"，"劳其筋骨"，实际上已是"伤性"即"灭天"了。而在《淮南子》中，来自道家的"天地大美"与来自儒家的"礼乐致美"

---

① 《淮南子·泰族训》。

实现了完全的统一。

《淮南子》试图统一的不只是儒家与道家，它还以空前阔大的胸襟将先秦各家的学说都接收过来，试图建立起一个名曰"参五"的思想体系。所谓"参"，指三个维度："仰取象于天，俯取度于地，中取法于人。"其中"中"，包括"考乎人德，以制礼乐，行仁义之道，以治人伦而除暴乱之祸"。这三个维度包含阴阳家的五行学说："澄列金木水火土之性"，"别清浊五音六律相生之数"。"五"指五个方面，这就是"制君臣之义、父子之亲、夫妇之辨、长幼之序、朋友之际"。这样，一个美好的社会就建立起来了。这样一个美好的社会让我们联想起《淮南子》最后一篇为《泰族训》，可以看出，此篇明显地具有总结全书的意义。其实，何止于总结全书，《淮南子》试图将天下最为优秀的学说全部总结起来。这样一种海纳百川的气魄，正是空前强大的汉帝国的精神体现。

第 二 章
《黄帝内经》的美学思想

　　《黄帝内经》作为书名,首先出现在刘歆所著的《七略》。《七略》今不存,现存书名在班固所著的《汉书·艺文志·方技略》中。

　　《黄帝内经》分为《素问》《灵枢经》两大部分,各9卷81篇。此书托名黄帝所著,这是先秦战国中期一些学者喜欢用的手法,其目的是增加著作的权威性。此书的作者应该不止一人,作者们所处的年代也不尽相同。从内容判断,著作起自战国,先是分散的单篇著作,在社会上流行期间不断有学者将其整理汇编,西汉中晚期则有成体系的专著《黄帝内经》出现。

　　从学派体系来说,《黄帝内经》属于"黄学"。黄学通常称为"黄老"之学,"老"指老子。黄帝之学与老子之学同源,都崇尚天道;因此,学界将它归属于道家。为了与先秦道家之学相区别,称之为新道家。黄学与老学打的旗号相同,但实质并不一样。比如,两家都崇尚的"道",在老学,完全是自然主义的,反对人为,老子说:"天地不仁,以万物为刍狗;圣人不仁,以百姓为刍狗。"黄学讲的"道"并不排斥人为,特别是不排斥法,《黄帝内经》说"道生法"。老学尚文贵柔,弃德去法;黄学则主张刚柔兼备,刑德并用。汉代初期统治者崇尚黄老之学,实际上崇尚的是黄学,而不是老学。

　　《黄帝内经》属于黄学中的医经类,主要阐述养生治病的道理,这道理与黄学的政治学是相通的。值得特别注意的是,作为医经类的书,它少谈治病的处方,而着重阐述人的生命运作规律。这规律通于自然,通于艺术,通于政治,通于人生,因而具有放之四海而皆准的哲理意义。此书一般看作医学经典,但其实它也是一部哲学经典。在哲学学科,它是继《周易》之后中国古代又一伟大的哲学巨著。《黄帝内经》于美学的价值,主要在于奠定了中国生命美学的理论基础。

第一节 阴阳说:生命之本

《黄帝内经》生命理论的基础是阴阳说。它认为,"生之本,本于阴阳。"[①]那么,阴阳是什么呢?

《黄帝内经·素问·阴阳应象大全篇》云:

> 阴阳者,天地之道也,万物之纲纪,变化之父母,生杀之本始,神明之府治也,治病必求于本。

将阴阳归之于"天地之道也,万物之纲纪",那还没有联系到生命;当说到阴阳是"变化之父母,生杀之本始,神明之府治",它就与生命有关了。生命之生,是重要的变,而造成这一变化的根源在阴阳,那就意味着阴阳是生命的父母。事实正是如此,按传统的阴阳学说,父是阳,母是阴,正是由于父母的共同努力,才有婴儿的诞生。生,决定于阴阳,这阴阳在人为父母。死,即"杀",也本于阴阳,这阴阳就不是指父母,而是人自身的阴阳;这阴阳严重失衡,就将导致人的死亡。《阴阳应象大全篇》特别说道,"神明之府治也,治病必求于本",这神明就是人的精神生命之所。相对于人的肉体生命,精神生命有其特殊的地位,从某种意义上讲,精神才是生命的本质。神明在,生命还在;神明失,生命就不在了。阴阳是神明的府治,这意思是,阴阳不仅主宰着人的肉体生命,而且主宰着人的精神生命,主宰着生命的本质。正是由于阴阳于生命如此重要,因而治病的首要事情是调理人的自身阴阳,也就是卫养生命之本。

---

① 《黄帝内经·素问·生气通天篇》。

阴阳，在《黄帝内经》中并不局限于某一具体的事物与现象，而是指具有某种性质的一类物质与现象。相对来说，阳指的是向上、卫外的力量，而阴则为向下、内敛的力量。

在不同的事物身上，阴阳是不一样的。《素问·金匮真言论篇》说："夫言人之阴阳，则外为阳，内为阴；言人身之阴阳，则背为阳，腹为阴；言人身之脏腑中阴阳，则脏为阴，腑为阳。"这里说到了三种阴阳：人之阴阳、人身之阴阳、人身脏腑之阴阳。除此之外，还有"阳中之阳""阴中之阴""阳中之阴""阴中之阳"。当我们认定"背为阳"时，这阳中之阳就是心脏；其阳中之阴乃肺脏。当认定"腹为阴"时，阴中之阴是肾脏，阴中之阳就是肝脏。如此等等，需要根据身体脏器的相互关系，加以确定。

《素问·阴阳离合论篇》以草木的发生说阴阳关系：

> 天覆地载，万物方生。未出地者，命曰阴处，名曰阴中之阴；则出地者，命曰阴中之阳。阳予以正，阴为之主。

在这里，阴阳关系主要有：阴中之阴，草木还在地中；阴中之阳，草木出于地中。阳气给予草木以生机，阴气给予草木以形体。

阴阳哲学的要义是阴阳和谐。《素问·生气通天论篇》云：

> 凡阴阳之要，阳密乃固，两者不和，若春无秋，若冬无夏，因而和之，是谓圣度。

和谐含义丰富。首先阴阳不缺，二是对立适当。如何才是适当？《素问·生气通天论篇》云："阴者，藏精而起亟也；阳者，卫外而为固也。"这句话揭示了对立适当的秘密。这里有多种意义的对立：

第一，阴与阳的对立。阴的主要作用是"藏精"，阳的主要作用是"卫外"，一为内敛，一为外扩。阴，主要作用为"起亟（气）"；阳，主要作用为"固"密。阴的这一"起"，与阳的这一"固"，是对立的。

第二，阴中的阴阳对立。阴虽然总体上为收，但其内部也还有放。"藏精"是收，"起亟"就是放。

第三，阳中的阴阳对立。阳虽然总体上是放，但内部也还有收。"卫外"是放，"固密"就是收。

阴阳关系细化为诸多的经络关系，相应地，阴就分为太阴、少阴等，阳也同样分为太阳、少阳诸多名目；而它们的关系，则不外乎互对、互立、互含、互生、互补、互用等。

阴阳的对立，既不能造成阴完全地克掉阳，也不能造成阳完全地克掉阴，而是让二者的力量相互作用，既有牵制，更有促进。于是，合而形成一种具有弹性的张力，这种张力不同于合力；合力是一加一等于二，而张力则是一加一大于二。

阴阳哲学是中华民族传统的哲学，这是一种伟大的哲学，因为它深刻地揭示了宇宙的根本规律，即世界既是整体的，又是可分的。它的分首先是一分为二。二分法是宇宙的基本分法，二既是对立的，又是统一的。对立后的统一让世界又成为整体，这个整体相较分之前的整体，无疑是一个进步。阴阳哲学与黑格尔的辩证法内在地相通，这说明人类的思维具有天然的一致性。

中华民族凭着这种哲学立足于世界，发展到现在；事实证明，它是具有生命力的。《黄帝内经》是阴阳哲学在人的生命世界最精彩的运用，它奠定了中医的理论基础，保障了中华民族历经万年的生存与发展。

《黄帝内经》对于自然界与生命关系的论述，实质上提出了一个重要的美学观点：美在生命，而生命之所以美，乃在于生命界中阴阳的对立与统一。是阴阳的对立与统一缔造了生命，缔造了生命之美，中华民族在其生活与实践中，将这种源于生命的美学观扩展到所有的审美对象。

值得进一步指出的是，生命界的阴阳对立与统一体现出生态平衡的意义，因此，中国的生命美学实质上是通向生态哲学的。

第二节　感应说：生命之成

从哲学上讲，生命是阴阳和合的产物。如果将这一理论具体化，可以分成外部、内部两种意义的关系。

就外部关系来说，生命是外部事物阴阳作用的产物，外部事物指自然。

在《黄帝内经》看来,自然界就是阴阳和合的产物,自然界的阴阳关系影响着人生命中的阴阳关系。在这里,主要体现为时空关系。

就时间关系来说,秉承《易传》的三才观,《黄帝内经》认为"人与天地相参"①。人的生命与天地息息相关,这其中,与自然运转的关系最为密切。自然运转即时令,分为春夏秋冬四时,各有其阴阳属性;四时的阴阳属性必然会对人产生重要的作用,人只有顺其属性才能健康,如逆其属性则必然生病。《素问·四气调神大论篇》云:

> 夫四时阴阳者,万物之根本也,所以圣人春夏养阳,秋冬养阴,以从其根,故与万物沉浮于生长之门。逆其根,则伐其本,坏其真也矣。故阴阳四时者,万物之终始也,死生之本也,逆之则灾害生,从之则苛疾不起,是谓得道。

四时阴阳,大体上春夏为阳;具体来说,春为少阳,夏为太阳,故"春夏养阳"。秋冬为阴,具体来说,秋为太阴,冬为少阴,故"秋冬养阴"。如果不这样顺着时令养身体,那么,人的生命的阴阳就失调了,四季相对应的器官肝、心、肺、肾就出问题了:

> 逆春气,则少阳不生,肝气内变;逆夏气,则太阳不长,心气内洞;逆秋气,则太阴不收,肺气焦满;逆冬气,则少阴不藏,肾气独沉。②

这种四脏一一对应四时的理论,也许不一定合乎科学;但说人的生命与时令有关系,而且时令会影响脏腑的活动,这是科学的。《黄帝内经》强调的其实并不是一一对应,而是人的生命要与"万物沉浮于生长之门",这是绝对正确的。

《黄帝内经》作为新道家著作,没有忘记将这样一种规律归结为"道"。强调"得道"说,"道者,圣人行之,愚者佩之"。

就空间关系来说,《素问·金匮真言论篇》云:

> 帝曰:五脏应四时,各有收受乎?

---

① 《黄帝内经·素问·咳论篇》。
② 《黄帝内经·素问·四气调神大论篇》。

岐伯曰：

东方青色，入通于肝，开窍于目，藏精于肝，其病发惊骇。其味酸，其类草木……其应四时，上为岁星，是以春气在头也。其音角，其数八，是以知病在之筋也……

南方赤色，入通于心，开窍于耳，藏精于心，故病在五脏。其味苦，其类火……其应四时，上为荧惑星，是以知病之在脉也。其音徵，其数七……

中央黄色，入通于脾，开窍于口，藏精于脾，故病在舌本。其味甘，其类土……其应四时，上为镇星，是以知病之在肉也。其音宫，其数五……

西方白色，入通于肺，开窍于鼻，藏精于肺，故病在背。其味辛，其类金……其应四时，上为太白星，是以知病之在皮毛也。其音商，其数九……

北方黑色，入通于肾，开窍于二阴，藏精于肾，故病在谿。其味咸，其类水……其应四时，上为辰星，是以知病之在骨也。其音羽，其数六……

这种方位理论明显地受到五行说的影响。五行哲学是阴阳哲学的发展，阴阳哲学立足于二，五行哲学立足于五，五行之间的关系概括为生与克。生是阴阳的统一，克是阴阳的对立。

《黄帝内经》将五行说加以扩充，延伸到人的脏腑，于是，就成为这样一种图式：

东：春，青色，肝，酸，草木，岁星（木星），角，八

南：夏，赤色，心，苦，火，荧惑星（火星），徵，七

中央：长夏，黄色，脾，甘，土，镇星（土星），宫，五

西：秋，白色，肺，辛，金，太白星（金星），商，九

北：冬，黑色，肾，咸，水，辰星（水星），羽，六

这种图式的科学性一直受到质疑，但其中不排除有合理的因素。如果不执拗于图式，而看重自然方位对于人身体的影响，就可以发现，其中闪耀

着智慧的光芒,给人以各种启示。

《黄帝内经》认为自然界诸事物均可以派属为阴阳,事物的阴阳性质与人的阴阳性质发生感应,从而对人的身体产生作用。这其中,从大的方面说,天地的影响是最重要的。

《素问·阴阳应象大论篇》说,"清阳为天,浊阴为地"。天地之间,是可以交通的。这是因为天有天气,"天气下为雨";地有地气,"地气上为云"。天气与地气交互变化:天气下为雨,"雨出地气";地气上为云,"云出天气"。

《素问·阴阳应象大论篇》认为,天的清阳与地的浊阴均影响人体。从清阳与浊阴的流动来看,是阳的热烈,让地气蒸腾,上升而成为云,故"清阳出上窍";是地的寒凝,让天气凝结为雨,落到地上,故"浊阴出下窍"。

以上是自然现象,大体上,描述是符合事实的。下面,就联系到人体,认为人也有清阳、浊阴。人身体的清阳与浊阴是什么,《黄帝内经》没有明确地说,可以理解为清阳指维持生命发展功能的精微物质,或者说一种气、一种力,它联系的是"出上窍",类同于天的功能;浊阴就是维持生命排污功能的精微物质,或者说一种气、一种力,它联系的是"出下窍",类同于地的功能。这就是说,清阳、浊阴在人体主要体现为一种新陈代谢的功能。

《素问·阴阳应象大论篇》进而将天地间的事物派属为或阴或阳,如"水为阴,火为阳,阳为气,阴为味"。从五行的生克,具体地阐述它们对人体的影响,这其中,有些道理是符合事实的,因而容易为人接受,如"水为阴,火为阳";有些则似是而非,如"阳为气,阴为味",就不太容易为人接受。但《黄帝内经》的着眼点不是人体与自然界的一一对应,而是人体与自然界的总体关系,这总体关系:"天有四时五行,以生长收藏,以生寒暑燥湿风;人有五脏化五气,以生喜怒悲忧恐。"[1] 这里值得注意的是,它强调自然界对人的情绪的影响,这种影响直接关涉人的健康:"喜怒伤气,寒暑伤形;暴怒伤阴,暴暑伤阳","喜怒不节,寒暑过度,生乃不固。"[2]

---

① 《黄帝内经·素问·阴阳应象大论篇》。

② 《黄帝内经·素问·阴阳应象大论篇》。

《黄帝内经》有关生命与时令关系的论述直接启发了中国美学的感物说。《黄帝内经》说："冬伤于寒，春必温热；春伤于风，夏必飧泄；夏伤于暑，秋必痎疟；秋伤于湿，冬生咳嗽。"[1] 这种说法，在刘勰那里得到美学意义上的呼应。刘勰云："春秋代序，阴阳惨舒，物色之动，心亦摇焉。""是以献岁发春，悦豫之情畅；滔滔孟夏，郁陶之心凝；天高气清，阴沈之志远；霰雪无垠，矜肃之虑深；岁有其物，物有其容，情以物迁，辞以情发。"[2]

第三节 "藏象"说：生命现象

《黄帝内经》作为医学经典，涉及的一个重要问题就是如何诊断对象有病，中医通常的说法是望、闻、问、切。这望的、闻的、问的、切的其实都是生命的现象，而生命的现象反映着身体内部的真实状况。《黄帝内经》将生命的这种性质称为"藏象"。

明代学者张介宾注释《黄帝内经》说："象，形象也。藏居于内，形见于外，故曰藏象。"[3] 这外与内的关系含义丰富，在哲学层面上，涉及现象与本质的关系；在艺术层面上，涉及形式与内容的关系；在审美层面上，涉及感性与理性的关系。在不同的层面，关注的重点不一样。

《黄帝内经》立足于诊病，注重的是生命现象与脏腑的关系。

第一，不同的脏腑有着相对应的生命现象。

《素问·六节藏象论篇》说：

> 心者，生之本，神之变也，其华在面，其充在血脉，为阳中之太阳，通于夏气。肺者，气之本，魄之处也，其华在毛，其充在皮，为阳中之太阴，通于秋气。肾者，主蛰，封藏之本，精之处也，其华在发，其充在骨，为阴中之少阴，通于冬气。肝者，罢极之本，魂之居也，其华在爪，其充在筋，以生血气，其味酸，其色苍，为阳中之少阳，通于春气。脾、胃、

---

① 《黄帝内经·素问·阴阳应象大论篇》。

② 刘勰：《文心雕龙·物色》。

③ 《黄帝内经·素问·六节藏象论篇》。

大肠、小肠、三焦、膀胱者,仓廪之本,营之居也,名曰器,能化糟粕,转味而入出者也,其华在唇四白,其充在肌,其味甘,其色黄,此至阴之类,通于土气。

这里讲了诸多脏器的功能、阴阳性质,它们各有自己的生命现象。

脏名	功能	阴阳性质	气	现象
心	生之本,神之变	阳中之太阳	通于夏气	华在面,充在血脉
肺	气之本,魄之处	阳中之太阴	通于秋气	其华在毛,充在皮
肾	封藏之本,精之处	阴中之少阴	通于冬气	华在发,充在骨
肝	罢极之本,魂之居	阳中之少阳	通于春气	华在爪,充在筋,味酸,色苍
脾、胃、大肠等	仓廪之本,营之居	至阴	通于土气	唇四白,充在肌,味甘,色黄

需要说明的是,《黄帝内经》说的脏腑与现代西医说的脏腑不完全一致,尤其是功能不一致。如肾,西医说的肾是肾脏,而《黄帝内经》中说的肾在功能上大于肾脏。《黄帝内经》说肾"主蛰,封藏之本,精之处",作为"封藏之本,精之处"的肾,具有某种意义上的主宰地位,它影响生殖。中医的脏腑理论与西医的脏腑理论之所以不同,是因为它们赖以构建的基础不同,两者都具有一定的科学性,都能在一定程度上解决问题,但又不能全部地解决问题。也许,中西医相结合才是医学发展的正确方向。

第二,脏器互相影响与共同配合下的生命现象的复杂性。

《黄帝内经》认为,人的生命是在诸多脏器共同作用下实现的,它强调的是脏器之合。脏器之合,意味着它们互相影响、互相作用,此种活力,让生命现象呈现出复杂性来。辩证地认识这些生命现象,透过现象准确地把握生命的真实状况,是正确施治的前提。

《素问·五脏生成篇》云:

心之合脉也,其荣色也,其主肾也;肺之合皮也,其荣毛也,其主心也;肝之合筋也,其荣爪也,其主肺也;脾之合肉也,其荣唇也,其主肝也；肾之合骨也，其荣发也，其主脾也。

这里说了几种脏器的配合情况：心，与之配合的是血脉，而控制它的是肾，其外在现象为面色；肺，与之配合的是皮肤，而控制它的是心，其外在现象为毛发；肝，与之配合的是诸筋，而控制它的是肺，其外在现象为指爪；脾，与之配合的是肌肉，而控制它的是肝，其外在现象为嘴唇；肾，与之配合的是骨，而控制它的是脾，其外在现象为毛发。

由于外在生命现象能真实地反映内脏的性质，因而通过观察生命现象，就可以知道内脏是否健康。

《素问·五脏生成篇》云：

> 五脏之气，故色见青如草兹（草席）者死，黄如枳实者死，黑如炲者死，赤如衃血者死，白如枯骨者死，此五色之见死也。青如翠羽者生，赤如鸡冠者生，黄如蟹腹者生，白如豕膏者生，黑如乌羽者生，此五色之见生也。

这里说如何从面色看病。五种面色是五脏患了死症的现象：青如草席，黄如枳实，黑如煤灰，赤如凝血，白如枯骨。五种面色是五脏健康的现象：青如翠羽，赤如鸡冠，黄如蟹腹，白如猪的脂肪，黑如乌羽。

这是对五脏的初步观察，如果还要进一步判断五脏中某一脏的健康情况，那对面色的观察就更要过细了。心脏健康，面色就如白绢裹着朱红之物；肺脏健康，面色就如白绢裹着粉红之物；肝脏健康，面色就如白绢裹着青红之物；脾脏健康，面色就如白绢裹着栝楼之实；肾脏健康，面色就如白绢裹着紫色之物。

《黄帝内经》的藏象理论说的是生命，但对于认识美具有重要的启示。美其实也可以视为生命，不管它本为生命之物还是本为无生命之物，只要进入审美的视界，都是生命。既然是生命，就犹如人一样，也有内在的脏腑和外在的生命现象。欣赏品味美的事物，有着类似诊病一样的过程，先观察其外在的形象，主要为感性认识；继而认识其内在性质，主要为理性认识。欧阳修说："余尝爱唐人诗云：'鸡声茅店月，人迹板桥霜'，则天寒岁暮，风凄木落,羁旅之愁,如身履之。"① 这里,"鸡声茅店月,人迹板桥霜"就相当于生命现象,而"羁旅之愁"就是内脏了。

这个由感性至理性的认识过程并非只是在审美欣赏中才出现,事实上,在作家、艺术家构制艺术形象时,就这样做了。他要构制一个如同真实生活一样的艺术境界,这个艺术境界的外在方面相当于生命现象,而这个艺术境界的内在方面则相当于人体的五脏。与诊治不同的是,审美创作和审美欣赏自始至终激荡着情感的力量,而感性与理性的过程往往难以区分出阶段,而呈现出浑然一体、洞触天开的情景,如王夫之所云:"唯此宵宵摇摇之中,有一切真情在内,可兴可观可群可怨,是以有取以诗。然因此而诗,则又往往缘景缘事缘已往缘未来,终年苦吟而不能自道。以追光蹑景之笔,写通天尽人之怀,是诗家正法眼藏。"②

第四节 "气"说:生命运动

生命当其存在之时,外在显现为身体的运动,而这种运动内在的主宰是气。

"气"是《黄帝内经》中的重要概念,出现达2956次。"气"在《黄帝内经》中有诸多组合,诸如:天气、地气、真气、精气、正气、邪气、阳气、阴气、春气、夏气、秋气、冬气、心气、肺气、肝气、肾气、胃气等。

一、气与生命

大家都知道,国际上通行的一个观点:人是天地之精华,万物之灵长。《黄帝内经》也有类似的看法,与上述观点不同的是,它将"气"引进来了。

《素问·宝命全形论篇》说:

> 天覆地载,万物悉备,莫贵于人。人以天地之气生,四时之法成。

① 欧阳修:《欧阳文忠公文集·温庭筠严维诗》。
② 王夫之:《明诗评选·蔡羽暮春》卷五。

夫人生于地，悬命于天，天地合气，命之曰人。

气，在中国哲学中是一个重要范畴。究其原初义言，它指的是生命之气，即生气。

生气离不开生命体，如果将生命体分为现象与本质两个层面，则现象是物质，本质是精神。生命的本质是生气，生命虽然体现为肉体的行为，但其抽象化则为精神；生命的精神，在中国古代称之为生气。生气作为生命本质的显现，是生命体的主宰，它支配着生命的存在。有生气，生命存在；无生气，生命不存在。只有生气存在的物体才是生命体，否则不是生命体。生气，也可以理解为生命体的功能。生气作为生命体的功能，指的是生命活动。生命的存在与生命的活动是可以互相解释的，只是存在强调的是在，活动强调的是动。

在中国古代文化中，不只是人有生气，物也有生气，这种说法，实质是将物拟人化了。中国文化说天有气，称之为天气；地有气，称之为地气；春有气，称之为春气；秋有气，称之为秋气。不只是物有气，具有某种意义的性质，如正、邪、清、浊，也有气。

"气"这一概念在中国文化中的广泛运用，反映出中国文化形上与形下的意识非常鲜明，一般来说，只有涉及形而上的意义才用"气"这一概念。中国文化看重形而上，将涉及形而上的文化称为道，而将只涉及形而下的文化称为器。

关于气的论述，在先秦就有了，但多为零星的言论；只有到了汉代，关于它的论述才形成洋洋大观，而其代表则是《黄帝内经》。

二、气与阴阳

《素问·生气通天论篇》专论生气，其中有五点值得我们注意：

第一，生气本于阴阳，这是生气说的基本观点。阴阳系构成生命的两种元素，它们的恰当化合，则形成生气。说"生之本，本于阴阳"，这"生"实质指生气即生命的活力。没有生命的活力，肉体就是一堆死物，无生命可言。

第二，生气来自天气。《素问·生气通天论篇》云："苍天之气清净，则志意治，顺之则阳气固，虽有贼邪，弗能害也，此因时之序。故圣人传精神，服天气，而通神明。失之则内闭九窍，外壅肌肉，卫气散解，此谓自伤，气之削也。"此处强调"苍天之气"是清净的，顺应它，人体的阳气就坚固；而如果失去它，则"内闭九窍"，卫气即阳气就散解了。

第三，阳气是生命的主宰。《素问·生气通天论篇》说："阳气者若天与日，失其所则折寿而不彰。"

第四，阴气是生命能量的来源。《素问·生气通天论篇》说："阴者，藏精而起亟也；阳者，卫外而为固也。"

第五，阴阳要实现平衡。阴气与阳气，功能上各有分工，但重要性一样，谁都不能缺，而且谁都不能过盛，两者要在维持生命生存与发展的意义上实现平衡。《素问·生气通天论篇》云：

> 阴不胜其阳，则脉流薄疾，并乃狂。阳不胜其阴，则五脏气争，九窍不通。是以圣人陈阴阳，筋脉和同，骨髓坚固，气血皆从。如是则内外调和，邪不能害，耳目聪明，气立如故。

这种论述，从哲学上看完全没有问题，问题是诊治的过程中，如何判断哪种情况是阳胜，哪种情况是阴胜，那就需要经验来支撑了。中医学一方面是高度理性化的，上升到哲理；另一方面又是高度感性化的，依赖经验。

三、气与精

"气"概念常与"精"这一概念相联系。

关于精，《黄帝内经》有诸多重要观点，这些观点从不同的方面说明精。

(一) 精与阳

《素问·阴阳应象大论篇》云：

> 阳为气，阴为味，味归形，气归精，精归化。

此话是针对人身体的滋养来说的。《黄帝内经》认为，人的身体滋养有两个来源，一是气，二是食。气为阳，食为阴；气无形，归于精；食有味，归于形。气作为阳，化为生命之主；食作为阴，化为生命之体。精与气异名同物，所以，可以"移情变气"；当然，也可以抟气成精。

正是精与阳有着必然的联系，因此，"精者，身之本也。故藏于精者，春不病温。"①

(二) 精与华

当气凝聚成精时，它的外在显现则为华，此时的精就成为"精明"。《素问·脉要精微论篇》云，"夫精明五色者，气之华也"，具体来说，如果脸色"赤欲白裹朱"，那就是健康；而如果"不欲如赭"，那就是有病了。

(三) 精与五脏

人的身体，大脑最重要，它是管精神的。《素问·脉要精微论篇》云："夫五脏者，身之强也，头者，精明之府。"《黄帝内经》对于心脏有着特殊的重视，认为"心者，五脏之专精也"②。精也不只是存在于大脑与心脏之中，各种脏器都有自己的精。不同脏器的精发挥不同的作用："精气并于心则喜，并于肺则悲。"

四、气与经络

气在人体运行的轨迹形成经络③，经络是无形的生命之网，遍布全身，气就在经络上运行，运行中的节点是气穴。人之所以生病，是因为气穴不通畅了。通过用药、针灸，或是别的方法，打通节点，让气血流畅，病就好了。

经络不是物质性的存在，故人体解剖不能发现经络的存在；经络是生命功能性的存在，生命存在时，它就存在；生命消失时，它就不存在了。经络说是中华民族独特的生命学说，虽然并不切合现代生理解剖学，但它是科学的，因为经络的存在及运行，能够接受科学的测验，更重要的是，它能治病。

---

① 《黄帝内经·金匮真言论篇》。

② 《黄帝内经·解精微论篇》。

③ 经络由经脉与络脉组成，经脉包括十二正脉、奇经八脉、十二经别，络脉包括大络、浮络、孙络、阴络、阳络。经络说在《黄帝内经》中有着比较深入的论述，它是后世经络学、针刺灸疗学的源头。

从《黄帝内经》我们得知,经络说在中国源远流长。《素问·阴阳应象大论篇》云:"上古圣人论理人形,列别脏腑,端络经脉,会通六合,各从其经,气穴所发,各有处名。"关于这样古老的学问,我们现在的研究还远远不够。

《黄帝内经》的气论,对中国美学产生了深远的影响。中国美学先是尚气,曹丕提出"文以气为主",这气就是生气。刘勰说,"诗总六义,风冠其首,斯乃化感之本源,志气之符契也",这里说的"志气"也是生气。文学作品中,气相当于人的精神,决定于作品的本质。刘勰说:"辞之待骨,如体之树骸;情之含风,犹形之包气。结言端直,则文骨成焉;意气骏爽,则文风生焉。"①这里具体地论述了作品的构成因素,用了很多比喻,其中就有身体。身体之外在显现是形;而其内在力量则是气。魏晋南北朝之际,中国美学的"气"论逐步发展成"气韵"论。其实,"韵"也是气,只不过是一种柔性、更为内在、通向无限的生命之气;而"气"则专指刚性的、外在的、有着突出显现,也许还有所规定的生命之气。气韵或合用或分用,成为中国美学最有特色的概念之一,最后汇入境界说,成为境界理论的组成部分。

第五节 "神"说:生命灵魂

"神",是中国哲学的重要范畴。这一概念,先秦典籍用得比较多,大体上有三种用法。第一种用法,指神祇。《说文》曰:"神,天神,引出万物者也。""神"与"鬼"联缀成"鬼神"一词,"神"与"鬼"均是神灵,一般理解,天神曰神,人神曰鬼,或地神为鬼。第二种用法,指神妙。《易传·说卦传》云:"神也者,妙万物而为言者也。"又,《易传·系辞上》云:"阴阳不测之谓神。"第三种用法,指精气。《易传·系辞上》有句"精气为物",郑玄注云:"精气谓之神。"《大戴礼记·曾子天圆》云:"阳之精气曰神,阴之精气曰灵。"

以上三种用法是神的主要用法,也有用神来指人的精神的说法,如《荀

---

① 刘勰:《文心雕龙·风骨》。

子·天论》中有句"天职既立,天功既成,形具而神立",这"神"就是指人的精神,但这种用法不是太普遍。在成书于西汉的《黄帝内经》中,神就普遍地用来指称人的精神,具体来说,神的用法主要有四种。

一、神是心的功能

在《黄帝内经》看来,五脏之中,心脏是最重要的。《素问·灵兰秘典篇》云:"心者,君主之官也,神明出焉。……主明则下安,以此养生则寿,殁世不殆。"这种看法按现代医学是不科学的,但是在《黄帝内经》自创的体系中,它是成立的。值得注意的是,在《素问·脉要精微论篇》中,它又说"头者,精明之府",此"精明"相当于"神";如果是这样,《黄帝内经》似乎又认为大脑才是精神的母体。

二、神藏于形

《素问·调经论篇》云:"夫心藏神,肺藏气,肝藏血,脾藏肉,肾藏志,而此成形,志意通,内连骨髓,而成身形五脏。"

五脏所藏虽然不一样,但它们都藏于形体之中,这就叫"成形"。这种"成形",意味着五脏作为生命构成部件的作用能够得到实现。这样,"成形"的意义,就是功能与形体的统一。

五脏所藏之中,心所藏的神,肾所藏的志,其实是很相似的,都是精神;于是,心、肾二脏的内在功能与外在形体的关系有着精神与物质相统一的意义,心、肾的功能主要为精神功能。肺所藏的气、肝所藏的血、脾所藏的肉,其实也不是物质,亦含精神功能①,只是相较于神、志这样的精神功能,更具物质功能的意义。

三、神的特质

神的特质,因其所指的对象不同而有不同的理解。在《黄帝内经》中,

① 《黄帝内经·素问·八正神明论篇》云:"血气者,人之神,不可不谨养。"

神用在两个地方。一是用在如何认识五脏的功能上，神是心脏的功能，它是生命的最高主宰。二是用在医生治病的思想活动和技能上。就医生治病的思想活动来说，其极致为神，这种神，在《素问·八正神明论篇》中有所描述：

> 帝曰何谓神？岐伯曰：请言神，神乎神，耳不闻，目明心开而志先，慧然独悟，口弗能言，俱视独见，适若昏，昭然独明，若风吹云，故曰神。三部九候为之原，九针之论不必存也。

这里，黄帝问"何谓神"，此"神"指的是医生诊治病人的思想活动。

岐伯对神的特质做了准确而又生动的描述：

第一，神是一种直觉。它不需要听病人详细地叙述疾病的情况，即所谓"耳不闻"；只需要观察病人的面色，就豁然开朗，知道病人害的什么病了，即所谓"目明心开而志先"。

第二，神是一种独悟。首先，它是悟，悟不同于逻辑认识。逻辑认识需要有严密的推理过程，而悟将此过程去掉或者浓缩掉了，它无须做细致的分析，而在直觉中立刻认识到病的本质。这种悟，舍弃成见，化知为慧，因而是一种慧悟。其次，这种悟，不是别人所能达到的，只能是独立的洞见，因而是独悟。

第三，神拒绝语言。神作为感悟，只有当事人清楚，并且心明眼亮；但不能化成语言，准确地表达，让别人也像自己一样明白。

第四，神具有瞬时性。神的出现就是灵感，忽然而来，忽然而去。"适若昏"，刚才还很模糊的东西，瞬间变得清楚起来，"若风吹云"。

第五，神是解决问题的根本。一旦得神，那些被视为工巧神圣的三部九候之法，还有九针，就完全没有必要拘泥固守了。

"神"这一概念还用在描述医生运用针刺治病上。《灵枢经·九针十二原第一》云：

> 小针之要，易陈而难入，粗守形，上守神，神乎，神客在门，未睹其疾，恶知其原。刺之微，在速迟，粗守关，上守机，机之动，不离其空，空中之机，清静而微，其来不可逢，其往不可追。知机之道者，不可挂

以发。不知机道，叩之不发，知其往来，要与之期，粗之暗乎，妙哉工独有之。

这里讲运针，不只是讲运针时医家的思维活动，还讲到技艺的发挥。其中关键点有四：

第一，"上守神"。这是相对于"粗守形"而言的，意思是高明的医生关注患者内在的精神，而水平欠缺的医生只是关注患者外在的形态。

第二，"上守机"。机是关键点，就扎针来说，不是一般穴位，而是关键穴位。

第三，"清静而微"。这是说医家要静心，专注，找准穴位。

第四，"要与之期"。这种医治，最高境界是医家与病人的合一，这种合一好比原来约好似的。换言之，精准诊治。

中国美学也大量谈到神，中国美学中的神论，有着诸多的来源，大体上有三：宗教、哲学、生命科学。《黄帝内经》中的神论，为生命科学。神，在《黄帝内经》中指的是生命的一种功能，此种功能主要藏于心之中。这种功能主要有三：生命的决定因素，生命的主宰因素，生命的神秘因素。神的功能有物质性，也有精神性。它对于中国美学的影响主要是建构了三类与神相连缀的概念：

第一，"神明""神气""神志""神采""神韵"等概念。这类概念主要用在艺术创作中，作为创作的素材，不论是人物，还是自然物，均要求在作品中体现出神明或神气来。也就是说，在中国艺术家看来，艺术是一种创造生命的事业，所表现的对象无论原本是生命物还是非生命物，当其进入艺术家的视野并被构建成艺术形象时，都是生命物。作为生命物，它的生命的内核就以神明、神气、神志、神采、神韵来体现。

神明、神气这类概念主要指形象内在的生命力，与之相对的另一类概念则是形、象、体等，它们为形象外在的物质存在。于是，神与形就构成了一对矛盾，既有别，又相关，既矛盾又统一。于是，形神关系的处理成为艺术表现的中心，"以形写神""传神写照""悟对通神""形似""神似"就成为著名的美学命题。

第二，"神思""妙悟"等概念。这类概念指的是艺术创作中艺术家的思想活动，本质是想象与灵感。晋代的陆机、南北朝的刘勰最早对神思做了生动的描述，其后，结合各种不同的艺术创作，有着各种不同的精彩表述。清代刘熙载云："文之神妙，莫过于飞。"他用一个"飞"字概括了神思、妙悟的特质。

这类描述类似前所引岐伯所说的医家治病时的思想活动。不过，二者之间稍有不同。医家的思想活动不论其直觉如何神秘，不可思议，都明确地指向思维对象——病人的病因、病根；因此，此种思维具有理性认识的意义。艺术创作中的想象与灵感虽然也具有理性内涵，但本质上属于情感思维或者说形象思维；因此，不仅动力是主体的情感，而且其旨归只能是主体情感的尽情抒发。

第三，"神笔""神技""神助""神来"等概念。这类概念主要用于表演性的艺术创作，如音乐、舞蹈、书法、绘画等。

第四，"神品""妙品""逸品"等概念。这类概念主要用于对艺术的审美品评。唐朝的张怀瓘首用神为作品定等级，他提出书法有神、妙、能三品，神品最高。宋代的黄休复又增加逸品，并将品改为格。黄休复用逸、神、妙、能等概念来评画，分成逸格、神格、妙格、能格，逸格最高。这些品评中，除了能品比较多地看重技巧的运用外，其他诸品都在不同情况下对于技巧有所超越；因此，它们都具有神的意义。

中国美学中神的概念的运用，除品评这一领域外，均与《黄帝内经》有着一定的关系，在某种意义上说，《黄帝内经》推动并参与了美学中"神"概念系统的创造。

《黄帝内经》是中国生命美学的最早构制，这种生命美学具有以下四个特点：

第一，以天人合一观念为本。《黄帝内经》强调人的生命来自自然，也必须和谐于自然，"人以天地之气生，四时之法成"；因此，法天则地，是生命的根本。这一观念是《黄帝内经》最可宝贵之处，放之四海而皆准，超乎万代而不朽。

第二，以阴阳五行哲学为主导。阴阳五行哲学是中国最古老的哲学，它对于中国人思维的发展，对中国文化的成形，起了巨大的作用。这种哲学有它的独特之处，既见出它的优胜处，也见出它的局限。不管怎样，它是我们祖先长期奉行过的哲学，对于它的功过评述，此处不宜展开。

第三，养生重于治病。《黄帝内经》是医学大典，更是养生大典。

第四，《黄帝内经》成功地将中国传统文化包括儒家文化、道家文化融于医学，成就了中华民族独特的生命学说。这种生命学说从根本上影响了中国美学，而中国美学从本质上来说，也是一种生命学说。中国人讲的生命，一是肉体生命，二是精神生命，两者相连而相异。《黄帝内经》主要论述的是肉体生命，就其对中国美学的影响来说，《黄帝内经》是中国身体美学的最早构建者，也是中国生命美学的重要渊源。

第 三 章
《春秋繁露》的美学思想

汉初，统治阶级为了稳定政权，基本上采用道家的"黄老之术"治国；道家思想比较受统治阶级的重视，但是，儒道争霸相当厉害。文、景时虽立博士，但不甚好儒，似在道家学派与儒家学派之间采取折中政策，直到武帝时，这个局面才得以改变。汉武帝即位后与"好黄老术"的窦太后斗争，"及窦太后崩，武安侯田蚡为丞相，黜黄老、刑名百家之言，延文学儒者数百人。"① 从这以后，儒家占了上风。

与此相关，儒家美学思想得到了很大发展。汉武帝时大儒董仲舒提出"天人感应"学说，虽其意义主要在政治方面，但与美学也关系极大。

董仲舒（前198—前104），广川（今河北省枣强县广川镇）人，西汉《春秋》公羊学大师。

董仲舒在汉景帝时任经学博士，教授了很多学生，据说，因为学生多，不得不由先来的学生再去教后来的学生，以至于有些学生，在董仲舒门下学习几年，竟然未得先生亲授过。汉武帝时，董仲舒参加对策，受到武帝赏识。董仲舒的文章是他的后人汇编的，汉代时称《董仲舒书》，后改名为《春秋繁露》。

---

① 《汉书·儒林传》。

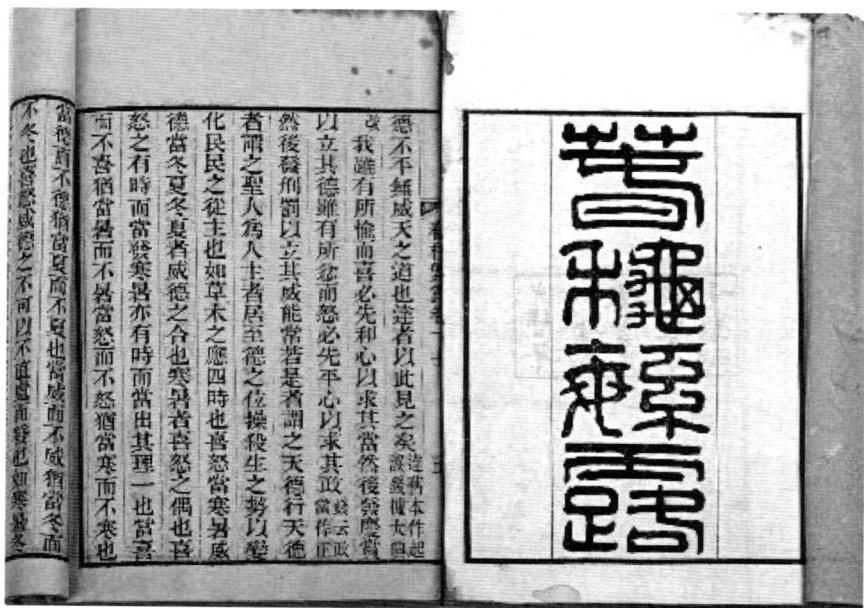

《春秋繁露》书影

　　董仲舒是汉代最重要的儒家大师，也是中国历史上孔、孟、荀之后最重要的儒学大师。他在中国历史上最重要的贡献是独尊儒术的提出。《汉书·董仲舒传》载董仲舒答汉武帝策问："今师异道，人异论，百家殊方，指意不同，是以上亡以持一统；法制数变，下不知所守。臣愚以为诸不在六艺之科孔子之术者，皆绝其道，勿使并进。邪辟之说灭息，然后统纪可一而法度可明，民知所从矣。"

　　独尊儒术的提出，开启了中国历史上以儒治国的历史，儒学遂成为中国封建社会主流的意识形态。

　　董仲舒的哲学思想虽然立根于先秦儒家，但是他吸取了阴阳五行家以及别的学派的思想，与先秦儒家已经有了很大的不同。他的学说核心是天人感应。天人感应学说虽然在中国由来已久，但只有到董仲舒这里，才构成一个严密的体系，而且它直接服务于统治阶级，因为天人感应要说明的最重要的理论就是"君权神授"。

第一节 天人感应与美学

天人感应虽然从大的方面言之，属于天人合一系统，但是，天人感应明显地具有宗教的神秘色彩；而天人合一，则更多地是一种哲学理念。这关涉到两种学说中对"天"的理解。一般来说，"天人合一"说的"天"不管是理解成自然界，还是理解成宇宙之本，都不带鬼神的含义，也不具宗教的神秘色彩。而董仲舒讲的"天"，则兼有人格神与自然两方面的含义，而主要是人格神。董仲舒说："天者百神之君也，王者之所最尊也。"① 这个人格神的天有意志、有道德、有情感，俨然如人：

> 天高其位而下其施，藏其形而见其光。高其位，所以为尊也；下其施，所以为仁也；藏其形，所以为神；见其光，所以为明。故位尊而施仁，藏形而见光者，天之行也。②

显然，这"人"不是一般的人，而是君主。既然"天"似君主，那么，君主也必然似天：

> 为人主者，法天之行，是故内深藏，所以为神；外博观，所以为明也，任群贤所以为受成；乃不自劳于事，所以为尊也；泛爱群生，不以喜怒赏罚，所以为仁也。③

君主就这样被提升为地面上的上帝，具有至高无上的权力，也具有至美无比的品德。自然，这样的理论深受统治阶级欢迎。

董仲舒从维护统治阶级统治地位的基本立场出发，就"天"与"人"的关系展开了一系列的论述，这个理论的基本要点是：

一、人乃天生

董仲舒认为"天者万物之祖"，自然，人也是天的产物。他说：

---

① 董仲舒：《春秋繁露·郊义》。
② 董仲舒：《春秋繁露·离合根》。
③ 董仲舒：《春秋繁露·离合根》。

　　为生不能为人，为人者，天也。人之为人本于天，天亦人之曾祖父也。此人之所以乃上类天也。人之形体，化天数而成；人之血气，化天志而仁；人之德行，化天理而义；人之好恶，化天之暖清；人之喜怒，化天之寒暑；人之受命，化天之四时；人生有喜怒哀乐之答，春秋冬夏之类也。喜，春之答也；怒，秋之答也；乐，夏之答也；哀，冬之答也。天之副在乎人，人之情性有由天者矣，故曰受，由天之号也。①

　　有意思的是，天之生人，不是如同生物的繁殖，生出一个与母体同类的生物来。天之生人是异类繁殖。但这异类是对应性的转化而成的：形体——天数；仁——天志；义——天理；好恶——天之暖清；喜怒——天之寒暑。

二、天人相副

　　既然"天"是将自身的素质对应地转化成人的形体与精神，因此天人是相副的：

　　　　人有三百六十节，偶天之数也；形体骨肉，偶地之厚也。上有耳目聪明，日月之象也；体有空窍理脉，川谷之象也；心有哀乐喜怒，神气之类也。②

三、天人感应

　　这是董仲舒"天人合一"说的核心，董仲舒认为天人是交感相应的，天象的任何变化预兆着人世间的某种变化；同样地，人世间的兴衰祸福也会从天象中找到反应。

　　董仲舒说："臣谨案《春秋》之中，视前世已行之事，以观天人相与之际，甚可畏也。国家将有失道之败，而天乃先出灾害以谴告之……"③

　　"天人感应"，这种理论本来上古有之，但一直遭到人们的抨击。春秋末期，人们备受变乱之苦，对天的崇拜大大减少了。《诗经》中就有不少否

---

① 董仲舒：《春秋繁露·为人者天》。
② 董仲舒：《春秋繁露·人副天数》。
③ 《汉书·董仲舒传》。

定天命的诗句。如："不吊昊天，不宜空我师。"①"天命不彻，我不敢效我友自逸。"②"侯服于周，天命靡常。"③战国时荀子更是对有神论的"天人感应"进行了一次扫荡式的批判：

> 治乱天邪？曰：日月、星辰、瑞历，是禹、桀之所同也，禹以治，桀以乱，治乱非天也。时邪？曰：繁启、蕃长于春夏，畜积、收藏于秋冬，是又禹、桀之所同也；禹以治，桀以乱，治乱非时也。地邪？曰：得地则生，失地则死，是又禹、桀之所同也；禹以治，桀以乱，治乱非地也。《诗》曰："天作高山，大王荒之；彼作矣，文王康之。"此之谓也。④

值得注意的是，这种显然迷信的思想在汉初已泛滥。《淮南子》一书中就大谈"国危亡而天文变，世惑乱而虹蜺见"⑤，这其实并不是道家思想，道家是不谈天人感应的。这种"天人感应"思想在汉代得到复兴，可能跟统治阶级的需要有关。刚刚掌握政权的汉代统治阶级需要征以天象来说明自己统治天下是合乎天理的。汉武帝多次改年号均与天象有关，"元光"的年号就因为有大臣奏曰"长星见"；"元狩"的年号是因为这年冬十月获白麟。昭帝时改年号"元凤"是因为"三年中凤凰比下东海、海西、乐乡，于是以冠元焉"⑥。

凡此种种，本荒诞之极，然这套理论对于巩固统治阶级的统治地位的确发生了重大作用；而在变革时期又往往成为新的统治阶级取代旧的统治阶级的思想武器。

董仲舒的天人感应说可以说是集各种天人感应说之大成，因而更具理论的系统性。

《春秋繁露·同类相动》说："天有阴阳，人亦有阴阳，天地之阴气起，

---

① 《诗经·节南山》。

② 《诗经·十月之交》。

③ 《诗经·文王》。

④ 《荀子·天论》。

⑤ 《淮南子·泰族训》。

⑥ 《册府元龟》卷十五《帝王部·年号》。

而人之阴气应之而起。人之阴气起,而天之阴气亦宜应之而起。其道一也。"
这是把天和人都当作阴阳之气来看待,由于双方都存在共同的质性——气,
从而产生交感的作用。董仲舒以阴阳之气相互交感的原理来解释自然界中
的各种现象,也用它来解释审美感应:

> 百物去其所与异,而从其所与同,故气同则会,声比则应,其验皦
> 然也。试调琴瑟而错之,鼓其宫则他宫应之,鼓其商而他商应之,五音
> 比而自鸣,非有神,其数然也。美事召美类,恶事召恶类,类之相应而
> 起也,如马鸣则马应之,牛鸣则牛应之。帝王之将兴也,其美祥亦先见;
> 其将亡也,妖孽亦先见,物故以类相召也。故以龙致雨,以扇逐暑,军
> 之所处以棘楚。美恶皆有从来,以为命,莫知其处所。①

董仲舒认为同气相会、同类相动的原理是音乐能产生共鸣的原因,这
是天地之数(即自然规律)而不是神的作用。同样,美感的产生也应如此,
人之所以能够欣赏美的事物,就在于"美事召美类,恶事召恶类"。即是说,
人和自然都是阴阳之气所化,因而存在相互感应的潜能,美的事物和美的
事物感应,丑的事物则和丑的事物感应。

这种思想对中国美学有深刻影响。首先,它为中国古典美学中的美感
发生机制奠定了基础。中国古人往往从阴阳之气的交感来解释审美现象,
如刘勰的《文心雕龙》说:"春秋代序,阴阳惨舒,物色之动,心亦摇焉。盖
阳气萌而玄驹步,阴律凝而丹鸟羞,微虫犹或入感,四时之动物深矣。若夫
珪璋挺其惠心,英华秀其清气,物色相召,人谁获安?是以献岁发春,悦豫
之情畅;滔滔孟夏,郁陶之心凝。天高气清,阴沉之志远;霰雪无垠,矜肃之
虑深。岁有其物,物有其容;情以物迁,辞以情发。"②钟嵘《诗品序》也说:
"气之动物,物之感人,故摇荡性情,形诸舞咏。"物候的变化能够和人的情
感相互感召,这种交感活动是建立在阴阳之气的萌动、凝聚的自然规律基
础之上。其次,审美活动是建立在主客的双向交流之中。董仲舒所说的同

---

① 董仲舒:《春秋繁露·同类相动》。
② 刘勰:《文心雕龙·物色》。

类相动的原理既不同于西方古代之模仿论,也不同于西方现今之表现论,而是强调交感的双方在作为宇宙本体的阴阳之气的基础上的双向交流活动。故而交感的最终结果产生于一种动态的结构之中。这一观点对中国古典美学的影响十分重要,严格地说,中国古典美学不存在西方那种两分的主客关系,而是强调心物之间的交感关系,如刘勰所说的"写气图貌,既随物以宛转;属采附声,亦与心而徘徊"①。董仲舒认为同类相动的原因在于自然规律而不在神,反映在美学上即是他说的"美事召美类,恶事召恶类,类之相应而起也"。董仲舒认为,帝王兴善举就会出现美好征兆,人人都要做好事,兴善举,这样,这个世界就会变得美好。

董仲舒的"天人感应"在中国美学上的影响是很大的。原因主要是董仲舒在将"天"伦理化、神圣化的同时也将"天"情感化了。董仲舒说的"天"又兼具自然的含义,因而,实际上是将本没有情感的自然情感化了,或者说生命化了。这点,对于中国美学的建构特别重要,因为中国美学实质上是生命美学,在中国人的审美视域中,无不充满生命的意味。

且看董仲舒笔下的"天"(自然意义上的天):

> 喜气取诸春,乐气取诸夏,怒气取诸秋,哀气取诸冬,四气之心也。②

这就与审美上的移情理论,艺术创作中的"感物言志"说、"比兴"说发生了关系。《文心雕龙》在谈到作家的情感受物候的影响时说:"春秋代序,阴阳惨舒,物色之动,心亦摇焉。……是以献岁发春,悦豫之情畅;滔滔孟夏,郁陶之心凝;天高气清,阴沉之志远;霰雪无垠,矜肃之虑深。岁有其物,物有其容,情以物迁,辞以情发。"③陆机《文赋》中也说,自然风物对人的情感激发影响很大:"遵四时以叹逝,瞻万物而思纷,悲落叶于劲秋,喜柔条于芳春。"

一方面,物候影响作家、艺术家的情感,以至影响作品的总体情调;另

---

① 刘勰:《文心雕龙·物色》。

② 董仲舒:《春秋繁露·王道通三》。

③ 刘勰:《文心雕龙·物色》。

一方面,作家、艺术家的情感又反过来影响进入审美视野的自然景物的色调,最后亦同样影响作品的总体情调。这是一种"交感论",既不同于摹仿论,也不同于表现论,是中国独特的艺术创作论。

在这种交感论的基础上,出现在中国艺术家笔下的自然无一不打上人的情感色彩,郭熙论画山:

> 春山淡冶而如笑,夏山苍翠而如滴,秋山明净而如妆,冬山惨淡而如睡。①

中国的诗学强调情景交融,情中有景,景中有情,这一理论究其哲学基础,也与"天人合一"有关,其中就包括董仲舒的"天人感应"论。

第二节　阴阳五行与天地之美

董仲舒对阴阳五行学说有着浓厚的兴趣,他的《春秋繁露》专设《五行之义》来阐述五行在人类社会生活中的价值和意义,以之来申说儒家的人伦大义:

> 天有五行:一曰木,二曰火,三曰土,四曰金,五曰水。木,五行之始也,水,五行之终也,土,五行之中也,此其天次之序也。木生火,火生土,土生金,金生水,水生木,此其父子也。木居左,金居右,火居前,水居后,土居中央,此其父子之序,相受而布。是故木受水而火受木,土受火,金受土,水受金也。诸授之者,皆其父也;受之者,皆其子也;常因其父,以使其子,天之道也。是故木已生而火养之,金已死而水藏之,火乐木而养以阳,水克金而丧以阴,土之事火竭其忠。故五行者,乃孝子忠臣之行也。②

这种说法似是而非,却有很大的说服力,因为它将父子这种人伦关系提到天道的高度。五行中的相生,一方面,说明子得于父受;另一方面,正

---

① 郭熙:《林泉高致·山川》。
② 董仲舒:《春秋繁露·五行之义》。

是因为子得父之受，所以子必须尽孝于父，受父之使。

董仲舒也用阴阳五行学说来阐释自然美，他得出"代美"的看法。在《春秋繁露·循天之道》中，他说：

> 四时不同气，气各有所宜，宜之所在，其物代美。视代美而代养之，同时美者杂食之，是皆其所宜也。故荠以冬美，而荼以夏成，此可以见冬夏之所宜服矣。冬，水气也；荠，甘味也。乘于水气而美者，甘胜寒也。荠之为言济与？济，大水也。夏，火气也；荼，苦味也。乘于火气而成者，苦胜暑也。天无所言，而意以物，物不与群物同时而生死者，必深察之，是天之所以告人也。故荠成告之甘，荼成告之苦也。君子察物而成告谨，是以至荠不可食之时，而尽远甘物，至荼成就也。天所独代之成者，君子独代之，是冬夏之所宜也。春秋杂物其和，而冬夏代服其宜，则当得天地之美，四时和矣。凡择味之大体，各因其时之所美，而违天不远矣。是故当百物大生之时，群物皆生，而此物独死。可食者，告其味之便于人也；其不可食者，告杀秽除害之不待秋也。当物之大枯之时，群物皆死，如此物独生。其可食者，益食之，天为之利人，独代生之；其不可食，益畜之。天愍州华之间，故生宿麦，中岁而熟之。君子察物之异，以求天意，大可见矣。

"代"指的是时间的更替，董仲舒认为五行是"比相生，间相胜"的，即五行之中，相邻的要素相生而相间的要素相胜。这样，不同的节气会在不同的时间出现，"其所宜"就表现在它承某一节气而生，又为另一节气所胜，如此保证了不同的节气形成一个相生相克的时间序列。这一时间序列在董仲舒眼里有着极为神圣的地位，任意破坏这种序列将会遭到上天的惩罚。按照这样的看法，不同的节气就各有其所生长发育的事物，"荠以冬美，而荼以夏成"。在五行和时序的配对中，水代表冬天，因此冬是"水气也"；在五行和五气的配对中，寒也属于水；而荠属甘味，在五味与五行的配对中，甘味属于土。在五行中，土与水之间隔着金，因此土胜水，所以荠的甘味可以胜寒气，适合在冬天进食。董仲舒依据五行相生相胜的理论，推出四时之物代美的观点，并以此来指导日常生活当中的饮食起居等问题。

董仲舒认为按照五行循环的规律生活，就是"当得天地之美"。这里说的"天地之美"是一种按照阴阳五行相生相克的原理形成的秩序化、规律化的自然之美。这种秩序化、规律化的自然美，也就是中和之美。董仲舒说：

> 中者，天地之所终始也；而和者，天地之所生成也。夫德莫大于和，而道莫正于中。中者，天地之美达理也。……物之所生也，诚择其和者，以为大得天地之泰也。天地之道，虽有不和者，必归之于和，而所为有功；虽有不中者，必止之于中，而所为不失。……中者天之用也；和者天之功也。举天地之道，而美于和。①

这种天地之美是董仲舒的最高追求。天地之美，在于体现天地之道，而天地之道就在于阴阳五行的协调和谐。

董仲舒的自然美思想直接来自他的天地之道。董仲舒继承了儒家传统的"比德"观念，比如董仲舒有一段关于山川的赞颂，颇为精彩，兹录其中一节如下：

> 水则源泉混混沄沄，昼夜不竭，既似力者；盈科后行，既似持平者；循微赴下，不遗小间，既似察者；循溪谷不迷，或奏万里而必至，既似知者；障防止之能清净，既似知命者；不清而入，洁清而出，既似善化者；赴千仞之壑，入而不疑，既似勇者；物皆困于火，而水独胜之，既似武者；咸得之而生，失之而死，既似有德者。孔子在川上曰："逝者如斯夫，不舍昼夜。"此之谓也。②

董仲舒此篇《山川颂》，就孔子的"知者乐水，仁者乐山"而加以发挥，文辞优美而富有气势，是对先秦比德思想的继承和发展。

阴阳五行学说至邹衍提出终始五德以来大盛于汉代，并对中国古代思想产生极大的影响，董仲舒的"代美"观和天地之美的思想可以说是阴阳五行观念在美学上的直接体现和最好概括，具有很重要的理论价值和现实意义。

---

① 董仲舒：《春秋繁露·循天之道》。
② 董仲舒：《春秋繁露·山川颂》。

第三节 礼乐美学

"礼乐"是儒家美学的关键词,作为公羊学家的董仲舒特别强调儒家的礼法精神,并把这一精神贯彻到政治制度和政治实践之中。因此,其美学思想也充满了礼制的意味。

例如,他十分强调"服制":

> 饮食有量,衣服有制,宫室有度,六畜人徒有数,舟车甲器有禁。生有轩冕、服位、贵禄、田宅之分,死有棺椁、绞衾、圹袭之度。虽有贤才美体,无其爵不敢服其服;虽有富家多赀,无其禄不敢用其财。天子服文有章,夫人不得以燕、以飨庙,将军大夫不得以燕、以飨庙,官吏以命,士止于带缘,散民不敢服杂采,百工商贾不敢服狐貉,刑余戮民不敢服丝玄纁、乘马。谓之服制。①

对董仲舒来说,服饰不仅有审美的功能,更重要的乃是区分社会阶层,一定身份的人穿一定的服装。天子穿着有文采的服装,天子的夫人闲居时不能穿有文采的衣服,更不能够穿着有文采的衣服来招待别人和参加庙祭。将军、大夫闲居时也不能穿着有文采的衣服,同样,不能够穿着有文采的衣服来招待别人和参加庙祭。一般的官员穿着命服。士只能束带,装饰衣服的边缘。平民不能穿带有红、紫杂色之类有文采的衣服。工匠、商人不能穿用狐皮、貉皮做成的衣服,受过刑罚和正在服刑的人不能穿丝绸衣服,也不能乘坐马车。这就是服饰制度。

他还说:"凡衣裳之生也,为盖形暖身也。然而染五采、饰文章者,非以为益肌肤血气之情也,将以贵贵尊贤,而明别上下之伦,使教亟行,使化易成,为治为之也。若去其度制,使人人从其欲,快其意,以逐无穷,是大乱人伦,而靡斯财用也,失文采所遂生之意矣。上下之伦不别,其势不能相治,故苦乱也;嗜欲之物无限,其数不能相足,故苦贫也。今欲以乱为治,以贫

---

① 董仲舒:《春秋繁露·服制》。

为富，非反之制度不可。"① 这说明，董仲舒认为文采服制不仅仅是为了审美，更是为了更好地辨明上下等级秩序，这是"文采所遂生之意"，因此，要使祸乱得到治理，非得恢复制度不可。

虽然穿什么衣服是由人的社会地位决定的，但是，衣服的作用不是消极的，它反过来可以彰显人的身份，提升人的精神气概，而且还有合乎天地阴阳四象五行的意义。衣服是这样，人的佩饰也是这样。他说：

> 天地之生万物也以养人，故其可适者以养身体，其可威者以为容服，礼之所为兴也。剑之在左，青龙之象也；刀之在右，白虎之象也；韨之在前，赤鸟之象也；冠之在首，玄武之象也。四者，人之盛饰也。②

这话是说，天地所生之万物是用来养人的，合适身体的东西用来养身体，合适彰显威严的就用作服饰。礼就是这样产生的。剑佩在左边，这是青龙的象征；刀挂在右边，这是白虎的象征；韨戴在身体前面，这是赤鸟的象征；帽子戴在头上，这是玄武的象征。这四种服饰，是人最为盛大的服饰。

关于音乐的看法，董仲舒也是强调以"礼"为核心。董仲舒颇为强调礼和乐的制作顺序：

> 是故大改制于初，所以明天命也。更作乐于终，所以见天功也。缘天下之所新乐而为之文曲，且以和政，且以兴德。天下未遍合和，王者不虚作乐。③

董氏认为作乐必须在改制之后。天下制度未备，王者是不随便制作音乐的。我们知道，先秦荀卿提出"乐合同，礼别异"④ 的看法，即礼的社会作用在于区分等级，而音乐的社会作用在于和合人心。"乐合同，礼别异"这个命题不能分开来理解。"乐合同"一方面要以"礼别异"为前提条件，即音乐的整合功能必须建立在社会群体的等级区分基础上；另一方面，荀卿说的"乐合同"也要以"礼别异"为目的，即"乐合同"发挥的整合功能不但

---

① 董仲舒：《春秋繁露·度制》。
② 董仲舒：《春秋繁露·服制像》。
③ 董仲舒：《春秋繁露·楚庄王》。
④ 《荀子·乐论》。

不能取消社会的等级区分,还要使社会群体乐于接受这一等级区分。董仲舒关于音乐的看法继承了荀卿的观点,他认为社会制度周全时才需要制作音乐,这样音乐就可以巩固已经礼制完备的新社会;倘若社会制度尚未完备就制作音乐,音乐的社会政治功能不但有蹈空之弊,还可能激发各种嗜物之欲而没有节制,最终造成社会的动乱。从这点来看,董仲舒的礼乐美学思想主要发挥的是荀卿"以礼释乐"的传统,其根本目的在于强调审美在整合等级区分方面的社会功能。

作为与礼并称的乐,有狭义与广义之分。狭义的乐指音乐,广义的乐还包括六艺中的一部分。六艺,指六种学问或者说六种本领,它不是指六种艺术。六艺的本质是善,是用来养人的,但它们养人的方面各不相同。董仲舒说:

> 君子知在位者之不能以恶服人也,是故简六艺以赡养之。《诗》《书》序其志,《礼》《乐》纯其美,《易》《春秋》明其知。六学皆大,而各有所长。《诗》道志,故长于质;《礼》制节,故长于文;《乐》咏德,故长于风;《书》著功,故长于事;《易》本天地,故长于数;《春秋》正是非,故长于治人。能兼得其所长,而不能遍举其详也。[1]

董仲舒在这里突出强调了养的多样性、综合性、全面性,这正是我们今日所说的德、智、体、美、劳全面发展。美育,严格说来,不只是艺术教育,也不只是审美教育,而是包含真善美的综合教育。

第四节　经学诠释美学

孟子说:"世衰道微,邪说暴行有作,臣弑其君者有之,子弑其父者有之。孔子惧,作《春秋》。"[2] 是以《春秋》一书在儒家学者看来有微言大义,它寄寓了孔子的政治理想和治国理念。作为《春秋》公羊学大师,董仲舒极为重

---

① 董仲舒:《春秋繁露·玉杯》。

② 《孟子·滕文公章句下》。

视《春秋》经文中"辞"和"指"的关系。所谓"辞",即言词;"指",即意旨。

一、"《春秋》无达辞"

　　《春秋繁露·竹林》曰:"《春秋》之常辞也,不予夷狄而予中国为礼。至邲之战,偏然反之,何也? 曰:《春秋》无通辞,从变而移。今晋变而为夷狄,楚变而为君子,故移其辞以从其事。"所谓"《春秋》无通辞",即《春秋》之言词没有通用的说法,需要根据实际情况加以判断。按照《春秋》通常的说法,只认为中国有礼仪而夷狄没有礼仪,但是在邲之战中,《春秋》却认为楚国合礼而晋国不合礼,须知晋国位处中原而楚国却属于夷狄,这不是和《春秋》通常的说法有违么? 董仲舒认为这一转变是考虑到实际情况的,在邲之战中,楚庄王征伐郑国,郑国宣告投降,楚庄王为避免双方出现更多伤亡,于是撤军。晋国前去救郑,蓄意挑起战争。楚庄王在战争无可避免之下奋起出击,大败晋军。董仲舒认为,在此战役中,楚国进退合礼,以仁德为先;而晋国却"无善善之心,而轻救民之意"[1],是以不合于礼。由此可见,了解《春秋》大义必须根据实际情况而不能只看表面的言词,所以董仲舒说:"《诗》无达诂,《易》无达占,《春秋》无达辞,从变从义,而一以奉天。"[2]这句话与我们通常的理解稍有差异,董氏此话的原意指的是诸经并无固定通用的解释,其隐微大义需要根据实际情况之变化来衡取。但是此话在后世往往被理解为以个人的主观随意性来诠释诸经,即诸经的诠释是因人而异的。董仲舒虽主张经典的诠释无固定之辞,但同时亦认为诠释要以实际情况的变化为标准,而不能诉诸个人的主观随意性。从这来看,董仲舒是主张把诠释的主观标准与客观标准结合起来的。

二、"辞不能及,皆在于指"

　　董仲舒既然主张《春秋》无达辞,那就是认为《春秋》经的言词与意旨

---

① 董仲舒:《春秋繁露·竹林》。
② 董仲舒:《春秋繁露·精华》。

之间存在不相符的情况，此时，重要的就是抓住言词背后的意旨。《春秋繁露·竹林》说："辞不能及，皆在于指，非精心达思者，其孰能知之？《诗》云：'棠棣之华，偏其反而。岂不尔思？室是远而。'孔子曰：'未之思也，夫何远之有！'由是观之，见其指者，不任其辞。不任其辞，然后可与适道矣。"言词所不能表达的意思，都蕴含在意旨之中，不经过苦心思虑，是难以明了的。因此，领会了其中的意旨，就不必拘泥于它的言词了，不拘泥于它的言词，然后就能达到目的了。董仲舒的这种看法是与魏晋时期的"得意忘象"说相一致的，比较而言，董仲舒的"辞指"论注重的是解经的方法，而魏晋玄学家的"得意忘象"说注重的是突破言表而探寻宇宙的本体。魏晋时期的"得意忘象"说对于中国古代的审美和艺术极具启发性，中国古代的审美和艺术注重对物质世界的超越，强调在超越物质局限性的基础上通往精神自由的境界，即是说，真正的审美境界是那种"忘言""忘象"的精神自由境界。从这来看，董仲舒的"辞指"论是通向审美的。

董仲舒有很丰富也很深刻的哲学思想、政治思想以及美学思想，但是董仲舒在中国文化史特别是儒家文化史上的地位却不高，这一矛盾和董仲舒的学术思想取向有关。韩愈认为儒家的道统传自尧舜禹汤文武周公孔子孟子之后，一跃而为他了，至于董仲舒，他没有提到，这是因为以董仲舒为代表的公羊学一直被视为儒学的歧出，而所谓儒学的正统思路却是由子思、孟子经韩愈到宋明理学诸家持有的。这一系的儒家，注重个人心性修养，以"内圣"开出"外王"。董仲舒的公羊学则首重王朝的礼乐政制的建设，以制度的约束来使人心向善。长期以来，中国的儒学以子思、孟子所开创的重心性的儒学为主流，董仲舒被冷落是自然的了。

董仲舒的思想重历史、重传统、重社会、重制度、重现实、重理性，与我们一般理解的审美和艺术重个人、重个性、重浪漫、重天才、重理想、重情感有着不同的面貌。但是正因为如此，董仲舒的思想才越发显出其重要的意义，因为所谓的审美自由只是相对的自由，而没有绝对的自由。我们承认审美和艺术需要超越一定的物质局限性，从而进入一个精神自由的境界，但并不是说审美和艺术可以与特定的政治、经济和文化背景相脱离，可以超历史、超社会。任何人都生活在特定政治、社会和文化背景中,其审美必定受到特定的政治、社会和文化背景制约。董仲舒之于中国古典美学的意义就在于从历史传统和社会制度方面论述了审美和艺术的价值与限度,这对全面理解中国古典美学来说无疑是十分重要的。

董仲舒的美学思想是儒家美学的重要发展,它的突出特点有四。第一,继承儒家荀子学派以礼为中心的学说体系,目的是建构适应大汉帝国所需要的意识形态体系,为大汉帝国的巩固、强大服务。儒家学说,当发展到战国时,分为两派。一派以孟子为代表,重心性,以仁学——仁政为核心,希望通过仁来改造人心、改造政治,以仁政济世救民。一派以荀子为代表,重礼制,以礼乐为核心,希望通过礼乐改造人心、改造政治,以礼乐济世救民。董仲舒的思想主要继承荀子学派,重视礼学,并且努力将先秦儒家的礼学建构成适于大汉帝国所需要的意识形态。第二,他努力将儒家唯物主义的天人合一论发展成神学的唯心主义的天人合一论,以这样的理论体系来建构政治体系、文化体系、美学体系。第三,他的学说具有中国历史上空前的包容性与体系的严密性。董仲舒不强调学派之分,而重视思想之合。在他的学说中,先秦诸多学派的因子都可以找到;但它们不属于原来的学派,而是董仲舒学说的一部分。第四,董仲舒的核心思想是"大一统"。大一统分为两个方面:一是统一于皇帝,二是统一于儒家思想。前者为政治上的统一,体现出皇权至高无上的意义;后者为思想上的统一,强调对于国家来说意识形态至上,而国家意识形态只有儒家可以担当。这两方面相互作用、相互强化,在中国历史上产生巨大的影响。

董仲舒的《春秋繁露》与刘安的《淮南子》在诸多方面很相似,它们都具有海纳百川的包容性,也有强烈的政治自信,它们都是大汉帝国的坚定的支持者,都在为大汉帝国的稳定富强出谋划策。它们的不同,主要在于《淮南子》的基本立场是道家的,而《春秋繁露》的基本立场是儒家的。它们都将自己的学说提到天人合一的高度,但《淮南子》的天,指的是物质的天,是自然;而《春秋繁露》的天,指的是精神的天,是神灵。

大汉帝国前期的意识形态,主要是以《淮南子》为代表的黄老思想;大汉帝国后期的意识形态，主要是以《春秋繁露》为代表的神学儒家思想。虽然它们各有特点，但并没有构成冲突，事实上，两者共同支撑着大汉帝国的思想天空。

儒家美学，如果比喻成一座大楼，在先秦还只是在郊野上立了一个框架，因为没有受到最高统治者青睐，多少显得有些简疏、寂寞、落拓，而在汉代，由于有最高统治者的推崇，经董仲舒为首的诸多儒家之徒精心构建，已经成为一座金碧辉煌、来人如织的巍峨大厦，亘古千秋，成为中华美学的主体。

第 四 章

道教与中国美学

道教是中国本土的宗教。虽然就有组织形态的宗教活动而言，东汉顺帝、桓帝时的太平道与五斗米道的出现才被视为道教的诞生，不过，如果溯其源，道教的孕育可达史前的原始宗教活动。道家的思想来源极为复杂，除了先秦以老庄为代表的道家哲学外，还有儒家的天人感应思想、阴阳五行学说、战国至秦汉的神仙学说、原始方术以及古代的民间医学和体育卫生知识。另外，它还吸收了佛教的某些思想。就思想渊源的复杂性及其兼容并包的气度来说，中国文化其他诸家包括佛教无有过其右者。

尽管思想来源复杂，道教还是有严密体系的。就理论上来说，"道"是它的哲学本体。这"道"名义上来自《老子》《庄子》说的那个"道"。值得我们注意的是，道教中的"道"实际上并没有能够真正成为哲学本体，因为，作为宗教，道教是有信仰的，即长生成仙。"道"是为成仙服务的，实际上不是得道，而是成仙才是道教追求的终极目标；因此，神仙思想才是道教的核心或者说灵魂。也许，道教与道家的根本区别就在这里。

中华民族的人生理想就在神仙思想。鲁迅1918年在给好友许寿裳的信中说"中国根柢全在道教"①。也许，他说的"中国根柢"就在这神仙思

① 《鲁迅全集》第九卷，人民文学出版社1958年版，第285页。

想。神仙思想本是宗教思想，但是它不仅可以演绎成一种普泛的哲学观，而且也可以演绎为一种审美理想。事实上，神仙思想就是中华民族的审美理想。

第一节 本体的衍变

神仙传说由来已久。战国时，庄子在阐述他的理论时，将一些得道的人士径直写成神仙，屈原的《离骚》《九歌》更是弥漫着绚丽的神话色彩。汉代关于三皇五帝的传说，将中华民族的始祖神仙化了。天下奇书《山海经》中有许多半是人物半是动物的神物，如昆仑山上的西王母，他们都可以看作仙。

东汉魏晋是道教第一个发展时期。著名道徒葛洪[①]对战国以来的神仙方术思想作了系统总结，提出了种种修炼成仙的方法，特别是将道教成仙思想与儒家的修身学说结合起来，建立了一个相当严密的理论体系，创立了神仙道教。[②]神仙道教原只是诸多道教流派中的一支，主要在士大夫中流行，后来流入民间，发展成为道教的主流。"道"在道教中具体化为"仙"。道教中的仙如同儒家中的圣、佛教中的佛，成为道教系统的本体。道如何化为仙，这中间有三个重要转化。

一、道的神化

道在道家的创始人老子那里是清楚的，是宇宙的本体。老子认为，道可以从"无"和"有"两个维度来看。从"无"的维度来看道，道是"天地之

---

① 葛洪（283—363），字稚川，自号抱朴子，丹阳句容人。葛洪出身官宦世家，16 岁始读儒家经典，曾任广州刺史嵇君道参军。晋室南渡后，葛洪因十余年前伐石冰有功，受封关内侯。有著作《抱朴子》，分内外两篇，内篇 20 卷，外篇 50 卷。葛洪是神仙道教的主要奠基人。

② 中国道教派系繁多，有些派系是有教团体系的，有些没有。它们的分别主要在就修道的途径上，就修道的途径来看，早期有符箓派和丹鼎派之分。符箓派主要流行民间，而丹鼎派则更受上层人士欢迎。葛洪属丹鼎派。

始"；从"有"的维度来看道，道是"万物之母"。"始"与"母"其实是一个意思，但《老子》又云"天下万物生于有，有生于无"，"无"似乎比"有"更为根本。王弼在阐释《老子》时，据此明确地指出"以无为本"。"无"的含义很丰富：无形、无色、无味、抽象性、无确定性、自由性、无限性……于是，隐隐地，"无"通向了"神"。

"神"在中国古代是一个含义非常丰富的概念，有抽象义，也有具象义。抽象义为神秘、神奇，变化无穷，不可把握。《易传》云，"神无方而易无体"，"阴阳不测之谓神"。具象义则是为神人、神灵。最高的神灵就是上帝，它是造物主。

《老子》中道的神化是潜在的、隐约的，主要取其神的抽象义——神秘、神奇。《庄子》基本上也如此，但《庄子》论道时喜欢用文学的手法。当《庄子》用故事来言道时，就不自觉地将道神化为神人了。实际上，它取的是神的具象义——神人、神灵。

《庄子》中，神人（包括至人、真人）最突出的地方有四。一是超越生死："不知说生，不知恶死"（《大宗师》）；二是功夫非凡："登高不慄，入水不濡，入火不热"（《大宗师》），"大泽焚而不能热，河汉沍而不能寒，疾雷破山而不能伤，飘风振海而不能惊"（《齐物论》）；三是自由潇洒："乘云气，骑日月，而游乎四海之外"（《齐物论》）；四是青春美丽："肌肤若冰雪，绰约若处子"（《逍遥游》）。庄子如此描绘神人，目的是突出道的伟大，不承想却将道化为神人。

二、神的人化

《庄子》讲的至人、真人、神人均不是现实中的人，而是想象中的神。他想象出这样的超人来，为的是说理或者说喻道。《庄子》中，至人、真人、神人均是某种理的象征或者说道的象征。

真正将神人化的是葛洪。葛洪是实现道家理论到道教理论过渡的第一人，是道教理论真正的奠基者。

葛洪著《抱朴子》，首章为"畅玄"。开篇云："玄者，自然之始祖也，而万殊之大宗也。"这里说的"玄"即"道"，葛洪也表述为"玄道"。"夫玄道者，得之乎内,守之者外,用之者神,忘之者器。"道之伟大在于"用",而"用"则显现其不凡——"神"。这就等于将道看作"神"了。这里的"神"取神奇、神妙义。神奇、神妙是"用"道时"用"出来的,这用道之人自然就是"神人"了。

葛洪谈神人与庄子谈神人完全不一样。庄子谈神人为的是释道,不是希望人成为神人;葛洪谈神人不只是为释道,还希望让人成为神人。在庄子哲学,神人是手段,道是目的;在葛洪哲学,神人是目的,道是手段。

三、人的仙化

神、仙两个概念经常一起用,其实神与仙是不同的。神字为"示"字旁,它重在灵,远古的神大多为自然神,不具人形;当然,祖宗神具人形。仙字"人"字旁,说明仙原本是人,人在山里经过修炼之后成为神,这神叫作仙。

制造一个神灵的世界是一切宗教的共同特点。但道教与别的宗教有一个很大的不同:道教认为普通人可以成仙。人成仙有三种情况:"上士举形升虚,谓之天仙。中士游于名山,谓之地仙。下士先死后蜕,谓之尸解。"①三种仙中,"地仙"一直生活在红尘之中,然而它不会死。"天仙"虽然主要生活在天上,但可以随时下凡来。最奇的是"尸解"这种仙,"尸解"虽然死过,但复活了。

按葛洪的阐述,神仙世界就这样出入于神与人之间、此岸与彼岸之间、红尘与世外之间。这个"之间",葛洪定位为"仙界"。

道教虽然强调以道作为生活的最高指导,但一切都是为了成仙,其实可以称为仙教。

第二节　主体的演绎

将道本体演化成仙本体,这是道教对道家根本性的改造。道是抽象的,

_____

① 　葛洪:《抱朴子·论仙》。

仙是具象的，道是理，仙是人。道的演绎充满着哲学的思辨，而仙的故事则充满着审美的情趣。所以，道教对道家的这种改造是美学化了的，径直说，道教就是一种非常美学化的宗教。

道教的核心是仙，仙是修道所能达到的最高境界。仙具有怎样的形象？我们可以从两个维度来说明其本质。

一、超越性的维度

这种超越性可以分成两个方面：

第一，对自然力束缚的超越。这里最为突出的是对生死的超越。道教有一个非常重要的观点：我命在我，不属天地。不仅不在天地，也不在父母。葛洪说："夭寿之事，果不在天地，仙与不仙，决在所值也。夫生我者父也，娠我者母也，犹不能令我形器必中适，姿容必妖丽，性理必平和，智慧必高远，多致我气力，延我年命……"① 那么，能决定我年命、姿容、智慧、气力的是什么呢？是仙。一旦炼成仙，就超越一切自然力对人的束缚了。

第二，对社会力束缚的超越。人生活在社会中，行为受到种种社会力的约束。在封建社会，最大的社会约束力是王权，"普天之下，莫非王土；率土之滨，莫非王臣。"但只要成了仙，皇帝就管不着了，道教的这一思想隐含着对封建君主专制的叛逆。

超越的必然结果是自由。虽然神仙的自由是虚幻的、想象的，但自由总是意味着肉体的解放和精神的解放，所以能给人们带来快乐。审美的自由与神仙的自由虽然实质有所不同，但神仙的自由常用来借喻审美的自由，因此，两者具有一定的相通性。

二、世俗化的维度

神仙的形象实际上是两个极端的无限延展，一是超越性，向着自由飞升；二是世俗化，向着享乐深入。这里，突出的是对人欲的肯定。中国几大

---

① 葛洪：《抱朴子·塞难》。

文化流派, 儒家、道家和佛教, 对于人欲均是限制的。儒家将人欲看成修身和治国之大害, 提出"存天理, 灭人欲"; 道家反对放纵人欲, 主张"少私寡欲"; 佛教有诸多戒, 其中大多数戒是对人欲的限制。但道教中的神仙对于人欲似是比较地放纵: 吃穿住行要怎样就怎样。由于道教将房中术视为修炼成仙的法门, 因此神仙世界美女如云。李白想象中的仙界:"玉女四五人, 飘摇下九垓, 含笑引素手, 遗我流霞杯。"①

人欲满足的是身体的需要。身体的地位在道教中得到凸显, 这是耐人寻味的。中国先秦儒家和道家重视的是人的精神, 对身体均不怎么重视; 而道教则非常重视身体。深入研究这个问题, 当与汉代的文化形态有关。经过极端残酷的战争建立起来的大汉朝, 十分看重肉体生命, 以养生为主旨的"黄老之学"受到空前的重视。自朝廷到百姓, 莫不将保身养生置于重要地位。

值得指出的是, 道教虽然重感性, 但也重理性, 对于人欲其实不是放纵的。道教强调积德行善, 葛洪痛斥了诸如"弹射飞鸟""坏人佳事""夺人所爱""离人骨肉""不公不平""求欲无己"等恶行、劣行, 认为这些人是万万不可能成仙的。房中术虽然也是修仙的方法之一, 但其流弊已经为葛洪清醒地认识到。《抱朴子》有一段重要对话:

> 或曰:"闻房中之事, 能尽其道者, 可单行致神仙, 并可以移灾解罪, 转祸为福, 居官高迁, 商贾倍利。信乎?"

> 抱朴子曰:"此皆巫书妖妄过差之言, 由于好事增加润色, 至令失实。或令奸伪造作虚妄, 以欺诳世人。"②

这话说得非常到位。

探寻神仙本质的两个维度, 超越性的维度见出神仙本质中神性的一面, 世俗性的维度体现出神仙本质中人性的一面。神仙的本质就是神性与人性的统一, 概括地说他们是人神或者说神人。

---

① 李白:《游泰山》。
② 葛洪:《抱朴子·微旨》。

神仙生活是最富有中国特色的浪漫主义,几千年来,它一直是中华民族审美理想的重要来源。

第三节　环境的建构

不仅神仙的生活是美的,神仙居住的地方也是很美的。如果说神仙的生活方式,我们可以看作人的审美理想,那么神仙居住的地方,我们可以看作环境的审美理想。

神仙是自由的,可以说居无定所,但他们还是有相对比较固定的生活场所,大体上可以分为三类。一是天宫、龙宫等;二是昆仑山、海上三神山等;三是桃花源之类等。三类场所有一个共同的特点:世俗性,就是说基本上都是按照人间的模式来设计的。三类场所中,第一类完全是虚幻的,值得我们重视的是第二、第三类,因为这两类场所就在地面,不过,它们也还有些区分。

昆仑山是道教的圣域。神话中昆仑山是黄帝的下都,也是西王母居住的地方。这里有仙草琼花、珍禽异兽。但实际上的昆仑山常年积雪,不是人能生活的地方。因此,昆仑山只具精神上的意义,不是实际的仙境。

值得我们重视的是三神山和桃花源之类的仙境。

海上三神山(蓬莱、方丈、瀛洲),在春秋战国时期就有齐国的方士在宣扬了。秦始皇统一中国后,为寻找不死之药,曾派方士徐福去找过,但一无所获。汉代关于三神山更是有着绘声绘色的描绘,激起人们无限的向往。桃花源是东晋诗人陶渊明《桃花源记》中所描绘过的地方。陶渊明并没有说它是仙境,但住在桃花源的人历秦、汉、魏、晋数百年而不死,应称为仙人了,他们居住的地方当然可以称为仙境。

仙境传说的影响是不可低估的。

第一,仙境的重要特点有二:一是自然风景优美,生态优良,人与动物和谐相处;二是仙境中的人们生活都美满幸福。两个重要特点,前一个特点体现出环境宜居的性质,后一个特点体现出环境乐居的性质。

第二，仙境常被人们用来作为园林建设的理想范式。最早将海上仙山引入园林的是秦始皇。汉武帝筑建章宫，在宫的西北部辟一水面，为太液池。在太液池中堆起三座山，象征蓬莱、方丈、瀛洲。唐代建大明宫，在宫内筑太液池，在池中建三神山，规模较汉代更大。以后的各个朝代，情况不一地将各种不同的仙境引入园林，不仅有皇家园林，还有私家园林。"一池三神山"就成为园林建设的一种范式，沿用至今。著名的园林学家计成在《园冶》中将仙境入园作为一条重要的造园理论，说是"境仿瀛壶，天然图画"。

从种种有关仙境的描绘与介绍中，按今日的环境哲学的要求，道教的仙境体现出这样的重要内涵：

第一，环境与人的统一。任何环境都是人的环境，肯定人、肯定人的生活是至关重要的。这一点，所有的仙境都体现出来了。《桃花源记》中的仙境就是普通的农村："土地平旷，屋舍俨然，有良田、美池、桑竹之属。阡陌交通，鸡犬之声相闻。"

第二，生态与人的统一。生态重在生命之间的动态平衡，古人没有现在的生态观点，但是他们懂得人须与万物共荣共生。班固在《西都赋》中说长安的皇城"蓬莱起于中央"，在这中间"灵草冬荣，神木丛生"，飞禽走兽，潇洒自如，与人和谐共处。

中华民族对于环境一直非常重视，这种重视具体展开为两种理论：一为风水，二为仙境。二者其实可以统一，优秀的风水宝地，其实就是仙境。值得提出的是，中国传统文化的风水学、仙境说，其主要的来源为道教。在中国诸多流派的文化中，道教对于环境理论的建构贡献最大。

第四节　生命的浪漫

中国文化以儒家为主体，儒家文化将人看作社会的人，注重从社会维度来认识人的本质。既然人是社会的人，人就必须对社会承担起责任。责任很多，小而言之是家庭，大而言之是国家。为了承担起如此多且重要的责任，人需要加强自身的修养，修养名目繁多且要求很高。儒家是按照古代圣王尧舜的标准来要求人的，认为人皆可为尧舜。儒家这样一套人生哲学，让所有的知识分子感受到生命之重。儒家的人生不乏忧国忧民，不乏请命继绝，不乏慷慨悲歌，不乏鞠躬尽瘁，不乏可歌可泣。虽然于其生命的社会意义来说，称得上崇高，但是于其生命的个体意义来说，就少了几分真性，少了几分自由，少了几分潇洒，少了几分快乐。

应该说，儒家理论体系内部也有调节的因素，如儒家讲"孔颜乐处"，也讲山水之乐，但调节力度很有限。调节的力量主要来自儒家外部，主要有道家、佛教、道教，特别是道教。有了这些，儒家知识分子就在相当程度上弥补了他们做人的缺陷。他们不仅能尽做人的社会责任，也能享做人的个人乐趣。这方面，苏轼是楷模。苏轼主心骨为儒家哲学，而且他一直沉浮宦海，为国为民效劳；但是，苏轼也出入了仙、禅之间，领略别样的人生。禅的洒脱、灵变，对于聪明的苏轼来说，自然是鸟在青天鱼在水，得其性也；但是，羽化登仙的理想更一直是他的灵犀一点，让他心向往之。

道教可以说从根本上激活了中国知识分子的生命意识，让他们明白，原来生活还有这般情趣，这般意义，这般精彩！

看道教的神仙谱系，有一个有趣的发现，最早的神仙是怪异的。神话的制作者似是有意拉开神仙与人的距离。那居住在昆仑山上的西王母，有着老虎牙齿、豹子尾巴，自然是可怕的；然而，后来西王母则被美化为一位慈祥的老太太了。

大约从汉代开始，人兽共体的神仙形象消失了，男仙形象一改原初的怪异，即使貌丑，也丑得幽默，如八仙中的张果老。晚起的神仙中，仙风道骨成为神仙的标准形象。吕洞宾在众多故事中被塑造成仙人的典型，诗人李白也因为拥有这样的风度而赢得人们的赞誉。于是，男性美的标准给树立起来了。

自东汉始，女仙在神仙中多了起来，而且在后来的描绘中越来越美丽。仙女的美丽，最早见诸文学描绘的是曹植的《洛神赋》，洛神是仙。曹植在赋中描绘道："翩若惊鸿，婉若游龙。荣曜秋菊，华茂春松。仿佛兮若轻云之蔽月，飘摇兮若流风之回雪。远而望之，皎若太阳升朝霞；迫而察之，灼若芙蓉出渌波。"这些描绘后来几乎成为仙女模样的范例。

于是，神仙成为美的典范，这样，神仙道教就不仅具有真的品格、善的品格，而且具有了美的品格。这种全方位开拓生命意义的文化，与其说是宗教，不如说是哲学；与其说是哲学，不如说是美学。

道教的神仙之学对中华民族的审美理想有着非常重要的影响。儒家的实践理性与道教的审美感性恰到好处地结合在一起，这两者的统一可概括为"尚贵羡仙"。就"尚贵"来说，中国人以做官为贵，但一方面只有极少数的人能做官，另一方面做官也有诸多不易，甚至有很大的风险，这就为道教的神仙之学留下很大的地盘。神仙多栖隐山林，隐士为神仙的候选人，欧阳修提出人生有两种快乐：富贵者之乐和山林者之乐。做着官的知识分子总是贪恋着富贵者之乐，又向往着山林者之乐；未能做官的知识分子，总是自诩着山林者之乐，又向往着富贵者之乐。中华民族的审美理想就是这样在"富贵"与"神仙"二者之间游动着，内在地支撑着中华民族的精神生命。

因为有了道教的神仙之学，中国的文化就多了几分浪漫！而浪漫是生命之灵光，犹如太阳之霞、树木之花、飞鸟之翼、走兽之姿。正是在生命全方位开拓的意义上，我们给予道教神仙之学以很高的评价。

第 五 章

《太平经》的美学思想

宗教的产生，一般有三个条件：一是有宗教信仰，二是有宗教活动，三是有宗教理论。道教产生于东汉，这三个条件在东汉基本上都具备了。它们有信仰，主要为天地信仰、神仙信仰。有活动，东汉道教活动主要有太平道和五斗米道。有理论，道教的理论可以分为两类，一类为原始道家的哲学著作，如《老子》《庄子》《列子》等；另一类为纯粹的宗教著作，最早的道教著作有《太平经》《周易参同契》《老子想尔注》等。这三书均产生于东汉，它们的出现，是道教理论形成的标志。道教理论比较复杂，有道家哲学，《魏书·释老志》说："道家之原，出于老子。"也有源自远古的原始宗教及巫术，还有汉代的黄老之学，在其发展过程中，融入了儒家、佛教的一些思想。道家的经典中，《太平经》最为重要，它是最早的道教经典。此书产生于汉，有三个本子：一是西汉成帝时甘忠可的《天官历包太平经》；二是东汉桓帝时问世的《太平清领书》，范晔在《后汉书·襄楷传》里说，襄楷从道士于吉那里得到此书，献于汉桓帝；三是东汉顺帝时张陵所得到的《太平洞极经》。岁月流逝，三个本子或亡佚或残缺，现在通用的本子系《太平清领书》。此书经王明先生广搜博证，成《太平经合校》。此书是目前研读《太平经》最好的本子，本章采用此书。《太平经》的思想，道教界历来有"三一为宗"的说法。具体是哪"三一"，说法不一，主要有：天地人三道合一，精气神三个为一。论述的主要是如何让天下太平，人民安康，有志者得道成仙，这些，通向审美理想，可以分为社会审美理想、人生审美理想、生态审美理想以及艺术审美理想。

第一节 社会审美理想：致治太平

《太平经》的精义是阐释"致治太平"。太平，既可以看作社会理想，也可以看作审美理想。《太平经》反复阐述天、地、人的统一，其目的是迎接"太平"的到来。

《太平经》说：

> 古者圣人致治太平，皆求天地中和之心，一气不通，百事乖错。①

首先，它强调天地有一颗中和之心。中和之心是怎样的心？"中和"二字，"中"意味着正确，正确意味着规律，天地按规律行事，它是正确的，为真；"和"为和谐，一是自然界诸事物之间的协调和谐，二是自然界与人的协调和谐。这其间包含有生态和谐。以中和来表述天地之心，是非常到位的。圣人求"天地中和之心"，不只是思想上的寻求，认识到天地的中和之心，还有在实践中做到与天地同心。《太平经》说："吾之为文也，乃与天地同身同心同意同分同理同好同恶同道同路，故今德君按用之，无一误也，万万岁不可去，但有日章明，无有冥冥时也，但有日理，无有乱时也。但有日善，无有恶时也，但有日吉，无有凶时也。故号为天之洞极正道，乃与天地心同抱。"②

《太平经》强调与天地同心，在《周易》乾卦《文言》中可以找到相似的说法："夫大人者，与天地合其德，与日月合其明，与四时合其序，与鬼神合其吉凶。"这里的"合"也就是"同"。但《太平经》强调同的是天地的"中和之心"，这是对《周易》的发展。

---

① 王明：《太平经合校·名为神诀书》，中华书局 1960 年版，第 18 页。
② 王明：《太平经合校·拘校三古文法第一百三十二》，中华书局 1960 年版，第 361 页。

《太平经》的与天地同心，也可以在董仲舒的《春秋繁露》中找到相似的说法："百我去其所与异，而从其所同。故气同则会，声比则应。""美事召美类，恶事召恶类，类之相应而起也，如马鸣则马应之，牛鸣则牛应之。帝王之将兴也，其美祥亦先见；其将亡也，妖孽亦先见。"①

《春秋繁露》说的与天地自然物同，比较局限于事同，或象同或类同，远不如《太平经》说的心同。《太平经》实际上认为，人与自然万物同事、同象、同类，在理论上是存在缺陷的，事实上人做不到这种同，就算是有所同，此同意义并不同，重要的是同心，天地其实没有心，所谓天地之心，指的是天地规律。人与天地同心，就是人遵循天地规律办事。《太平经》虽然从总体上来说，其哲学属于唯心主义，但是在与天地同心这一点上，体现出可贵的唯物主义。宋朝的哲学家张载言"为天地立心"，"立心"就不是"同心"。立心，强调天地本无心，是人将心安放在天地之中的，这种心，不是天地之心。从哲学性质来看，它属于唯心主义，但从社会效应来看，它具有积极意义，强调人发挥主观能动性，认为人的主观能动性能够达到与天地同心的境界，他的"立心"，从积极意义言之，实是"同心"。

不论是《周易》《春秋繁露》，还是《太平经》，它们强调的人与天地的统一，并不是为了改造自然界、征服自然界，而是为了按照天地规律，来改造社会、改良社会。它将天地之心说成是"教令"，《太平经》说："天乃为人垂象作法，为帝王立教令。"② 它强调："君臣者，治其乱，圣人师弟子，主通天教，助帝王化天下。"③

《太平经》作为道教经典虽然有出世的意义，但是有浓重的现实情怀。它真正关心的还是现实社会的太平，它的种种理论看似玄秘，却落在社会人生的实处。它明确地说："今天地开辟以来，凶烖不绝……本由先王治，小小失其纲纪，灾害不绝，更相承负，稍积为多，因生大奸，为害甚深。动为变怪，前后相续，而生不祥，以害万国。"这种灾害实是人祸，"天道无知

---

① 董仲舒：《春秋繁露·同类相动》。
② 王明：《太平经合校·案书明刑德法第六十》，中华书局1960年版，第108页。
③ 王明：《太平经合校·守三宝法第四十四》，中华书局1960年版，第44页。

也"，但累及天道，因为人祸"乱天仪"，天仪一乱，"安能与皇天心合乎？"《太平经》指出："天甚病之久矣，阴阳为其失节，其明证也。"最后，回到合天心，而合天心，就必须明天意。"王者深得天意，至道往佑之。但有百吉，无有一凶事也。"①

《太平经》中"气"是一个核心概念。气有丰富的含义，在不同地方，其意不同。它说得最多的是"太平气"。太平，讲的是社会安定的现象，太平气，讲的是社会安定的实质，其实质是道。凡事均有道，此道与老子说的道相通，指事物之根本。太平也有个根本。《太平经》说："天失道，云气乱，地失道，不能藏矣。王者与天相通，夫子乐其父，臣乐其君，地乐于天，天乐于道。然可致太平气。"②

与天地同心的行为，在《太平经》被提至审美的高度：

> 日月为其大明，列星守度，不乱错天，是天喜之证也；地喜则百川顺流，不妄动出，万物见养长好善也，即是地之悦喜之证也。③

> 元气自然，共为天地之性也。六合八方悦喜，则善应也；不悦喜，则恶应矣。状类景象其形，响和其声也。太阴、太阳、中和三气共为理，更相感动，人为枢机，故当深知之。皆知重其命，养其躯，即知尊其上，爱其下，乐生恶死，三气以悦喜，共为太和，及应并出也。④

这里，《太平经》提出"悦喜"这一重要的美学概念。悦喜是正面的情感态度，反映出对造成悦喜事物的肯定性评价。悦喜从何而来？一是来自天地自然有序运动，天不乱错，地不妄动，说明天地本身是同心的；二是来自天地与人的同心，即所谓人对于天地的"善应"。人对天动的善应，这就是"太阴、太阳、中和三气共为理，更相感动"，这种"三气以悦喜"就是"太和"，就是美。

---

① 本段引文均来自王明：《太平经合校·太平经佚文》，中华书局 1960 年版，第 738—739 页。
② 王明：《太平经合校·王者无忧法》，中华书局 1960 年版，第 726 页。
③ 王明：《太平经合校·来善集三道文书诀第一百二十七》，中华书局 1960 年版，第 322 页。
④ 王明：《太平经合校·名为神诀书》，中华书局 1960 年版，第 17 页。

第二节　人生审美理想：与上帝同象

《太平经》的"三位一体"理论除了天、地、人一体外，还有精、气、神一体。如果说天、地、人一体的主旨是缔造太平世界的话，那么，精、气、神一体的主旨则是构筑升天成仙之梯。前者着眼于社会，后者着眼于个人。

精、气、神在《太平经》中有种种不同的表述。

其一，是气——神——精。

《太平经·令人长寿治平法》说：

> 三气共一，为神根也。一为精，一为神，一为气，此三者，共一位也，本天地人之气，神者受之于天，精者受之于地，气者受之于中和，相与共为一道。故神者乘气而行，精者居其中也。三者相助为治。故人欲寿者，乃当爱气尊神重精也。[①]

这里说的"三气"，即神、精、气，三者一体。"本天地人之气"，意思是人的气来自于天地。天地之气如何成为人之气，《太平经》强调"中和"的力量。"中和"的"中"指道，道是宇宙的规律；"和"是万物有序的调和与统一。这样说，人的气就是天地之精华。人的气中有神，有精，神来自天，精来自地。神在气中，精在神中，神为气之主宰，精为神之内核。

《太平经》认为，气、神、精三者相助，它们相互作用、相互帮助。人如果想长寿，就必须爱气、尊神、重精。

其二，是气——精——神。

《太平经佚文》云：

> 夫人本生混沌之气，气生精，精生神，神生明。本于阴阳之气，气转为精，精转为神，神转为明。欲寿者当守气而合神，精不去其形，念此三合以为一，久即彬彬自见。身中形渐轻，精益明，光益精，心中大安，欣然若喜，太平气应矣。修其内，反应于外，内以致寿，外以致理，

---

① 王明：《太平经合校·令人长寿治平法》，中华书局 1960 年版，第 728 页。

非用筋力,自然而致太平矣。①

这段文字有两个要点:

第一,提出气、精、神的关系。天地生气,气生精,精生神。这个序列,与上面所说的不同,上个序列中,精最高,这个序列中,神最高。

第二,提出气与神、精与形这两对矛盾。气要守,说明气本是分散的、流动的。守气即抟气,抟气才生神,合神。气与神是分与合的关系。

精是抽象的思想,形是具体的形态。精在形中,形为精体。这就说到人了,人是一个整体,思想是精,肉体是形,二者不能离,这就是俗话说的"身心合一"。

《太平经》关于精、气、神的论述,在中国哲学史、美学史上具有承前启后的作用。

气,在中国哲学中是一个重要的范畴。早在先秦就有许多重要论述,其中与《太平经》比较相似的论述有《管子》。《管子·枢言》云:"有气则生,无气则死,生者以其气。"《管子》还将气与精联系起来,《心术下》云:"气者,身之充也。……思之思之……其精气之致也。一气能变精。"《内业》云:"凡物之精,此则为生。"又云:"精也者,气之精也。"又云:"凡人之生也,天出其精,地出其形,合此以为人。"《管子》说气能变精,这种看法与《太平经》说的"气转为精"相似,只是《太平经》还有"精转为神"。《庄子》也说"人之生也,气之聚也,聚则为生,散则为死"。② 西汉也有一些学者论气,如《淮南子》云,"宇宙生元气"③,另《易纬乾凿度》也说:"太初者,气之始也。"

"气"进入美学始于魏晋南北朝。曹丕说:"文以气为主。"④ 刘勰的《文心雕龙》广用"气"论作家的才华、禀赋,如论屈原,说"气往轹古"⑤;论宋

---

① 王明:《太平经合校·太平经佚文》,中华书局 1960 年版,第 739 页。

② 《庄子·知北游》。

③ 《淮南子·天文训》。

④ 曹丕:《典论·论文》。

⑤ 刘勰:《文心雕龙·辨骚》。

玉,说"气实使文"①。进入唐宋,用"气"论文就更普遍了。"气"就成为一个内涵丰富、意义重大的审美范畴。

神,也是一个重要的哲学范畴,同样,早在先秦就出现在各种论著之中。其中《周易》论神最为重要,《周易》中的神,不是指超人,而是指神秘、神奇而伟大的意义,它是一个哲学的概念。《庄子》中的神,既是宗教概念,又是哲学概念。作为宗教概念,它指神人,作为哲学概念,它指道,道是神秘、神奇而伟大的,在这点上,同于《周易》。神进入美学领域,也是在魏晋南北朝。陆机、刘勰均用"神思"表述艺术思维。顾恺之则提出"以形写神"命题,于是,神与形的关系,成为中华美学史上重要的一对范畴,衍化出诸多重要的美学思想。唐朝有张怀瓘等用神作为审美品评标准,神在中国美学史中地位就愈发重要而显赫了。

相比于气与神,精在以后的哲学史、美学史中的地位就不那么突出了。也许,它的思想为神所融会,成为神的内涵,因而,如果不是太有必要,精就用神来代替了。

《太平经》提出精气神合一,目的是修仙。所谓"身中形渐轻,精益明,光益精"就是成仙了。

修仙,《太平经》有一个专业术语:"守一明之法"。按《太平经》"神生明",这"明"是修精气神所达到的最高境界:

> 守一明之法,未精之时,瞑目冥冥,目中无有光。
>
> 守一复久,自生光明,昭然见四方,随明而远行,尽见身形容。群神将集,故能形化为神。
>
> 守一明之法,明有正青,青而清明者,少阳之明也。
>
> 守一明之法,明正赤若火光,光者度世。
>
> 守一明之法,明正黄而青者,中和之光,其道良药。
>
> 守一明之法,正白如清水,此少阴之明也。
>
> 守一明之法,明有正黑,清若阒水者,太阴之光。

---

① 刘勰:《文心雕龙·杂文》。

守一明之法，四方皆暗，腹中洞照。此太和之明也，大顺之道。

守一明之法，有外暗内暗，无所属，无所觇。此人邪乱，急以方药助之，寻上七首，内自求之。①

这种描述，让我们想到了《老子》中关于悟道的情景："道之为物，惟恍惟惚。惚兮恍兮，其中有象；恍兮惚兮，其中有物。窈兮冥兮，其中有精；其精甚真，其中有信。"② 这是一种什么情景？幻觉。不是感觉的幻觉，而是心理的幻觉。《太平经》所描述的"守一明之法"正是这种心理幻觉。不是眼前实有一种光，而是在心里想象着有一种光，而这种光似乎就在眼前晃动着。修仙之人，在光中，不仅感受到青、赤、黑、白等颜色，而且感受到了少阳、少阴、太阴、太阳、中和、太和、大顺等意义。这种幻觉既是宗教的也是审美的。审美感觉不一定身前实有感觉之物，它可以借助心理功能，制造虚拟的感觉之物。这虚拟之物，惟恍惟惚，似有其真，似可相信，借助审美情感、想象、理解，产生愉悦，产生欣喜，实现审美超越。

《太平经》认为，修仙是有许多阶梯的：

善人好学得成贤人；贤人好学不止，次圣人；圣人学不正，知天道门户，入道不止，成不死之事，更仙；仙不止入真，成真不止入神，神不止乃与皇天同形。故上神人舍于北极紫宫中也，与天上帝同象也，名天心神。③

善人、贤人、圣人还不是仙人，若要做仙人，必须先修成这三种人。成为仙人就"成不死之事"。仙人不是修仙的最高层次，最高层次是神人，神人有一个重要特点，就是"与皇天同形"，上神人，住在天宫之中，与"天上帝同象"。与"天上帝同象"，意味着它获得了形象，不是人的形象，而是天帝的形象，既然有形象，这神人就具有审美意义了。

---

① 王明：《太平经合校·太平经佚文》，中华书局 1960 年版，第 739—740 页。

② 《老子·二十一章》。

③ 王明：《太平经合校·卷五十六至六十四·阙题》，中华书局 1960 年版，第 222 页。

第三节 审美思维：阴阳和合

《太平经》谈得最多的是阴阳。可以说阴阳关系是《太平经》的灵魂。阴阳关系，作为对于世界诸多关系最高的抽象概括，它成为一种思维方式。阴阳概念的提出，最早在先秦的《周易》中。《周易》作为占卜之作，它具有原始宗教的意义，因此，它所表达的阴阳理论可以看作《太平经》中阴阳理论的源头。但众所周知，《周易》绝不只是一般的占卜之作，它的本质是哲学著作。这种本质，也基本上为《太平经》所继承，因此，《太平经》中的阴阳论闪耀着哲学光辉，这种灵动的哲学思维，使得《太平经》有资格进入中国哲学的宝库，也同样有资格进入中华美学之宝库。

《太平经》并没有对阴阳的概念做出界定，但是，它将阴阳概念广泛地用于天地自然社会之中。大体上，它认为：

> 天地：天为阳，地为阴；
>
> 日月：日为阳，月为阴；
>
> 神祇：神为阳，祇为阴；
>
> 男女：男为阳，女为阴；
>
> 君臣：君为阳，臣为阴。
>
> ……

关于阴阳的功能，《太平经》说："元气，阳也，主生；自然而化，阴也，主养凡物。天阳主生也，地阴主养也。日与昼，主生；月星夜，阴也，主养。春夏，阳也，主生；秋冬，阴也，主养。甲丙戊庚壬，阳也，主生；乙丁己辛癸，阴也，主养。子寅辰午申戌，阳也，主生；丑卯巳未酉亥，阴也，主养。亦诸九，阳也，主生；诸六，阴也，主养。男子，阳也，主生；女子，阴也，主养万物。雄，阳也，主生；雌，阴也，主养。君，阳也，主生；臣，阴也，主养天下凡事，皆一阴一阳，乃能相生，乃能相养，一阳不施生，一阴并虚空，无可养也；一阴不受化，一阳无可施生统也。"[1]

---

① 王明：《太平经合校·卷五十六至六十四·阙题》，中华书局1960年版，第220页。

从生命的维度看待阴阳关系，是《周易》中阴阳哲学的继承，更是《周易》中阴阳哲学的发展。

《周易》虽然确定"天地大德曰生"，但是它强调的是生命物的生，并不重视生命物的"养"的问题。生命物的生，是阴阳交合的结果。而生命物的养，不是阴阳交合，而是阴对阳的延续。

阴阳功能，在《周易》中，主要为生命的生出功能，而在《太平经》中，阴阳的功能有两种：一是生命物的生出，这主要是阳的功能；二是生命物的培养，这主要是阴的功能。由生到养，最后到成，这是生命的全过程。

《太平经》并没有忽视阴阳交媾功能，但它似乎更重视阴阳的生养功能。在《周易》中阴阳功能主要在空间上展开，表现为功能同时性；在《太平经》中阴阳功能除了在空间上展开外，还表现为在时间上的展开，阴阳功能具有继时性。

从生与养两个方面来认识生命，在美学上的意义可能更为重要。审美的本质离不开生命，有机物不要说了，它的美就美在生命。就是无机物，它的美也在生命，只是前者体现为生命的实体，后者体现为生命的意味。中华美学谈的"气""韵"均是生命显现，它可以用于有机物的审美，也可以用于无机物的审美，值得我们注意的是，中华民族对于生命的审美非常看重生命的过程。生命展现的空间性，在中华美学中，总是让它见出时间的意味，化空间为时间，成为中华美学的一大特点。在中华民族的审美心理中，永恒最为可贵，因此成为人的最高价值追求。而事实上，任何功业都做不到永恒，因此，伤时成为中华美学的重要情结。《太平经》的阴阳主养论，虽然只是论及了生命之成，还未论及生命之灭以及生命的重生，但其生养论足以让人生发出对生命全部过程的思考与感叹。

阴阳关系基本上具有两重性：对立性或差异性与统一性。《周易》对于这两重性都很重视，论述比较周全。《太平经》虽然不忽视阴阳的对立性或差异性，但更重视阴阳的统一性。关于阴阳的统一性，在《太平经》中除了上面说的阴继阳功说之外，还存在如下几种说法：

（一）交合说

《太平经·移行试验类相应占诀第六十八》说："天行书也，阴阳交合，天文成。"[1] 这种看法是《周易》阴阳交感说的直接继承。《周易》非常看重阴阳交合，泰卦与否卦是阴阳交合说最好说明，泰卦的构成上坤下乾，坤为阴，乾为阳，阴气下降，阳气上升，阴阳实现了交合，于是，吉祥通泰；否卦的构成反过来，上乾下坤，阴气和阳气朝着反方向运动，没能实现交合，因此为否。

（二）和合说

理论上，和合说应该包括交合说，但两说的突出点不同。交合说，重在交；和合说，重在和。

《太平经·和合阴阳法》专论阴阳和合：

> 自天有地，自日有月，自阴有阳，自春有秋，自夏有冬，自昼有夜，自左有右，自表有里，自白有黑，自明有冥，自刚有柔，自男有女，自前有后，自上有下，自君有臣，自甲有乙，自子有丑，自五有六，自木有草，自牝有牡，自雄有雌，自山有阜。此道之根柄也。[2]

这里说的诸多阴阳关系，有些属于交合，有些不属于交合，但属于和合，如甲与乙、五与六、木与草等。《太平经》认为世界上万事万物均是有联系的，联系实质就是和合，这种观点是正确的。

将阴阳关系从对立统一扩大到差异统一，是《太平经》阴阳说的一大贡献。

天地万物之所以能实现交合、和合，从哲学上讲，是因为它们具有一种内在的同一性。而从美学上讲，是因为它们具有一种共生共创共荣的审美追求。在《太平经》中，它将此种同在同一性、这种共生共创共荣的审美追求，说成是"爱"。爱本只是人有，而《太平经》认为天地万物均有。《太平经·六字十治诀第一百三》说："天地爱物，助人君养民。"[3] 而人君呢？自

---

① 王明：《太平经合校·移行试验类相应占诀第六十八》，中华书局 1960 年版，第 171 页。

② 王明：《太平经合校·和合阴阳法》，中华书局 1960 年版，第 728 页。

③ 王明：《太平经合校·六字十治诀第一百三》，中华书局 1960 年版，第 252 页。

然也要爱民。关于爱，《太平经》明确地提出慈爱，是那种父母对子女的爱，天地以"慈爱父母之法"善待人，人君也要以此种慈爱善待百姓。爱是普遍的、相互的。《太平经》说："天地阴阳万物，上下相爱相治，立功成名，使心治一家，使人不复相憎恶，常乐同志。令太和之气日自出，而大兴平。"①

《太平经》强调阴阳和合为"中和"。《太平经·和三气与帝王法》云："通天地中和谭，顺大业，和三气游，王者使无事，贤人悉出，辅兴帝王，天大喜……中和者，主调和万物者也。"②"天地中和"是天地中三者的和，天为太阳，地为太阴，中是道。"太阴、太阳、中和三气共为理，更相感动，人为枢机"③。共为理、相感动，是讲三者的互动与认可，而人在这个过程中处于主控的地位，这就含有《周易》"三才"的理论，按"三才"说，天地人三者，人为中。《太平经》强调中和的作用。

故天地调则万物安，县官平则万民治。故纯行阳，则地不肯尽成；纯行阴，则天不肯尽生，当合三统，阴阳相得，乃和在中也。古者圣人致太平，皆求天地中和之心，一气不通，百事乖错。④

"天地调"属于自然界自身调，它的效应是"万物安"；"县官平"，属于社会界的调，它的效应是"万民治"。而归结到哲理上，则是阴阳和合：既然是和合，就不能是纯阳，也不能是纯阴。纯阳，地不能充分发挥自身的作用，于生命，其养不能尽成；纯阴，则天不能发挥自身的作用，于生命，其生不能尽生；而只有合上了太阴、太阳、中和这三统，才能实现阴阳相得。虽然阴阳和合问题，《周易》说过，董仲舒也说过，且都有卓越的见解，但都不及《太平经》切中阴阳和合要害，要害就是中——恰到好处。因此，阴阳和合在中，正因为如此，此和为"中和"。

中和通向太和。《太平经》说："三气合并则为太和也。太和即出太平之气。断绝此三气，一气绝不达，太和不出，阴阳者，要在中和，中和气得，

① 王明：《太平经合校·卷五十六至六十四·阙题》，中华书局 1960 年版，第 216 页。
② 王明：《太平经合校·和三气与帝王法》，中华书局 1960 年版，第 18—19 页。
③ 王明：《太平经合校·名为神诀书》，中华书局 1960 年版，第 18 页。
④ 王明：《太平经合校·名为神诀书》，中华书局 1960 年版，第 18 页。

万物滋生,人民和调,王治太平。"①

太和是最终境界,而中和则是实现太和的关键,故云"要在中和"。而中和之要在阴阳关系的处理上,处理的要义是中。在突出中在实现和的作用上,《太平经》有着重要的贡献。

和,是中国古代哲学的重要范畴,是天人合一、社会和谐、身心合一的最高体现,也是自然美、社会美、人之美的最高境界。虽然古往今来,不乏这方面的精彩之论,但《太平经》的论述仍然是独树一帜,有着杰出的贡献。

第四节　审美体验：乐出太平

《太平经》说,"求道常苦",但求道的最高体验不是苦而是乐。《太平经·以乐却灾法》云:

> 以乐治身守形,顺念致思却灾。夫乐于道何为者也。乐乃和合阴阳,凡事默作也,使人得道本也。故元气乐即生大昌,自然乐则物强,天乐则三光明,地乐则成有常,五行乐则不相伤,四时乐则所生王,王五者乐则天下无病,蚑行乐则不相害伤,万物乐则守其常,人乐则不愁易心肠,鬼神乐则利帝王。

> 故乐者,天地之善气精为之,以致神明,故静以生光明,光明所以侯神也。能通神明,有以道为邻,且得长生久存。②

乐,在《太平经》意义重大。

一、关于乐的性质

《太平经》认为,其所主张的乐,不是一般的快乐,而是"乐于道"。道教的"乐于道",与颜子之乐有异曲同工之妙,颜子"一箪食,一瓢饮,人不堪其忧,而颜不改其乐"。颜子之乐,乐的当然不是"一箪食,一瓢饮"这种

---

① 　王明:《太平经合校·和三气与帝王法》,中华书局 1960 年版,第 19—20 页。
② 　王明:《太平经合校·以乐却灾法》,中华书局 1960 年版,第 11—12 页。

简陋的生活，而是生活中所藏的道。道教的道与儒家的道虽然有差异，但本质上是相通的。

乐道之乐与乐具体物之乐是有所不同的，道是天地万物之本体，是抽象的、全体的、无限的、永恒的、变化的、绝对的，而具体物则是具象的、个别的、有限的、短暂的、固定的、相对的。乐具体物之乐，因为有象，是审美的，这乐道之乐，所乐对象——道是抽象的，是不是审美的？也是。道当其成为乐的对象，它在主体的心中，惟恍惟惚，仿佛有象，确实有真，既是虚的，又是实的，是虚的实，实的虚。对于道的审美不是感观，而是心观，或者说理智直观。

《太平经》说的乐道，本质性的内涵包含：真善统一，阴阳和合。

作为道教经典，《太平经》说的道是天地万物之本。这道从理论上讲是真的，但《太平经》似乎并不怎么强调这一点，它强调道是善的，《太平经》几乎章章讲善：有天地、鬼神之善，也有君主、百姓的善。而在论乐时，它将乐归之于天地之善，云"故乐者，天地之善气精之，以致神明"。"天地之善气"即是道。

《太平经》中的道既是真，又是善。就它是本体性的存在，不以人的意志为转移，它是真；就它作为价值性的存在，有亲人利人的本性，它是善。乐道之乐，既是乐真之乐，又是乐善之乐。真与善的统一，即为美，因而也是乐美之乐。

乐道之乐，也是阴阳和合之乐。阴阳和合包括天地和合、天人和合、万物和合、人际和合等，这种和合是以真为本，以善为魂，因此，阴阳和合，也就是道。

二、关于乐的主体

关于乐的主体，通常的理解，为人，然而，《太平经》的理解不是这样，乐的主体不只是人，还有天地、自然、鬼神。《太平经·调神灵法》云："吾欲使天下万神和亲，不复妄行害人，天地长悦，百神皆喜，令人无所苦。"[1]

---

[1] 王明：《太平经合校·调神灵法》，中华书局 1960 年版，第 15 页。

这就明确，乐的不只是人，还有天地、万物、鬼神。天地、万物、鬼神、人，四者皆为主体，皆有乐。此段着重讲神的乐。神，在一切哲学中，均与人存在着对立性，而在《太平经》中，它与人实现了和合，具体来说，"百神言为天吏为天使，群精为地吏为地使，百鬼为中和使。此三者，阴阳中和使也。助天地为理，共兴利帝王。"神鬼作为天、地、中和的"三吏"转化为"三使"，与人的关系就得到彻底的改变，由管理者变成联络人。

《太平经》皆为主体说，隐含着生态平等的观念，在生态之间，没有绝对的主体，也没有绝对的客体，都是客体，也都是主体。命运相同，哀乐相通，悲喜与共。

《太平经》看重相乐，相乐意味着和合。"相乐者，则天地长喜悦""心同意合，皆为大乐"[1]。

三、关于乐的价值

《太平经》从诸多方面阐发乐的价值，上段引文中，它说了乐的这样几种价值：

元气乐——生大昌；

自然乐——物强；

天乐——三光（太阴、太阳、中和）明；

地乐——成有常；

五行乐——不相伤；

四时乐——天下无病；

蚑行乐——不相害伤；

万物乐——守其常；

人乐——不愁易心肠；

鬼神乐——利帝王。

……

---

① 王明：《太平经合校·某诀第二百四》，中华书局 1960 年版，第 629 页。

这些价值总体是天下太平，五谷丰登，益寿延年！在《乐怒吉凶诀第一百九十一》章中，《太平经》将乐归纳为三种：乐人、乐治、乐天地。"得乐人法者，人为其悦喜；得乐治法者，治为真平安；得乐天地法者，天地为其和。天地和，则凡物为之无病，群神为之常喜，无有怒时也。"[①] 这天地和，不仅具有社会太平的意义，而且具有生态平衡、生态兴旺的意味。

四、关于乐道的途径

乐道通常有两种途径：一是由乐具体物升华到乐道；二是在宗教性的冥想中乐道。两种途径的实现，均需要审美想象、审美悟觉、审美超越。这个心理过程，《太平经》称之为"默作"，默作，就是静。静，不只是安静，还有心中清静。清静意味着要将心中的杂念包括功名利禄等心理障碍全部去掉，至少在此刻要全忘掉，即《庄子》所说的"坐忘""虚室生白"。在道的魅力吸引下，主体向着道的境界飞升，而道又以巨大的心理动力促人身心飞长，于是，人的精神进入一种极快乐极自由的境界。这就是道教所说的乐。

中华美学重视乐。有关乐的论述丰富多彩。虽然在乐的内涵上，各家有些区别，但大体上都能相互接受，而在对乐的论述上，道教说得最为充分。

《太平经》以太平世界为理想，这种理想是真善美的统一。太平，是中华民族对于世界最高的理想，也是最低的理想。它充分反映中国历史诸多的不太平。

《太平经》虽然充满说教，但是它处处注重审美心理、重视情感投入、重视审美愉悦，因此，具有极大的感染力，说它是宗教美学的典范亦不为过。

---

① 王明：《太平经合校·乐怒吉凶诀第一百九十一》，中华书局 1960 年版，第 586 页。

第 六 章
礼乐美学新发展

汉代是中国儒家思想发展的重要时期。汉武帝时期实施独尊儒学的国策,在朝廷设五经博士,在国子监讲授儒家经典。这样,儒学就由私学上升为官学;以后,儒学积极参与朝廷的各项政治活动。汉代纯粹的儒家很少,名为儒家的知识分子大多兼有黄老、名家、阴阳家的思想。礼乐是儒家美学的主题,这一主题在汉代有新的发展。礼乐美学在汉代绝不只是一个学术问题,首先,它是一个政治制度问题,广泛地涉及与政治相关的各项制度、行为方式、外交辞令、宫室建筑、官员着装等。其次,它也是一个生活方式问题,广泛涉及社会风尚包括服饰、言谈、仪容以及诸多日常生活方式等。最后,它还是一个艺术品位问题,直接关涉艺术作品内容与形式的关系、艺术欣赏、艺术消费、艺术品评等问题。在某种意义上说,礼乐美学是中国封建时代美学的统称。汉代诸多知识分子在礼乐美学问题上有所建树,这里试挑几位做一个简略的介绍。

第一节 贾谊:失爱不仁,过爱不义

贾谊是西汉初期最重要的思想家、政治家和文学家,河南洛阳人。他生于汉高祖七年(前200),卒于汉文帝十二年(前168)。贾谊自幼善读诗书，为河南太守吴公所器重，文帝初年，吴公向文帝举荐贾谊，被征为博士，后辟为太中大夫。

贾谊对于暴秦的灭亡，认识极为深刻，著有《过秦论》上中下三篇，是历代总结秦灭亡诸多文章之首，历来受到推崇。贾谊从秦灭亡中深刻地认识到人民的力量，向文帝提出行仁政、省刑薄赋、使民归农、富民强国的建议，受到文帝重视。贾谊从周分封所造成的全国割裂数百年难以统一的历史教训中，向文帝提出加强中央集权削弱诸侯王力量的建议。此建议虽为文帝所首肯，但严重伤害了同姓王及周勃、灌婴等老臣的利益，以致引起权贵者们的严重不满，贾谊终于被排挤出中央政府，被贬为长沙王的太傅。此后，他又任梁怀王的太傅。梁怀王失误坠马而死，贾谊作为太傅自认为有责，终因悲伤过度而死，年仅33岁。贾谊的著作，被刘向搜集编为《新书》。

贾谊世界观的主导面为儒家，其政治思想核心是以礼治国。但受新兴的汉帝国在意识形态上兼容并包，重在实用的大形势的影响，贾谊的世界观中，不仅有黄老道家的因子，还有法家、名家的因子。

贾谊的美学思想突出体现了儒家的以礼为权思想，同时又兼具道家清虚自守的特色。

一、礼制之美

儒家重礼。儒家的礼建立在血亲之情的基础之上，因而具有一定的情感意味。另，礼总是与一定的仪相结合，因而具有一定的仪式感。这样，儒家的礼就具有了审美的意义。作为正统的儒家知识分子，贾谊很重视礼。他专作《礼》论，坚持礼的政治上的意义，说："主主臣臣，礼之正也；威德在君，礼之分也；尊卑大小，强弱有位，礼之数也。"① 另一方面，他又努力为礼寻找美学上的支撑。

（一）礼与爱心

礼与爱的关系是儒家很喜欢说的话题。孔子在回答他的学生宰我问

---

① 《贾谊集·贾子新书·礼》。

"三年之丧"到底有何根据时说："子生三年,然后免于父母之怀。夫三年之丧,天下之通丧也,予也有三年之爱于其父母乎!"① 这里说的爱为血亲之爱。儒家将这种血亲之爱延展到人类之爱,目的是为"固国家定社稷"的礼寻找人性上的根据。贾谊就是这样做的,他说:

> 礼,天子爱天下,诸侯爱境内,大夫爱官属,士庶各爱其家,失爱不仁,过爱不义。②

这段话说的"爱"显然不是血亲之爱,但它属于情感,情感是与理性并列的一种力量。人在社会上各有一定职责,天子对天下负责,诸侯对境内负责,大夫对其官属负责,士庶对其家人负责。之所以要负责,不仅因为有理的支撑,而且因为有情的支撑。这正如平常我们说的对待工作的态度,既要敬业,又要乐业,敬业是理性上的负责,乐业是情感上的奉献。

值得我们注意的是,贾谊在这里说"失爱不仁,过爱不义"。失,不行;过,也不行;要恰到好处。这正如对待儿女,不能失爱,也不能过爱。

一般我们说到爱,多与仁联系起来,将爱说成仁,孔子说"仁者爱人";很少有人将爱与义联系起来。义与仁具有共同性,但仁更多地强调爱的施与,重情;而义更多地强调爱的节制,重理。仁与义的统一,即情与理的统一。要真正做到情与理的统一,需要较高的思想修养。只有具有这种修养,才能将礼转化为善,同时也将礼转化成美。

(二) 礼与恤下

礼涉及上下级的互动。在上下级的互动中,上级是主动的,上级的主动性在于"恤下"。贾谊说:

> 故飨饮之礼,先爵于卑贱而后贵者始羞,肴膳下浃而乐人始奏。筋不下遍,君不尝羞。肴不下浃,上不举乐。故礼者,所以恤下也。③

这段话的意思是,实行飨饮礼,先让地位卑下者饮酒,后让尊贵者吃肉。待大家都吃得愉快,才让乐人奏乐。下级没有遍饮,君王不夹肉。下级没

---

① 《论语·阳货》。
② 《贾谊集·贾子新书·礼》。
③ 《贾谊集·贾子新书·礼》。

有吃得愉快，君王不欣赏音乐。这就叫"恤下"，不只是一种程序，实质是上下级的和谐。这种和谐的实现，关键是上级对下级的友好与尊重。

"恤下"的好处是赢得了下级的好感，这必然会有所回报。贾谊说：

> 《诗》曰："投我以木瓜，报之以琼琚；匪报也，永以为好也。"上少投之，则下以躯偿矣，弗敢谓报，原长以为好。①

这种上下级的情感交流与利益互偿，如果做得好，收获的不仅是社会的安定与政权的稳固，还有社会和谐的创造和人际关系美的享受。当然，如果做得不好，则有可能是政治的欺骗，情感的交流变成了情感的投资。

（三）礼与同乐

关于礼与乐的关系，贾谊有两个重要观点。（1）礼是乐的前提。只有做好了礼，才谈得上享受乐。由于乐偏于享受，不是什么时候都可以享受乐的。贾谊认为，"虽有凶旱水溢，民无饥馑。然后天子备味而食，日举以乐。"②这种观点与董仲舒的看法相似。董仲舒认为礼是"明天命"，乐是"见天功"。"明天命"，需要将事情办好，只有办好了应办的事，才能"见天功"——享受乐。（2）乐，要上下同乐。贾谊说："乐也者，上下同之。"③这种观点是儒家的传统观点，孔子、孟子、荀子均如此说，贾谊将这种与民同乐扩大到音乐之外，说："夫忧民之忧者，民必忧其忧；乐民之乐者，民亦乐其乐。与士民若此者，受天之福矣。"④

（四）礼与生态

礼不仅行之人类，还行之自然。《周礼》《礼记》《逸周书》都有这种思想。贾谊也谈到了这一点：

> 不合围，不掩群，不射宿，不涸泽。豺不祭兽，不田猎；獭不祭鱼，不设网罟；鹰隼不鸷，眭而不逮，不出颖罗；草木不零落，斧斤不入山林；昆虫不蛰，不以火田；不麛，不卵，不刳胎，不殀夭，鱼育不入庙门，

---

① 《贾谊集·贾子新书·礼》。
② 《贾谊集·贾子新书·礼》。
③ 《贾谊集·贾子新书·礼》。
④ 《贾谊集·贾子新书·礼》。

鸟兽不成毫毛不登庖厨。取之有时，用之有节，则物蓄多。①

贾谊几乎囊括了先秦谈到的保护生态资源的事例，而且谈得更充分。这里，充分见出贾谊的一种天下观，他说："仁人行其礼，则天下安而万理得矣。"② 仁，不只是行于人类，还行于自然。这样一种天下，就是宇宙全体。他提出"天下安"的理想，安就是和谐，就是美好。

贾谊的礼制观集中了先秦在这方面的优秀思想，并且有所开拓与发展。

二、制服之道

贾谊的礼制思想不仅体现在以礼治国这样的根本问题上，而且也体现在穿衣装饰这样的日常生活问题上。贾谊认为，

> 制服之道，取至适至和以予民，至美至神进之帝。奇服文章，以等上下而差贵贱。是以高下异，则名号异，则权力异，则事势异，则旗章异，则符瑞异，则礼宠异，则秩禄异，则冠履异，则衣带异，则环佩异，则车马异，则妻妾异，则泽厚异，则宫室异，则床席异，则器皿异，则饮食异，则祭祀异，则死丧异。故高则此品周高，下则此品周下。加人者品此临之，埤人者品此承之；迁则品此者进，绌者品此者损。贵周丰，贱周谦；贵贱有级，服位有等。等级既设，各处其检，人循其度。擅退则让，上僭则诛。建法以习之，设官以牧之。是以天下见其服而知贵贱，望其章而知其势，使人定其心，各著其目。③

这段文章有四个要点：

第一，民于衣服的要求："至适至和"。民穿衣，为的是"至适至和"；"适"指对己，身体合适；"和"指对他人，感觉和谐。这"至适""至和"的说法，其实是很不错的，它揭示了服饰审美的基本原则；而且，"至"字的提出，说明在服饰的审美上，其实是有诸多层次的。最低，贾谊没有说，应该是自然性的，出于生理保护之需，御风防寒之类；较高则应该是文化性的，包括个

---

① 《贾谊集·贾子新书·礼》。
② 《贾谊集·贾子新书·礼》。
③ 《贾谊集·贾子新书·服疑》。

体羞耻感、公众价值感之类；最高为"至适""至和"，这才是美学上的。它兼顾了生理与心理、自然与文化、个体与社会等诸多方面的需求。

第二，帝于衣服的要求："至美至神"。"至美"，这"美"应该是涵盖一切"善"的"好"。它当然包括于民的"至适至和"，但由于帝的身份不同于民，其"适""和"当然也不同于民。除此以外，它还会有其他的要求。"至神"，这"神"含义不是很清楚，可以猜测为通神灵的意思。帝本不是一般人，为天帝之子，他可以通天帝，这身衣服可以有助于他与天帝的沟通与联系。除了天帝外，其他重要的神灵，如自然神灵，也可以通。皇帝衣服上的诸种动物、植物形象都是通神的工具。帝的服饰在祭祀时其通神的作用特别重要。《周礼·春官·司服》叙天子六冕九服，"王之吉服，祀昊天上帝，则服大裘而冕，祀五帝亦如之；享先王，则衮冕。享先公，飨射，则鷩冕。祀四望山川，则毳冕。祭社稷、五祀，则希冕。祭群小祀，则玄冕。""大裘而冕"，衣服上画有日、月、星、山、龙、虫等。"衮冕"，衣服上画有龙、山、华虫、宗彝。"鷩冕"，衣上画华虫、火、宗彝等；鷩，赤雉；华虫画鷩，故谓鷩冕。"毳冕"，衣上画宗彝、藻、粉米等；毳，毛；宗彝上刻虎、蜼为饰，故谓毳冕。"希冕"，衣绣粉米；裳绣黼、黻等；希通"黹"，刺绣，因衣裳均绣，故谓希冕。

第三，官员于衣服的要求："等上下而差贵贱"。不同等级的官员服不同的衣服，这意味着他们享受的种种待遇不同。

第四，所有这些规定，一是具有标志的意义，"天下见其服而知贵贱，望其章而知其势"；二是有助于社会安定。贾谊说："卑尊已著，上下已分，则人伦法矣。于是主之与臣，若日之与星。臣不几可以疑主，贱不几可以冒贵。下不凌等，则上位尊；臣不逾级，则主位安。谨守伦纪，则乱无由生。"[①]

三、仪容之道

贾谊首创《容经》，对于人的容貌以及待人接物的态度、仪容作了诸多规定。这里面，有诸多方面涉及人物审美的问题。

---

① 《贾谊集·贾子新书·服疑》。

第一，特殊场合之容。

不同的场合，特别是特殊的场合，应具有不同的仪容。这特殊的场合是指朝廷、祭祀、军旅、丧纪四种场合。贾谊分别从志、容、视、言四个方面提出要求：

场合	志	容	视	言
朝廷	渊然清以严	师师然翼翼然整以敬	端流平衡	言敬以和
祭祀	愉然思以和	遂遂然粥粥然敬以婉	视如有将	文言有序
军旅	怫然愠然精以厉	漍然肃然固以猛	固植虎张	屏气折声
丧纪	漻然愁然忧以湫	怲然慑然若不遗	下流垂纲	言若不足 ①

第二，一般标准之容。

贾谊也谈到在正式的场合，一般的标准之容分别为立容、坐容、行容、趋容、盘旋之容、跪容、拜容、伏容。这些仪容，共同的特点是严肃、认真。比如坐，分为经坐、共坐、肃坐、卑坐。各有不同的要求：

> 经坐：视平衡
> 共坐：微俯视尊者之膝
> 肃坐：俯首视不出寻常之内
> 卑坐：废首低肘 ②

第三，不同身份之容。

这主要有君王、臣子、父亲、儿子等之分，他们各有适应自己身份的仪容。

所有这一切，在贾谊看来，属于礼的内容，但也有审美的意义。就审美来说，他提出几个重要的观点：

第一，"各有容志"。贾谊说："君臣、上下、父子、兄弟、内外、大小品事之各有容志也。"③

第二，"秉中据宜"。贾谊认为，各种容志均要"秉中适而据乎宜"，"过

---

① 《贾谊集·贾子新书·容经》。
② 《贾谊集·贾子新书·容经》。
③ 《贾谊集·贾子新书·容经》。

犹不及,有余犹不足也"。①

第三,"质文相配"。贾谊引用《论语·雍也》中语:"质胜文则野,文胜质则史,文质彬彬,然后君子。"②

第四,"既美其施,又慎其齐"③。"美其施"是总体原则。讲美,但不能过于整齐一律,要允许有差异、有个性、有变化。

中华民族的文化传统是讲究仪容的,从小就教育孩子言谈举止要合乎礼仪,这点应该继承下来。至于仪容的具体要求,则可以因时代的变化,而适当有所改变。仪容是一个修养的问题、文明的问题,不可小觑。

四、节俭之道

贾谊对于所谓的"瑰政""玮术"极为反感。他认为"瑰政""玮术"实质是"淫侈",是害民。他主要从两个方面予以批判。

第一,无端浪费。

贾谊认为,这种"雕文刻镂周用之物",本来只需一天做完的,却费了十天工夫。它们的质量其实不高,"用一岁,今半岁而弊。作之费日挟巧,用之易弊"④。

造成这种浪费的原因之一就是追求形式美。贾谊在这里既批判了无端的浪费,也批判了脱离内容的单纯形式美。

第二,败坏风气。

贾谊认为,这种行为败坏社会风气。一些人"虽刑余鬻妾下贱",却要"衣服得过诸侯,拟天子"。如果不制止,那就会"使天下公得冒主而夫人侈也"。放任下去,"邪人务而日起,奸诈繁而不可止","君臣相冒,上下无辨",国家就要灭亡了。⑤

---

① 《贾谊集·贾子新书·容经》。
② 《贾谊集·贾子新书·容经》。
③ 《贾谊集·贾子新书·容经》。
④ 《贾谊集·贾子新书·瑰玮》。
⑤ 《贾谊集·贾子新书·瑰玮》。

贾谊批判这种名之曰"瑰玮"的社会风气,虽然立足于政治,但也具有美学的意义。他明确地说,"今去淫邪之俗,行节俭之术"①,不仅实际上是在批判单纯的形式美,而且也在提倡"节俭"之美。

五、数度之道

中华民族对于数度一向很重视。在中国传统文化中,一、二、三、四、五、六、七、八、九、十这十位数均有文化内涵。而在贾谊的著作中,六这个数字尤其受到青睐。贾谊著《六术》篇,对于六这一数字予以极度赞美。在他的笔下,六具有如下众多的文化意义。

第一,"德有六理"。"六理"为道、德、性、神、明、命。六理"内度成业,故谓之六法"。"六法"藏内,"外遂六术",谓之"六行"。②

第二,"阴阳各有六月之节"③。古人将奇数称为阳,偶数称为阴。一年十二个月,阴阳各六个月。

第三,"天地有六合之事"④。"六合"指天地与四方。

第四,《诗》《书》《易》《春秋》《礼》《乐》六者之术,为"六艺"。

第五,音乐有"六律"。

第六,人有"六亲"。

第七,丧服有"六服"。

凡此等等。贾谊认为,"数度之道,以六为法","事之以六为法者,不可胜数也"⑤。

中华民族确有"数度之道",但以何数为法,有不同的说法。贾谊强调"六",他认为六法为天地之法;然而,为什么六法是天地之法,贾谊没有做出说明。在汉朝,五行学说盛行,贾谊也重视五行之学,在《六术》中谈音

---

① 《贾谊集·贾子新书·瑰玮》。

② 《贾谊集·贾子新书·六术》。

③ 《贾谊集·贾子新书·六术》。

④ 《贾谊集·贾子新书·六术》。

⑤ 《贾谊集·贾子新书·六术》。

乐的六律时也谈到五声,他说:"六律和五声之调,以发阴阳、天地、人之清声,而内合六行、六法之道。"① 但可以看得出来,这五声是合入六行、六法之道的,也就是说,六行、六法是总的规律,而五声不是。为什么是这样?贾谊没有做出说明,他也没有另外作文专门阐释"五行"。

第二节　刘向:食必常饱,然后求美

刘向(前77—前6),字子政,沛县(今江苏沛县)人,刘邦之弟楚元王刘交的四世孙。汉宣帝时任散骑谏议大夫,元帝时曾因弹劾宦官与外戚专权误国两度下狱,成帝时任光禄大夫。刘向是西汉继董仲舒、司马迁之后的一位大学者,一位著名经学家、文学家和目录学家。其著作甚多,可惜辞赋等文学作品大多亡佚,散文作品现存《说苑》《新序》《列女传》等。

刘向的基本学术立场为儒家,然亦杂有道家、墨家。刘向在美学上的主要贡献是阐说儒家的礼乐传统,他关于音乐的观点明显地来自荀子的《乐论》与公孙尼子的《乐记》,而关于自然美欣赏的言论,则丰富了孔子"智者乐水,仁者乐山"的"比德"观。

一、"礼"与"乐"

刘向继承儒家的传统,把礼乐看成治国、修身之根本。

就治国来说,"天下有道,则礼乐征伐自天子出,夫功成制礼,治定作乐。礼乐者,行化之大者也。"② "礼"与"乐"是治国的两种重要手段,缺一不可,具体分工则是"礼正外""乐正内"③。所谓"正外",就是指借助一套规章制度,制约人的一切言语行动,使之有利于建立、巩固封建统治秩序;所谓"正内",就是借助音乐熏陶人的思想情感,使之从内心深处自觉自愿地亲近、

① 《贾谊集·贾子新书·六术》。

② 刘向:《说苑·修文》。

③ 刘向:《说苑·修文》。

服从封建统治秩序。刘向认为,"内须臾离乐,则邪气生矣;外须臾离礼,则慢行起矣。"① 从功能上讲,"礼"带有强制性,主要是统一思想,制约行为;"乐"则带有自觉性,主要是协调情感,影响心理。正因为"礼"带有强制性,故"安上治民,莫善于礼"② ;同样,也正因为"乐"带有自觉性,故"移风易俗,莫善于乐"③。

"礼乐"是封建统治者统治人民的重要手段,因为它主要是文治,故又称之为"德化"。刘向认为,礼乐不仅是治国之道,也是修身之道。他说:

> 颜渊问于仲尼曰:成人之行何若? 子曰:成人之行,达乎情性之理,通乎物类之变,知幽明之故,睹游气之源。若此而可谓成人。既知天道,行躬以仁义,饰身以礼乐。夫仁义礼乐,成人之行也。穷神知化,德之盛也。④

刘向说的"成人"即成就为一个合乎封建社会需要的君子。刘向谈"礼"谈"乐",都是从封建统治阶级的根本利益出发的,这点在他对"乐"的论述上更为突出。

关于乐的产生,刘向的看法与荀子及《乐记》的看法完全一致,认为乐"由人心生也。人心之动,物使之然也。感于物而后动,故形于声。声相应,故生变,变成方,故谓之音"⑤。

关于音乐的功能,刘向的看法也基本同于荀子与《乐记》,但在表述上有些差别。他没有从"乐统同"这个角度论乐统一人心的作用,而是着重论述乐的陶冶情感、培植良好心态、修炼高尚品德的作用:

> 凡从外入者,莫深于声音,变人最极,故圣人因而成之以德,曰"乐"。乐者德之风。……古者天子诸侯听钟声未尝离于庭,卿大夫听琴瑟未尝离于前,所以养正心而灭淫气也。乐之动于内,使人易道而

---

① 刘向:《说苑·修文》。
② 刘向:《说苑·修文》。
③ 刘向:《说苑·修文》。
④ 刘向:《说苑·辨物》。
⑤ 刘向:《说苑·修文》。

好良；乐之动于外，使人温恭而文雅。①

将音乐感化人心、陶冶品格的作用概括为"乐者德之风"，是刘向的一个创造。刘向比较注重音乐的情感功能，以情感为中介而至于理智，最后落实在政治上。儒家很看重音乐所体现出来的社会心态，从中看出一个社会的政治状态。《乐记》说："治世之音安以乐，其政和；乱世之音怨以怒，其政乖；亡国之音哀以思，其民困。声音之道，与政通矣。"刘向将这段文字原封不动地移入他的著作。② 同时，刘向在这个问题上也有新的发挥，他认为不仅可以从音乐察觉民情和政治状况，而且也可以通过音乐表达一种政治上的追求向往："钟声铿，铿以立号，号以立横，横以立武。君子听钟声则思武臣。石声磬，磬以立辩，辩以致死。君子听磬声则思死封疆之臣。丝声哀，哀以立廉，廉以立志。君子听琴瑟之声则思志义之臣……"③

总之，"生民之道，乐为大焉"④。儒家美学基本上是一种伦理美学或者说伦理—政治美学，这种美学思考的基本问题是美与善的关系，主张美即善。而美即善在艺术上的突出体现则是礼乐传统，"乐"在先秦艺术中处于十分重要的地位。"乐"既是音乐，又不只是音乐，它包括诗歌，《诗经》中不少作品本就是音乐的歌词，"音乐"这种艺术汉以后逐渐衰微，地位不及先秦，其原因相当复杂，这可能与诗的兴起有关。音乐的某些重要的政治功能为诗所代替，而它的娱乐功能则提升到主要地位。按理，音乐在其政治的重负卸下之后应该有一个长足的发展，但事实并不如此，这亦与儒家的重政治、重伦理有关。儒家有一个基本观点，那就是淫逸误国，音乐既然沦为一种娱乐，就应当有所节制，不能让其太泛滥了。

刘向并没有就美、审美的本质问题做深入探讨。他不否定审美娱乐，但他反对奢华，反对对审美娱乐的过分追求。在这点上，他吸收了道家的

①　刘向：《说苑·修文》。
②　刘向：《说苑·修文》。
③　刘向：《说苑·修文》。
④　刘向：《说苑·修文》。

一些观点，又将其融进儒家的思想体系之中。他提出：

> 食必常饱，然后求美；衣必常暖，然后求丽；居必常安，然后求乐。[1]

刘向提出这一观点的基本立场还是政治的。他认为："雕文刻镂，害农事者也；锦绣纂组，伤女工者也。"[2] 统治阶级如果过分追求声色犬马之乐，必然加重人民负担，造成人民的怨恨、反抗；所以，那种"淫佚之行"，实乃"伤国之道"。在《说苑·贵德》篇，刘向说了智伯的故事，发人深省。

> 智襄子为室美，士茁夕焉，智伯曰："室美矣夫！"对曰："美则美矣，抑臣亦有惧也。"智伯曰："何惧？"对曰："臣以秉笔事君，记之曰：'高山峻原，不生草木，松柏之地，其土不肥。'今土木胜人，臣惧其不安人也。"室成三年而智氏亡。

儒家并不反对娱乐，并不否定美，这与墨家的"非乐"有所区别，但儒家对娱乐与审美向来是有所节制的。儒家的"节乐"、限美传统虽可溯源于孔子，但主要是汉儒的思想，刘向是其中之一。

二、"质"与"文"

"文""质"是儒家美学中一对很重要的概念。孔子最早提出这一对概念，并提出"文质彬彬然后君子"的观点，后代儒家于此多有阐发。

刘向是赞同孔子的质文统一观的。他说：

> 孔子曰："可也简。简者，易野也；易野者，无礼文也。"孔子见子桑伯子，子桑伯子不衣冠而处。弟子曰："夫子何为见此人乎？"曰："其质美而无文，吾欲说而文之。"孔子去，子桑伯子门人不说，曰："何为见孔子乎？"曰："其质美而文繁，吾欲说而去其文。"故曰文质修者谓之君子，有质无文谓之易野。子桑伯子易野，欲同人道于牛马，故仲弓曰太简。[3]

这个故事是颇有情趣的。这里写了两个人物：子桑伯子与孔子。子桑

伯子"质美而无文",虽品德高尚但没有一点文饰,太粗野、太简陋了,故孔子劝说他懂点礼仪文饰。而孔子,在子桑伯子看来却是"质美而文繁",即品德高尚,文饰过分了。刘向的倾向性是很明显的,他并不赞同子桑伯子的观点,认为必要的文饰对君子来说是不可忽视的,"文质修者谓之君子,有质而无文谓之易野"。

"质"与"文"的关系,对于人来说,是内在品德与外在仪容的关系;对于一件事来说,是其实质与它的外在形式的关系。刘向认为二者相比,人的内在品德比外在仪容更重要;事情的实质比其外在形式更重要。他针对当时人们热衷祭祀,祈求鬼神赐福,说:"敬法令,贵功劳,不卜筮而身吉。"① 而那些只是精心于祭祀形式却又"背道妄行"的人,"终不能除悖逆之祸"②。这正如《易经》所说的,"东邻杀牛,不如西邻之禴祭"③。重要的不是祭品是否丰厚,而是心是否诚笃。刘向由此得出观点,"盖重礼不贵牲也,敬实而不贵华。诚有其德而推之,则安往而不可。是以圣人见人之文,必考其质。"④ 由"文"而"考"其"质",即我们今天所说的"透过现象看本质",由形式审视内容。

西周早期青铜礼器:折觥

---

① 刘向:《说苑·反质》。
② 刘向:《说苑·反质》。
③ 刘向:《说苑·反质》。
④ 刘向:《说苑·反质》。

在"质"与"文"关系问题上,刘向态度很明确,"质"是起决定作用的。他说:"德不至,则不能文。"① 但是,刘向毫不忽视"文"。

刘向看重人的仪容美。他说:"君子不可以不学,见人不可以不饰,不饰则无根。无根则失理,失理则不忠,不忠则失礼,失礼则不立。"② 如此推理,可以见出"饰"绝不是可有可无之事。"饰"严重地影响到"礼",也就是说"文"影响到"质",形式影响到内容。将"文"即形式的重要性提到这样高的地位,在刘向之前是没有过的。孔子只是强调"质""文"应该统一,但没有从理论上阐明"文"会严重影响"质"。能够影响"质"的"文",绝不是与"质"没有密切关系的而游离于"质"之外的东西,它本就是"质"的一种存在方式,或者说"质"的物化形态。

从仪容对人的积极意义这一角度讲,美好的容貌服饰会使人产生尊严感、恭敬感,也会让别人对你产生敬重、和悦之情。刘向说:

《书》曰:"五事,一曰貌。"貌者,男子之所以恭敬,妇人之所以姣好也。行步中矩,折旋中规,立则磬折,拱则抱鼓。其以入君朝,尊以严;其以入宗庙,敬以忠;其以入乡曲,和以顺;其以入州里族党之中,和以亲。③

衣服容貌者,所以悦目也。声音应对者,所以悦耳也。嗜欲好恶者,所以悦心也。君子衣服中,容貌得,则民之目悦矣。言语顺,应对给,则民之耳悦矣。就仁去不仁,则民之心悦矣。④

自先秦以来,如此推崇人的容貌服饰美的还没有过。刘向对人物容貌服饰美的重视,开启了魏晋士人人物品藻之风,其意义是重大的。

刘向关于文质的基本观点同于孔子,他引用《诗经·大雅·棫朴》中的话"雕琢其章,金玉其相",然后说"言文质美也"。⑤

---

① 刘向:《说苑·修文》。
② 刘向:《说苑·建本》。
③ 刘向:《说苑·修文》。
④ 刘向:《说苑·修文》。
⑤ 刘向:《说苑·修文》。

三、智者乐水与仁者乐山

自然美的发现在中国至少可追溯到孔子,《论语》中就有孔子赞赏他的学生"浴乎沂,风乎舞雩"的记载,在《论语》中孔子还概括出"智者乐水,仁者乐山"的自然审美观。

刘向就孔子关于自然美欣赏的观点做了重要发挥。首先,是游山玩水在人的生活中有何意义。孔子是在与弟子们"言志"时赞赏曾点的"山水之志"的,可见游山玩水在人的生活中可以占据很重要的地位,可以视为一种人生态度,一种人生观。刘向没有直接就这一点予以申发,但他说了一个"楚昭王欲之荆台游"的故事。文中借楚昭王的大臣司马子綦的口说:"荆台之游,左洞庭之波,右彭蠡之水,南望猎山,下临方淮,其乐使人遗老而忘死。"[1] 尽管司马子綦的基本立场是劝楚昭王不要去荆台游玩,以免荒废朝政,滋长淫逸之心,但他还是肯定,山水之乐足以使人"遗老而忘死",可见其在人的生活中所具有的重要意义,在当时颇已为士大夫所喜爱。

孔子的名言"智者乐水,仁者乐山",刘向为之做了精彩的阐发:

> 夫智者何以乐水也? 曰:泉源溃溃,不释昼夜,其似力者;循理而行,不遗小间,其似持平者;动而之下,其似有礼者;赴千仞之壑而不疑,其似勇者;障防而清,其似知命者;不清以入,鲜洁而出,其似善化者;众人取平,品类以正,万物得之则正,失之则死,其似有德者;淑淑渊渊,深不可测,其似圣者;通润天地之间,国家以成。是知者之所以乐水也……

> 夫仁者何以乐山也? 曰:夫山巃嵸礧嵬,万民之所观仰。草木生焉,众物立焉,飞禽萃焉,走兽休焉,宝藏殖焉,奇夫息焉,育群物而不倦焉,四方并取而不限焉。出云风,通气于天地之间,国家以成。是仁者之所以乐山也。[2]

---

[1]　刘向:《说苑·正谏》。
[2]　刘向:《说苑·杂言》。

刘向还谈到"玉有六美",基本观点同于《荀子》篇所说,而且有些句子相同,但刘向比荀子说得更充分、更透辟。其文曰:

> 玉有六美,君子贵之。望之温润;近之栗理;声近徐而闻远;折而不挠,阙而不荏;廉而不刿;有瑕必见之于外。是以贵之。望之温润者,君子比德焉;近之栗理者,君子比智焉;声近徐而远闻者,君子比义焉;折而不挠,阙而不荏者,君子比勇焉;廉而不刿者,君子比仁焉;有瑕必见之于外者,君子比情焉。①

由孔子所创立的自然美欣赏的"比德"说,到刘向这里做了一个最为完整的总结。

总之,刘向的美学思想虽然创新不是很多,但对先秦儒家美学做了多方面的总结,而且某些方面较之先秦儒家阐发得更为透彻、全面。

第三节 扬雄:历之以名,引之以美

扬雄(前53—公元18),字子云,蜀郡成都人。他是汉代著名文学家,其辞赋与司马相如齐名,辉映汉代文坛;同时,他又是以儒家为正统的学者。他仿《论语》作的《法言》、仿《易经》作的《太玄》,是两部重要的哲学著作。《法言》模仿《论语》的语录体,阐述了他的一些观点以及对于历史事件、历史人物的一些看法。《汉书·扬雄传》载其"自序"云:"雄见诸子各以其知舛驰,大氐诋訾圣人,即为怪迂。析辩诡辞,以挠世事。虽小辩,终破大道而惑众,使溺于所闻,而不自知其非也。及太史公记六国,历楚、汉,讫麟止,不与圣人同是非,颇谬于经。故人时有问雄者,常用法应之,撰以为十三卷,象《论语》,号曰《法言》。"此书主旨是阐释儒家的基本理论,对当时流行的天人感应、鬼神图谶等迷信做了一定的批判。他的《太玄》一书形式上仿《易经》,但实为他的独创。司马光对此书评价很高,说:"观《玄》之书,昭则极于人,幽则尽于神,大则包宇宙,小则入毛发,合天地人之道

---

① 刘向:《说苑·杂言》。

以为一,括其根本,示人所出,胎育万物而兼为之母,若地履之而不可穷也,
若海抱之而不可竭也。"① 如同诸多儒家学者一样,扬雄也吸取了道家的一
些思想。与别的儒家学者不同的是,扬雄对于道家思想的吸取不是局部性
的,而是根本性的;也就是说,他得道家哲学之根柢,使道家学说与儒家学
说从根本上实现了统一,因而可以说,扬雄是魏晋玄学的先祖。他的美学
思想突出地显示出儒道合一的特色。

一、论礼

作为儒家学者,扬雄对"礼"有着深刻的理解。对于礼的认识,他的切
入点与董仲舒、刘向不一样。董仲舒、刘向更多地从治国维度出发,并且将
礼与乐联系起来,阐述其于国于社会的价值与意义;扬雄则更多地从做人
的维度出发,并不一定将礼与乐联系起来,而是在儒家整个价值体系中,论
述其立善去恶的价值与意义。

(一) 礼与人性

扬雄说:"人之性也,善恶混。修其善则为善人,修其恶则为恶人。气
也者,所以适善恶之马也与?"② 在人性问题上,扬雄的"性混善恶"说既不
同于孟子的"性善"说,也不同于荀子的"性恶"说,他强调"善恶混","混",
即杂处。因为杂处,就不仅有善恶区分的问题,而且有扬善弃恶的问题,
更有提升善的问题,这就归到修身这个根本点上来了。如何修身? 扬雄将
"气"纳进来了。

"气"的问题是汉代重要的哲学话题。一般认为,气外源于自然,内化
为人性。《白虎通》云:"性情者,何谓也? 性者,阳之施;情者,阴之化也。
人禀阴阳气而生。"性与情各自源头不同,故性质也不同。《钩命诀》云:"情
生于阴,欲以时念也。性生于阳,以就理也。阳气者仁,阴气者贪,故情有
利欲,性有仁也。"

---

① 司马光:《读玄》。
② 扬雄:《法言·修身》。

扬雄的看法与此基本上相一致,但是他提出让气"适善恶"说,不是被动地让人为阴阳二气所左右,而是希望让阳气发挥积极的作用。对于阴气,他也没有提出要驱逐,他的潜在看法可能是阴阳二气是不能只存一的,这是因为人的"性"与"情"既不可分也是不可或缺其一的。性与情的关系,最好是以"性"统"情"。

正是在这个基础上,扬雄提出了"礼"的作用。礼作为修身的利器,其作用就是扬善弃恶,让人建立起以性为本的内在资禀。

(二) 礼与仁

扬雄说:

> 或问"仁义礼智信之用"。曰:"仁,宅也。义,路也。礼,服也。智,烛也。信,符也。处宅,由路,正服,明烛,执符,君子不动,动斯得矣。"[①]

这里,扬雄分别谈了儒家体系中五大理论的意义。仁,作为宅,可能是源泉;义,作为路,可能是实现仁的途径;智,作为烛,可能是行仁的导引;信,作为符,可能是实现仁的证明。这礼,它是服。《白虎通》云:"礼者,履也,履道成文也。"这"服"就是"履"。可见,礼的主要意义是仁的实施,它是实现的仁。

(三) 礼与德

扬雄说:

> 或曰:"孰若无礼而德?"曰:"礼,体也。人而无礼,焉以为德。"[②]

关于礼与德的关系,扬雄用了一个比喻:心与体。德是心,礼是体。诚然,无心就无体,但无体也无心。所以,人如果无礼,就谈不上有德了。

(四) 礼与仪

扬雄说:

> 礼多仪。或曰:"日昃不食肉,肉必干,日昃不饮酒,酒必酸。宾主百拜而酒三行,不已华乎?"曰:"实无华则野,华无实则贾,华实副

---

① 扬雄:《法言·修身》。
② 扬雄:《法言·问道》。

则礼。"①

中国先秦的礼非常烦琐，故扬雄说"礼多仪"。这里说的"日昃不食肉"是聘射之礼的讲究。这是一种大礼，因为仪式烦琐，到太阳落山，都还不能食肉、饮酒，以至于肉都风干了，酒都变酸了。主人与宾客之间的互拜多达上百，行酒的程式也多达"三行"（即三巡）。这样的礼，是不是形式大于内容呢？扬雄的回答很巧妙：有实而无华则为野（自然物）；有华无实则为贾（商品），而于礼来说，华与实要相副。

（五）礼乐与中国

礼乐的关系之类的问题，因为已形成定识，扬雄没有过多论述，但对于礼乐对于"中国"的意义，他倒是非常重视。他说：

> 或问："八荒之礼，礼也，乐也，孰是？"曰："殷之以中国。"或曰："孰为中国？"曰："五政之所加，七赋之所养，中于天地者，为中国。过此而往者，人也哉。"②

"中国"这一概念先秦有诸多说法，本书的总论及先秦部分有多章论及此问题，此不赘述。扬雄在这里提出两个观点：一个观点是"中于天地"说，他认为，中国之为中国，不仅是居于天地之中心部位，而且是因为"五政之所加，七赋之所养"。"五政"为"五常"之政，《乐记》云："道五常之行。"郑玄做注："五常，五行也。"孔颖达疏云："谓依金木水火土之性也。"然王充的《论衡·问孔篇》云："五常之道，仁义礼智信也。""七赋"为五谷加桑麻，代表富饶的土地。"五政"与"七赋"概括起来，就是政治清明、五谷丰登。显然，这样的中国是理想国。另一个观点是礼乐"殷之以中国"，"殷"，正也。这是说，实施礼乐治国，就是将中国引入正确的道路、幸福的道路、富强的道路。

（六）礼与天道

扬雄说：

---

① 扬雄：《法言·修身》。

② 扬雄：《法言·问道》。

圣人之治天下也，凝诸以礼乐，无则禽，异则貉。吾见诸子之小礼乐也，不见圣人之小礼乐也。孰有书不由笔，言不由舌？吾见天常为帝王之笔、舌也。①

扬雄在这里强调四点：

第一，圣王治理天下的成功在于礼乐。这种动不动将自认为正确的观念推及圣人，是中国古代学者最喜欢做的事，目的也就是为自己的观念找到有力的支持。

第二，有无礼乐是人与禽兽之别。

第三，批判轻视礼乐的"诸子"，这主要指道家和墨家。

第四，礼乐是天常。"天常"，即天的规律。将礼乐提升到天常的高度，这礼乐之隆重、之伟大、之神圣、之壮丽，就不言而喻了。

扬雄关于礼乐的论述还不止这五点，仅就这五点来看，扬雄的礼乐美学可以说空前的完备，他可以说是汉代礼乐美学的总结者。

二、论人

扬雄论人的言论很多，值得格外关注的是这样一段话：

或问："何如斯谓之人？"曰："取四重，去四轻，则可谓之人。"曰："何谓四重？"曰："重言，重行，重貌，重好。言重则有法，行重则有德，貌重则有威，好重则有观。""敢问四轻。"曰："言轻则招忧，行轻则招辜，貌轻则招辱，好轻则招淫。"②

这段话强调做人要持"重"。何谓重？扬雄没有做具体阐释，其实这也不需要阐释。《论语》云："君子不重则不威。"皇疏云："重为轻根，静为躁本，君子之体，不可轻薄也。"重包含的内容很丰富，核心则是是非原则与道德操守。世界上诸多东西都可以变，包括富贵穷通，因为它们皆是轻的；而只有是非原则与道德操守，是不可以变的，因为它们最重。重，表面上讲分量

---

① 扬雄：《法言·问道》。
② 扬雄：《法言·修身》。

重,实质是说最重要。

这四重四轻涉及美学——人的品评美学。其中"貌重有威""貌轻招辱"八字,振聋发聩!

三、论味

扬雄的著作《太玄》写成后,时人多有不满,认为"观之者难知,学之者难成"。扬雄写了《解难》一文予以答复。在这篇文章中,他说:

> 大味必淡,大音必希,大语叫叫,大道低回。是以声之眇者,不可同于众人之耳;形之美者,不可混于世俗之目;辞之衍者,不可齐于庸人之听。①

这里提出的"大味必淡,大音必希,大语叫叫,大道低回"显然出自老子的"大音希声"说。与老子不同的是,老子说"大音希声",是赞颂"无"的美,亦即"道"的美;扬雄是为了说明,有一种不太被人所理解或者说不易于为人接受的美。在上面所引文字之下,他说:"今夫弦者,高张急徽,追趋逐耆,则坐者不期而附矣;试为之施《咸池》、揄《六茎》、发《箫韶》、咏《九成》,则莫有和也。是故钟期死,伯牙绝弦破琴而不肯与众鼓……老聃有遗言,贵知我者希,此非其操与!"②

扬雄的意思很清楚,美的东西可以是通俗的,从众的;也可以是高雅的,少为人知的。扬雄推崇后一种美,这种美在汉赋中表现得很突出,司马相如称之为"巨丽",西方美学家鲍山葵称之为"艰奥的美"。③

四、论乐

《太玄集》为"乐"设了一玄。关于乐,扬雄有深刻的见解。

---

① 叶朗总主编,李欣复主编:《中国历代美学文库·秦汉卷》,高等教育出版社 2003 年版,第 314 页。
② 叶朗总主编,李欣复主编:《中国历代美学文库·秦汉卷》,高等教育出版社 2003 年版,第 314—315 页。
③ [英]鲍山葵:《美学三讲》,上海译文出版社 1983 年版,第 44 页。

第一，"咸喜乐"。扬雄说："阳始出奥，舒叠得以和淖，物咸喜乐。"① 这种"咸喜乐"，属于自然界。扬雄强调喜乐之源在阳，这阳既具体地指太阳，也抽象地指阳气。自然之乐为"咸喜乐"，这一观点值得重视。

第二，"乐不可知"。扬雄说："乐不可知，辰于天。测曰：乐不可知，以时岁也。"② 这说的也是自然美。说自然美乐不可知，乃基于对自然神秘性的尊重，以及对自然神性的崇拜。

第三，"拂系绝纁，心诚快也。"③ "纁"，网中绳。"拂系绝纁"就是斩断一切束缚，这样，当然"心诚快也"，扬雄这一观点明显地具有庄子哲学的色彩。

第四，"大乐无间"。扬雄说："大乐无间，民神禽鸟之般，测曰：大乐无间，无不怀也。"④ "无间"，物我界限消融，即物我同一。这种观点同样来自庄学，但它具有生态和乐的意义，又觉得胜于庄学。

第五，"极乐之几，信可悔也。"⑤ 这种乐极生悲的观点，具有辩证法的意味，是对《周易》哲学的继承。

五、论文品与人品

扬雄坚持文品与人品应是统一的，通过文章可以知人论世。他说：

> 通诸人之嚣嚣（李轨注：嚣嚣，犹愤愤也）者，莫如言。弥纶天下之事，记久明远，著古者之唔唔，传千里之忞忞（李轨注：唔唔，目所不见；忞忞，心所不了）者，莫如书。故言，心声也；书，心画也。声画形，君子小人见矣。声画者，君子小人之所以动情乎！⑥

扬雄在这段文字中谈了两个重要观点。

---

① 扬雄：《太玄集·乐》。
② 扬雄：《太玄集·乐》。
③ 扬雄：《太玄集·乐》。
④ 扬雄：《太玄集·乐》。
⑤ 扬雄：《太玄集·乐》。
⑥ 扬雄：《法言·问神》。

第一，"言为心声""书为心画"，实际上将艺术的本质主要定在表现上。艺术本有两种功能：再现与表现。重再现，还是重表现，是中西美学的一个重要区别点。西方美学自柏拉图始就把艺术的本质定位在模仿上，重视再现；中国美学比较重视表现，《乐记》说："凡音之起，由人心生也。"如果说在先秦时期这一点不够突出的话，那么，自汉代起，这方面就谈得比较多了。司马相如谈赋的创作时说："赋家之心，包括宇宙，总览人物，斯乃得之于内，不可得而传也。"① 这里扬雄又说"言为心声，书为心画"，强调文学艺术是文艺家思想情感的物态化，显示出汉代对文学艺术抒情表意功能特别重视。

第二，文品与人品的统一。正因为"言为心声""书为心画"，那么从"言"、从"书"中就可察出言者、书者之心。因此，"声画形，君子小人见矣。"中国美学传统向来强调文品与人品的统一，认为文如其人，诗如其人，画如其人，字如其人，将修身养性放在压倒一切的首位，这与扬雄"声画形，君子小人见矣"的观点不无关系。

六、论文与质

扬雄对"文"与"质"的问题发表了不少言论，基本观点同于孔子，认为"文"与"质"应该统一。

扬雄说："或问'圣人表里'。曰：'威仪文辞，表也；德行忠信，里也。'"② 这里说的"威仪文辞"就是"文"，"德行忠信"就是"质"。扬雄认为，圣人就是文质统一的表率：

> 圣人，文质者也。车服以彰之，藻色以明之，声音以扬之，《诗》《书》以光之。笾豆不陈，玉帛不分，琴瑟不铿，钟鼓不抎，则吾无以见圣人矣。③

这里，扬雄强调文对于质的重要性，他认为，圣人如果没有外在的修饰，

---

① 　葛洪：《西京杂记》卷二。
② 　扬雄：《法言·重黎》。
③ 　扬雄：《法言·先知》。

没有文雅的谈吐，不懂礼仪，不会音乐，则无法展现圣人的魅力。

在"文""质"关系问题上，扬雄与先秦儒家一样，把"质"看得比"文"更重要。他说：

> 或曰："有人焉，自云姓孔，而字仲尼，入其门，升其堂，伏其几，袭其裳，则可谓仲尼乎？"曰："其文是也，其质非也。""敢问质。"曰："羊质而虎皮，见草而说，见豺而战，忘其皮之虎矣。"圣人虎别，其文炳也；君子豹别，其文蔚也；辩人狸别，其文萃也。[1]

这是一个很有情趣且意义深刻的比喻，挂着孔子的名姓，穿着孔子的衣裳，模仿孔子的言谈行动，就能说是孔子了吗？当然不能。同样，披着虎皮的羊也不会是虎。

基于此，扬雄把加强人的道德修养放在首位。他认为，有了美"质"，则会自然成"文"：

> 或曰："君子言则成文，动则成德，何以也？"曰："以其弸中而彪外也。"[2]

这"弸中"就是以高尚的品德充实于内心。有了这高尚的品德充实于内，不需刻意修饰，很自然地，"言则成文"，"动则成德"。在这里，扬雄是就"质"对"文"的决定作用这个意义上说的。"质"作为内容，按其本性，需要一定的形式与之相适应，这相适应的形式就是它的外在形象，因而注重"质"的修养必然注重"文"的修饰。而当"质"与"文"融为一体，"质"真正成为"文"的灵魂，"文"成为"质"的肉体的时候，岂不是"君子言则成文，动则成德"吗？

在突出"质"对"文"的带动作用、主导作用这一点上，扬雄对儒家美学有新的贡献。

"质"的修养对"文"的修饰虽然有带动作用、主导作用，但"文"的修饰亦应提到自觉的意义上，即明确地认识到"文"的价值，并加强"文"的

---

① 扬雄：《法言·吾子》。
② 扬雄：《法言·君子》。

修饰。关于这一点，扬雄亦有精辟的论述：

> 或曰："良玉不雕，美言不文，何谓也？"曰："玉不雕，玙璠不作器；言不文，典谟不作经。"①

> 或问："君子尚辞乎？"曰："君子事之为尚。事胜辞则伉，辞胜事则赋，事、辞称则经。足言足容，德之藻矣。"②

美玉得雕琢方成器，就是著名的鲁国的宝玉——玙璠也如此。"典谟"——古代的圣人说的话，也得经过文字打磨，才能成为经典。当然，形式的加强有一个度，不仅作文如此，做人也应如此。对于君子，只是有深刻的思想还不行，还得会表达思想，这就要讲究文辞。然而，思想与表达思想有一个是否相称的问题。思想胜过文辞，或文辞胜过思想，都不行。思想胜过文辞，这思想就有些粗糙了；文辞胜过思想，这就好像在写赋了；只有思想与文辞相当，才是经典。于此，扬雄提出"足言足容"的要求。足，是够；足言，是说话说到位；足容，是表情做到位。做到如此，就有道德美了。

具体到文学艺术，扬雄于书法的形式美，做了很有深度的论述：

> 或曰："女有色，书亦有色乎？"曰："有。女恶华丹之乱窈窕也，书恶淫辞之淈法度也。"③

写字本为表达思想，但字也可以写得漂亮，这就像"女有色"一样。但女色有度，过分的装饰，或者过分的表情，那就是"华丹"，在今日生活中，称之为"妖艳"，那就是不好的了；所以，"女恶华丹之乱窈窕"。同样，"书恶淫辞之淈法度"，这里的"淫辞"即过分的形式美。当书法离开法度，就如骏马脱缰，就完全不具有书法原本的意义了。

文质关系是扬雄比较关注的问题，在《太玄集》中，他为"文"立了一"玄"，对"文"各个方面的意义予以阐述，其中比较集中地谈到文质关系：

> 阴敛其质，阳散其文，文质班班，万物粲然。④

---

① 扬雄：《法言·寡见》。
② 扬雄：《法言·吾子》。
③ 扬雄：《法言·吾子》。
④ 扬雄：《太玄集·文》。

这里的文质关系，虽然仍然涉及事物内容与形式的关系，但这种关系被提升到阴与阳关系的高度上了。阴的作用主要在收敛事物的内容，而阳的作用主要是彰显事物的形式。

扬雄将文章的美归于内容与形式的统一，如果"文蔚质否，不能俱晬也"①。"晬"，纯美也；"不能俱晬"，也就是不足以为美了。

扬雄将文质统一的典范归于自然美，他说："彪如在上，天文炳也。"②

值得注意的是，非常注重文质彬彬的扬雄，竟然说："鸿文无范恣于川。测曰：鸿文无范，恣意往也。"③"范"，规范。文章都要遵守规范，但这只是对一般文章的要求，对于"鸿文"——伟大的著作，就没有规范限制了。为什么？这是因为"鸿文"具有最大的创造性，不仅内容上创新，而且在形式上也创新，既然是创新，原来的规范就必然会遭到破坏。这种破坏，是发展，是进步。好个"恣意往也"，这种"恣意"，只能属于伟大的创造者，而不能属于平庸的作家、艺术家。

七、论美

在汉代学者中，明确地将审美摆在重要位置上的人并不多，从现有的资料看，扬雄是最为重视审美的少数者之一。他重视审美表现在诸多方面。一是表现在对乐的重视上。二是表现在对文的重视上。这两个方面，我们上面已做了一些介绍。三是表现在对赋的审美品位的认识上，他说："诗人之赋丽以则，辞人之赋丽以淫。"④关于这一点，我们在下节论述《汉赋美学》时会介绍。这里，我们特别介绍他在论述为政时，将"美"的概念引入：

> 为政日新，或云："敢问日新。"曰："使之利其仁，乐其义。厉之以名，引之以美，使人陶陶然之谓日新。"⑤

---

① 扬雄：《太玄集·文》。
② 扬雄：《太玄集·文》。
③ 扬雄：《太玄集·文》。
④ 扬雄：《法言·吾子》。
⑤ 扬雄：《法言·先知》。

为政,强调"日新",这一观点本身就具有革命的意义。一般来说,谈及为政,多重视继承先圣的传统,强调"法先王"。扬雄则强调"日新",什么是"日新",扬雄提出"厉之以名,引之以美"。"名",即儒家的正名说,儒家强调正名,所谓"名不正则言不顺"。"厉之以名"即严厉地实施儒家的道德规范和礼仪制度,使之名副其实。正名可以理解为至善。"引之以美",这美可以理解为不仅符合道德规范、礼仪制度,而且形式上特别具有感觉冲击力、特别具有魅力的具体事物,包括乐、文、饰、言等。只有美的引入,才能让人快乐地行使义("乐于义"),也才能"利于仁"。利、乐两兼,非"引之以美"不可。这里见出扬雄于"美"的初步认识:美的内容应为仁与义,或至少与仁与义不冲突;而形式上必须具有让人"陶陶然"的性质,因为仁与义另有定性,这美就应该与仁与义不是一回事,它们有相关性,但不具有重合性。仁与义隶属善,因此,美与仁、义的关系,就是与善的关系。

从"陶陶然",我们引申出美的三个特质:形式性、情感性、愉悦性。

第四节 班固:四夷之乐,纳于太庙

班固(32—92),字孟坚,东汉扶风安陵(今陕西咸阳)人,东汉大史学家,《汉书》的编撰者。班固出身于史学世家,其父班彪做过《史记》的续篇。班固初继父作《后传》,后为人告发私改国史而下狱;其弟班超(东汉著名将领)上书极力为兄申辩,使其得以释放。后来,班固被召为兰台令史、校点秘书,专心于史书写作。班固所撰《汉书》100篇,分为120卷,是研究西汉史的重要资料。班固的历史观与司马迁有些不同,他更多地具有儒家正统思想,并且夹杂有浓郁的谶纬神学观念。班固参与《白虎通》(亦名《白虎通德论》)的整理,整理过程中,渗入他自己的诸多重要思想。《白虎通》这一著作的产生与汉代经学的发展有着很大关系,汉代的经学分为今文经学和古文经学,不同的学派,不同的个人,对于经的理解不同。这就造成了思想的混乱,影响到政治,这就需要统一经义。西汉甘露三年(前51),汉宣帝召集儒生做过这一工作,到东汉时,问题更严重了,汉章帝决心再来做一次统一经义的工作。《后汉书·班固传》说:"天子会诸侯讲论'五经',作《白虎通德论》,令固撰集其事。"

班固的美学思想主要是礼乐思想,体现在《白虎通》和《汉书》之中。

一、礼乐概念

关于礼乐的基本概念,在《白虎通》中有一个比较系统的阐述。大致上,分为这样几个方面:

第一,辞源学的阐释。《白虎通》云:"礼之为言履也。可履践而行。乐者,乐也。君子乐得其道,小人乐得其欲。"[1]"履践",不是一般的行为,而是对于"仁"的践履。同样,"乐",不是小人之乐,而是君子之乐——得道之乐。

第二,本源上的阐释。《白虎通》云:"乐以象天,礼以法地。人无不含天地之气,有五常之性者。故乐所以荡涤,反其邪恶也。礼所以防淫佚,节其侈靡也。"[2]《乐记》也这样说:"乐由天作,礼以地制。"从天地找根源,这是中国人固有的思维方式。说乐象天、礼法地,如何象,如何法,《白虎通》没有做说明,但它给人留下了丰富的解释余地。

第三,性质上的阐释。"功成作乐,治定制礼"[3],说明乐礼均是成功之后求取更大成功的行为。"乐者,阳也,动作倡始,故言作。礼者,阴也,系制于阳,故言制。乐象阳也,礼法阴也。"[4]

第四,功能上的阐释。这里,他大多沿用先秦儒家的说法,比如,引用了孔子的话,说"乐在宗庙之中,君臣上下同听之,则莫不和顺",强调乐的"崇和顺""和合父子君臣附亲万民"的功能。他又引用《论语》中的话"揖让而升,下而饮,其争也君子",强调礼的"揖让"功能。再比如,他引用《孝经》"安上治民,莫善于礼""移风易俗,莫善于乐",说明礼以治民,乐以易俗。在他所撰的《汉书》中设《礼乐志》,在此书中,他说:"乐以治内而为同,

---

[1] 陈立:《白虎通·礼乐》。

[2] 陈立:《白虎通·礼乐》。

[3] 陈立:《白虎通·礼乐》。

[4] 陈立:《白虎通·礼乐》。

礼以修外而为异；同则和亲，异则畏敬；和亲则无怨，畏敬则不争。揖让而天下治者，礼乐之谓也。二者并行，合为一体。"这里，他强调礼乐的关系是：相异、并行、互动、一体。

二、乐的袭用与更制

《白虎通》云："王者始起，何用正民。以为且用先代之礼乐，天下太平，乃更制作焉。"① 这种情况很多，殷朝建立，先用夏礼。《论语》中说到汤告天之词中有"敢用玄牡"。"玄牡"的用法是夏朝礼制，为什么汤用了呢？《集解》引孔注云："殷家尚白，未变夏礼，故用玄牡。"当然，先代不局限于早一代，而可以用早先数代。《周书·世俘解》说周武王克商后祭祀周庙，用的音乐就有夏的音乐——《崇禹》《生开》。当然，当政权稳定后，帝王就会制作属于自己的乐，为的是"象德表功"。

三、对先王乐的解释

黄帝等古代帝王，还有商汤、周公等都有属于自己的乐。这些乐的名字，比较特殊。《白虎通》对它们做了解释：

> 黄帝曰《咸池》者，言大施天下之道而行之，天之所生，地之所载，咸蒙德施也。颛顼曰《六茎》者，言和律吕以调阴阳，茎著万物也。帝喾曰《五英》者，言能调和五声，以养万物，调其英华也。尧曰《大章》者，大明天地人之道也。舜曰《箫韶》者，舜能继尧之道也。禹曰《大夏》者，言禹能顺二圣之道而行之，故曰《大夏》也。汤曰《大濩》者，言汤承衰，能护民之急也。周公曰《酌》者，言周公辅成王，能斟酌文武之道而成之也。武王曰《象》者，象太平而作乐，示已太平也。②

这些解释，大体上为顾名思义。顾名思义成为中华民族的一种阅读方式、诠释方式乃至思维方式，这其中也包含审美方式。

---

① 陈立：《白虎通·礼乐》。
② 陈立：《白虎通·礼乐》。

四、对"四夷之乐"的解释

(一) 纳"四夷之乐"的目的

"夷"是对中国周边少数民族的统称。自夏始,居于中原地带的中央政权就自认为自己的文化高于周边的少数民族,称自己为华,为夏、华夏,而称周边的少数民族为夷,按方位分别称为东夷、南蛮、西戎、北狄。中原的中央政权为了让自己的文明影响、同化周边的少数民族,需要对少数民族表示一定的尊重,做法之一就是将四夷的乐纳入中原地区人民的生活。《白虎通》云:"所以作四夷之乐何? 德广及之也。"[1] 关于这一点,《春秋公羊传》有类似的说法:"舞四夷之乐,大德广及也。"《礼记·明堂位》还具体说到鲁国纳蛮夷之乐的事:"纳夷蛮之乐于太庙,言广鲁于天下也。"

(二)"四夷之乐"的风貌

《白虎通》对四夷之乐的风貌与意义做了介绍:

> 东夷之乐持矛舞,助时生也。南夷之乐持羽舞,助时养也。西夷之乐持戟舞,助时煞也。东夷之乐持干舞,助时藏也。[2]

风貌,是写实的,具有鲜明的形象感;意义,则是根据经学家的时令说加以阐释的。

《白虎通》对于四夷之乐的介绍,一方面见出夷夏之辨,显示出对夷的轻蔑;另一方面也见出夷夏同化,显示对夷的友善。

五、对乐律的解释

《白虎通》对乐律的解释具有浓郁的阴阳五行哲学色彩。这些说法,在《礼记》中大体都有,经《白虎通》再予以肯定,就上升到国家学说的高度,成为国家的意识形态。这里我们挑五声做一个介绍。

---

[1]　陈立:《白虎通·礼乐》。
[2]　陈立:《白虎通·礼乐》。

五声者,宫商角徵羽,土谓宫,金谓商,木谓角,火谓徵,水谓
羽。……名之为角者何? 角者,跃也,阳气动跃。徵者,止也,阳气止。
商者,张也,阴气开张,阳气始降也。羽者,纤也,阴气在上,阳气在下。
宫者,容也,含也,含容四时者也。①

这种介绍有个特点:阴阳五行程式化。宫商角徵羽是中国音乐科学的
成果,其实是没有必要套入阴阳五行哲学的。这样一套入,虽然从字面上
看有道理,但实际上就不科学了,或者说科学死了。这种做法,几乎是汉朝
学术的普遍特点。

六、对"六艺"的理解

自孔子提出"游于艺"以来,对于"艺"的论述不断。作为汉代重要的
历史学家,班固对于"六艺"的看法值得注意:

"六艺"之文:《乐》以和神,仁之表也;《诗》以正言,义之用也;《礼》
以明体,明者著见,故无训也;《书》以广听,知之术也;《春秋》以断事,
信之符也。五者,盖五常之道,相须而备,而《易》为之原。②

在这里,"六艺"为六种经典,而不是六种技艺。此六种经典,各有其用。
其中关于乐的作用,强调的是"和神",即与神的沟通。显然,班固认为,祭
祀音乐才是音乐的主流。然而,他又认为乐为"仁之表",仁是用于处理人
与人之间关系的准则;因此,我们仍然可以认为,乐的作用不仅是"和神",
还有"和人"。班固对于《礼》的看法与其他经学家的看法差不多,强调的
是"明体"。体是本,通常称本体。人有体,国亦有体。明体,指出礼从全局上、
根本上为人、为国家指明道路。

班固不是思想家,他的身份是历史学家,他的礼乐思想缺少独创性,但
它具有总结性。事实上,班固的礼乐思想是中国自先秦至汉有关礼乐而且
主要是有关乐的思想总结。

---

① 　陈立:《白虎通·礼乐》。
② 　班固:《汉书·艺文志》。

第五节　应劭：乐道重雅，五岳崇拜

应劭（约152—196），东汉学者，汝南（今河南项城）人。汉桓帝时为司隶校尉，灵帝时举为孝廉，中平六年至兴平元年（189—194）任泰山郡守，与黄巾军大战，战功卓著。后依袁绍，不得志。著有《风俗通义》一书，《后汉书》中有传。

《风俗通义》一书广有影响，范晔在《后汉书·应劭传》中论及此书，说："撰《风俗通》，以辨物类名号，释时俗嫌疑，文虽不典，后世服其洽闻。"此书中有一些美学史料，偶尔显露出卓异的观点，值得介绍。

一、礼乐

应劭在《风俗通义》设《声音》专章，论述乐的问题。此章中，录及自黄帝至汉代圣王制乐的一些事迹，还有五声的来历等，这些《白虎通》中大都说过，两书可以参阅。比较有特色的是，此书对于一些乐器的发明过程进行了介绍，这些过程含有一些重要的美学思想。

（一）象物制器

比如笙、管：

　　笙，谨按，世本"随作笙"。长四寸，十二簧，像凤之身，正月之音也，物生之谓之笙。[1]

　　管……象物贯地而牙，故谓之管。[2]

象物而制器源于《周易》制卦，此种方式影响深远，以至成为中国人的一种审美方式。

（二）乐能通天

中国人天人合一的思维模式也体现在对于音乐功能的看法上。一方面，

---

① 应劭：《风俗通义·声音》。

② 应劭：《风俗通义·声音》。

自然的声音可以感发心志;另一方面,人工的声音可以感发上天。《风俗通义》记载有师旷为晋平公奏乐的故事:

> 平公曰:"寡人老矣,所好者音也,愿遂闻之。"师旷不得已而鼓之。一奏之,有云从西北起。再奏之,暴风亟至,大雨丰沛,裂帷幕,破俎豆,堕廊瓦。坐者散走,平公恐惧,伏于室侧,身遂疾痛。晋国大旱,赤地三年。故曰:"不务德治而好五音,则穷身之事也。"[1]

这个故事当然是假的,它的目的是说明作为最高统治者不理政而好音,那是害身祸国之事。

(三) 乐道重雅

中国的音乐思想最重视的是"雅正",这一思想源自孔子的"放郑声"。雅正是乐道的灵魂,应劭在"琴道"一节将这一思想阐述得比较透彻:

> 雅琴者,乐之统也……然君子所常御者,琴最亲密,不离于身,非必陈设于宗庙乡党,非若钟鼓罗列于虡悬也。虽在穷阎陋巷,深山幽谷,犹不失琴,以为琴之大小得中,而声音和,大声不喧哗而流漫,小声不湮灭而不闻,适足以和人意气,感人善心。故琴之为言禁也,雅之为言正也,言君子守正以自禁也。[2]

这段文字论琴。琴在中国古代乐器中有特殊的地位,它的声音"大小得中","适足以和人意气,感人善心";因此,琴往往是君子的标志。

虽然此节论的是琴道,但琴是乐的代表,未必不可以看作论的就是乐道。"雅""正"是琴道的灵魂,也是整个乐道的灵魂。"雅""正"在儒家学说中重在道德操守,应劭在上述文字之后,举了两首琴曲:《畅》和《操》。"畅者,言其道之美畅",而"操者,言遇菑遭害,困厄穷迫,虽怨恨失意;其犹守礼义,不惧不慑,乐道而不失操者也"[3]。这两首琴曲可以看作乐道的代表。

---

① 应劭:《风俗通义·声音》。

② 应劭撰,王利器校注:《风俗通义校注》(下),中华书局1981年版,第293页。

③ 应劭撰,王利器校注:《风俗通义校注》(下),中华书局1981年版,第293页。

二、五岳

《风俗通义》所说的五岳为东岳泰山、南岳衡山、西岳华山、北岳恒山、中岳嵩山。五岳之中,以东岳泰山为长。五岳崇拜是山岳崇拜的突出代表,崇拜的原因是:

东岳泰山:"尊曰岱宗,岱者,长也,万物之始,阴阳交代,云触石而出,肤寸而合,不崇朝而遍雨天下。"正是因为这样,帝王"受命易姓,改制应天,功成封禅,以告天地",都在泰山。

南岳衡山:"万物盛长,垂枝布叶,霍然而大。"

西岳华山:"华者,华也,万物滋熟,变华于西方也。"

北岳恒山:"恒者,常也,万物伏藏于北方有常也。"

中岳嵩山:"嵩者,高也,《诗》云:'嵩高惟岳,峻极于天。'"①

五岳崇拜含有自然宗教色彩,亦具有准审美的色彩。

在汉朝,山水审美当然有,但还没有达到自觉的程度,山水审美多隐藏在各种功利观念中,如自然崇拜、物产观念、地理观念,以及历史事件的发生地等。② 山水审美的真正觉醒,应在魏晋南北朝时期。

---

① 五岳的引文均见应劭撰,王利器校注:《风俗通义校注》(下),中华书局 1981 年版,第447—448 页。

② 《风俗通义》卷十"山泽"谈到江、河、淮、济四渎、林、麓、京(丘之绝高大者为京)、陵、丘基本上都是这样谈的,没有见出明确的审美意识。

第 七 章

《诗经》诠释美学

中华文化发展到汉代，出现了一种重要的文化形态——经学，经学顾名思义是对经典的研究所构成的学问。虽然经学在汉代蔚为大观，但溯其源，在先秦，原始儒家就开始对《诗》《书》《礼》《乐》《春秋》进行诠释，以确定这几部著作经的地位了。那时的经也不限于儒家的著作，道家的著作、墨家的著作也都称为经。但后来，随着儒家文化成为中国文化的主流，其他诸家的著作就少有人称经了，经学成为儒家重要典籍诠释的代名词。

一般认为，汉代经学确立的年代是在汉武帝时代。汉武帝接受董仲舒的建议，"罢黜百家，独尊儒术"，在朝廷立五经博士，讲授儒家经典，经学遂兴。经学有两派：今文经学和古文经学。今文经学的文本由当时社会流行的文字书写，朝廷尊的首先是今文经学；其后，有人从孔子故宅墙内发现用战国时文字书写的儒家典籍，并且在民间传授这种经典，此种经学称为古文经学。两种经学不独记录文本的文字有异，学术观点上也有些差异。大体上，今文经学更多地具有济世情怀，社会变革意识较强；而古文经学则更多地关注学说本身的阐释与理解，学术意识更强。古文经学后来也争取到了在朝廷设博士的地位，因此，也成为官学。

经学主要传习儒家的五部典籍：《易》《诗》《书》《礼》《春秋》。有统治者的提倡，知识分子趋之若鹜。《汉书·儒林传》云："自武帝立五经博士，开弟子员,设科射策,劝以官禄,迄于元始百有余年,传业者寖盛,支叶蕃滋,一经说至百余万言,大师众至千余人,盖禄利之路然。"

作为五经之一的《诗经》在经学中居于特别重要的地位,它是诗,本为乐的重要组成部分,具有悦情和心的功能,品位为美;又是经与史,其灵魂为仁和礼,具有明理立人的重要功能,品位为善为真。在被确立为经典后,经过经学家的阐释,其价值进一步得到彰显,而在这种阐发的过程中,由孔子创立的儒家美学思想得以丰富发展。

第一节　今文经学说诗

汉代的经学分为今文经学与古文经学两大派。用古文字篆书书写出来的儒家经典为古文经,由汉代通行的隶书书写的儒家经典称今文经。

关于这两个学派的由来,通常的说法是,秦始皇焚书时,六经、诸子尽皆被焚毁,汉武帝立五经博士时,学者们用来传习的经书是经历代儒者凭记忆保留下来的今文经。后来,陆续发现一些被埋藏的经书,最大的发现是汉景帝时,鲁恭王刘余从孔子旧宅壁发现了一批古文经书,有《尚书》《论语》《礼记》《孝经》等数十篇。另,河间献王刘德从民间搜寻到不少先秦旧书,有《周官》《尚书》《周礼》《礼记》《孟子》等。信而好古的刘德在自己的封地,立博士,讲古文经。其后,汉宣帝时,又有一些古文经书被发现。逐渐地,有一批学者热衷于古文经书的研究,形成一个学派,号称古文经学派,与今文经学对立。尽管有古文经学的多次挑战,但今文经学的官方地位一直没有改变;直到汉章帝时,朝廷才接纳古文经学家贾逵的建议,选高才生从贾逵授《左传》《穀梁传》《古文尚书》,今文经学一统天下的局面才得以打破。

古文经学与今文经学除了在记录的文字上有所差别外,到底还有哪些差别,学术界也是有不同意见的。刘师培认为:"西汉学派,只有两端,一曰齐学,一曰鲁学。治齐学者,多今文家言;治鲁学者,多古文家言。"① 当然,

---

① 刘师培:《国学发微》,国民出版社 1948 年版,第 7 页。

这种说法只是皮相之见，今文经学与古文经学的重要区别还是在其学说上。今文经学的核心是"公羊春秋"学。《春秋》有三个传：《公羊传》《穀梁传》《左传》。董仲舒是《公羊传》大师，他着重发挥《春秋》原有的"奉天法古"思想，附会上阴阳五行观念，同时又渗进谶纬神学，建立起一个庞大的"天人感应"系统。显然，这种思想与原始儒家相差甚远，而古文经学倒是比较多地保持原始儒家的思想。这种经学反对以"谶纬"解经，反对"天人感应"等神秘主义观念，比较地具有唯物主义倾向。刘歆、扬雄、桓谭是古文经学的代表。

在《诗经》的诠释上，大致有齐、鲁、韩、毛四家，齐、鲁、韩三家属于今文经学，毛家属于古文经学。《史记·儒林列传》云："言《诗》于鲁则申培公，于齐则辕固生，于韩则韩太傅。"韩太傅即韩婴。这三家诗后来都没能够传承下来，陆续消亡。其消亡情况，据郑樵《通志·艺文志》："齐诗亡于魏，鲁诗亡于西晋，隋唐之世，犹有韩诗可据，迨五代以后，韩诗亦亡。"三家诗的全貌现在不能全睹，其遗说收入清代陈乔枞的《三家诗遗说考》和王先谦的《诗三家义集疏》，另还存有《韩诗外传》。

今文经学的三家诗论各有特点，近人马宗霍认为："大抵齐学尚恢奇，鲁学多迂谨。齐学直言天人之理，鲁学颇守典章之道。"① 至于韩诗，则"引《诗》以证事"②。如此说来，三家特点还是比较鲜明的。现在我们撷取三家诗遗说中比较具有美学意味与诗相关的观点来略作分析。

一、以"礼义"说诗

礼在今文经学中，至高无上。《韩诗外传》云："礼者则在天地之体。"③ 以礼义说诗，这是今文经学的基本立场。

《诗经》首篇《关雎》，三家诗均将它联系到礼义上去。如《齐诗》云：

---

① 马宗霍：《中国经学史》，商务印书馆 1998 年影印本，第 46 页。
② 《四库全书总目提要》引王世贞对《韩诗外传》的看法："王世贞称《外传》引《诗》以证事，非引事以明《诗》，其说甚确。"
③ 韩婴：《韩诗外传·卷五·第十章》。

"孔子论《诗》,以《关雎》为始,言太上者民之父母,后夫人之行不侔乎天地,则无以奉神灵之统而理万物之宜。故《诗》曰:'窈窕淑女,君子好仇(引者注:原文如此)。'言能致其贞淑,不贰其操,情欲之感无介乎容仪,宴私之意不形乎动静,夫然后可以配至尊而为宗庙主。此纲纪之首、王教之端也。"① 为了强调礼义的重要性,有时还提到天地的高度,比如,《韩诗外传》说子夏与孔子讨论《关雎》篇,在探讨何以《关雎》"何以为《国风》始"这个问题时,孔子说:"夫六经之策,皆归论汲汲,盖取之乎《关雎》,《关雎》之事大矣哉!……天地之间,生民之属,王道之原,不外乎此矣。"子夏则喟然叹曰:"大哉《关雎》,乃天地之基地。"②

二、以"情性"说诗

儒家好谈心性,整个儒家哲学就建立在人的心性论上,好用情、性、志说诗是其突出特点,这一点在三家诗中也很突出。比如《鲁诗》说《驺虞》:

> 驺虞者,邵国之女所作也。古者圣王在上,君子在位,役不逾时,不失嘉会,内无怨女,外无旷夫。及周道衰微,礼义废弛,强凌弱,众暴寡,万民骚动,百姓愁苦,男怨于外,女伤于内,内外无主,内迫情性,外逼礼仪,叹伤所说,而不逢时,于是援琴而歌。③

这里,《鲁诗》分析《驺虞》一诗的产生原因,分内与外:"内迫情性,外逼礼仪"。这外对内起着激发的作用,而真正生发出诗来的是内在的"情性"。这内在的"情性"在一般情况下是不会生发出诗来的,只有受到感动,受到激发,它才吟咏成诗。这种说法,与《乐记》中所说"凡音者,生人心者也,情动于中,故形于声,声成文,谓之音"是一致的,《毛诗序》也说"在心为志,发言为诗,情动于中而形于言"。所不同的是,《鲁诗》将心规定为"情性",这比"心"要明确,比"情"要全面。

---

① 王先谦:《诗三家义集疏》(上),中华书局 1987 年版,第 4 页。
② 韩婴:《韩诗外传·卷五·第一章》。
③ 王先谦:《诗三家义集疏》(上),中华书局 1987 年版,第 118—119 页。

《韩诗》也用情性来分析诗。它说：

> 原天命，治心术，理好恶，适情性，而治道毕矣……适情性则欲不过节，欲不过节则养性知足矣。四者不求于外，不假于人，反诸己而存矣。夫人者说人者也。形而为仁义，动而为法则。诗曰："伐柯伐柯，其则不远。"①

前引《鲁诗》用情性来说明诗的产生，此处《韩诗》用情性来说明诗的作用。诗有很多作用，孔子讲兴观群怨，儒家之徒还将它提到移风易俗、治国安民的高度。《韩诗》这里讲得比较实在，它将诗的作用归结为四句话"原天命，治心术，理好恶，适情性"。这四句话的核心是"治心术"，而治心术又可以分为"理好恶"与"适情性"两者。"理好恶"是分清是非善恶，属于认识功能与教育功能；而"适情性"则是愉悦情感，升华心志，陶冶情操，属于娱乐功能和审美功能。"适情性"以"理好恶"为前提，而"理好恶"以"适情性"为归宿。

性与情的关系，今文经学家董仲舒将它与阴阳联系起来。他说："天地之所生，谓之性、情，性情相与为一瞑，情亦性也。谓性已善，奈其情何？故圣人莫谓性善，累其名也。身之有性情也，若天之有阴阳也，言人之质而无其情，犹有天之阳而无其阴也。"②董仲舒的这种性情说，也影响到了诗经的评说，《韩诗外传》卷一曰："是故阳以阴变，阴以阳变。故不肖者，精化始具，而生气感动，触情纵欲，反施化，是以年寿亟夭，而性不长也。"既然阴以阳变，阳以阴变，阴阳相互生成、相互影响，那么，人的性与情也相互影响，相互生成。所以，诗的"适情性"说的是人的精神世界的整体和谐与全面提升。

性与情的关系，在儒家有多种理解，董仲舒所代表的今文经学是一种理解；另外，像郭店出土的楚简《性自命出》又是一种理解。《性自命出》说："性自命出，命自天降，道始于情，情生于性。"③这里的逻辑关系是："天"产

---

① 韩婴：《韩诗外传·卷二·第三十四章》。
② 董仲舒：《春秋繁露·深察名号》。
③ 《郭店楚墓竹简》，文物出版社 2002 年版，见《性自命出》第二、三简。

生"命"，"命"产生"性"，"性"产生"情"。情与性两者，性是本，情是末，无性则情无所依，无情则性无所发。性发必生情，情发必有性在。这种理解同样在诗经诠释中得到体现，《孔子诗论》中第十六简和第二十简基本上体现出这种思想。

【第十六简】

召公也。《绿衣》之忧，思古人也。《燕燕》之情，以其独也。孔子曰："吾以《葛覃》得是初之诗，民性固然。见其美，必欲反其本。夫葛之见歌也，则"①

【第二十简】

币帛之不可去也，民性固然。其隐志必有以喻也，其言有所载而后纳，或前之而后交，人不可干也。吾以《杕杜》（应为《有杕之杜》）得醋。②

这两简，孔子都强调"民性固然"，可见性是人性之本，而不是与情并列的二元之一。

三、引诗证事

引诗证事是《韩诗外传》的特色。《韩诗》本有内传与外传两种，然内传已佚，仅外传流传下来。外传的内容，如《四库全书简明目录》所说："其书杂引古事古语，证以诗词，与经义不相比附，所述多与周秦诸子相出入。班固称三家之诗，或取春秋，采杂说，咸非其本义。"

对《韩诗外传》的引诗证事，学界普遍评价不高。不过，它仍然有一定的意义，因为它反映《诗经》在现实生活中运用的一个侧面。

《诗经》在先秦上层社会中普遍地受到重视，它是人们礼仪活动中不可或缺的部分。春秋战国时期，诸侯公卿大夫在各种礼仪活动中，都要赋诗。实际上，《诗经》已经成为上层社会的贵族语言，有时还成为政事、外交事务

---

① 《上海博物馆藏战国楚竹书》（一），上海古籍出版社 2001 年版，第 145 页。
② 《上海博物馆藏战国楚竹书》（二），上海古籍出版社 2001 年版，第 145 页。

中的辞令,具有特别重要的作用。如《左传·襄公二十六年》记载有这样一次赋诗:

> 卫侯如晋,晋人执而囚之于士弱氏。秋七月,齐侯、郑伯为卫侯故如晋,晋侯兼享之。晋侯赋嘉乐。国景子相齐侯,赋《蓼萧》。子展郑伯,赋《缁衣》。叔向命晋侯拜二君曰:"寡君敢拜齐君之安。我先君之宗祧也。敢拜郑君之不贰也。"国之使晏平仲私于叔向……晋侯言卫侯之罪,使叔向告二君。国子赋《辔之柔矣》也,子展赋《将仲子兮》,晋侯乃许归卫侯。

《嘉乐》在"大雅"中篇名为《假乐》,用来歌颂周成王爱贤。这里,晋侯赋《嘉乐》,表示对齐、郑二国国君的欢迎。《蓼萧》本是周王宴饮诸侯的诗,国景子用来表达晋郑之好。《缁衣》本写赠衣的事,也是表达友谊的诗,子展取其意,表达齐、郑两国对于晋国的友情。《辔之柔矣》是逸诗,见于"周书",杜预解"义取宽政以宽诸侯,若柔辔之御刚马"意。《将仲子兮》见于郑风,是劝人自守礼节的诗,国子、子展赋这些诗是为了平息晋侯的愤怒,恳请晋侯宽恕卫侯,而其结果也正如赋诗者所愿,晋侯放了卫侯。

《韩诗外传》也有许多运用《诗经》语句的记载,不过,它不是用来表达自己的意愿,而是用来证实某件事情。就是说,在别的书上或在生活中存在的某些现象或某种道理,在《诗经》中有描述或有概括。如《韩诗外传》中就有这样的记载:

> 传曰:衣服容貌者,所以说目也。应对言语者,所以说耳也。好恶去就者,所以说心也。故君子衣服中,容貌得,则民之目悦矣。言语逊,应对给,则民之耳悦矣。就仁去不仁,则民之心悦矣。三者存乎身,虽不在位,谓之素行。故中心存善,而日新之,则独居而乐,德充而形。诗曰:"何其为也,必有与也。何其久也,必有以也。"①
>
> 问者曰:夫仁者何以乐于山也? 曰:夫山者万民之所瞻仰也。草

---

① 韩婴:《韩诗外传·卷一·第二十四章》。

木生焉，万物植焉，飞鸟集焉，走兽休焉，四方益取与焉。出云道风，
苁乎天地之间。天地以成，国家以宁，此仁者所以乐于山也。诗曰："大
山巖巖，鲁邦所瞻"，乐山之谓也。①

　　这两条中，第一条关于生活中的某一道理从《诗经》中找到了说明；第
二条是关于孔子的一句话，从《诗经》中找到印证。这种以诗证事本身也
许不算什么，但所证的事倒是耐人咀嚼的。第一条说的三说"说目""说
耳""说心"相对应于三种美，那就是衣服容貌美、言语美、德行美。这三美
是君子所应修养的，如果能够做到这三条，则"独居而乐，德充而形"。独
居而乐，类于孔子说的"人不知而不愠"，说明这三美具有独立的价值，并
不一定要服务于什么，它就是目的，不是手段。"德充而形"就是孔子说的
"文质彬彬"——君子理想的人格美与风度美。

四、以"知音"读诗

　　今文经学对于"知音"非常推崇。俞伯牙与钟子期的故事，《列子》《风
俗通义》等诸多文献中提到过。《韩诗外传》再提此事：

　　　伯牙鼓琴，钟子期听之。方鼓琴，志在太山，钟子期曰："善哉鼓琴，
　　巍巍乎如太山！"志在流水，钟子期曰："善哉鼓琴，洋洋乎若江河！"钟
　　子期死，伯牙擗琴绝弦，终身不复鼓琴，以为世无足与鼓琴也。②

　　"知音"涉及对作品的理解，这种理解主要根据作品而不是根据作者。
《韩诗外传》说了一个故事。孔子鼓瑟，他的弟子曾参在门外听，他听出乐
声中"殆有贪狼之志，邪僻之行"，他不解老师为什么"何其不仁趋利之甚"。
子贡将曾子的这番话告诉了孔子，孔子没有责备曾参，反而说："嗟乎，夫参，
天下贤人也，其习知音矣。"那么，作为仁人的孔子为什么会奏出这样"不
仁"的声音来呢？孔子解释道："乡者丘鼓瑟，有鼠出游，狸见于屋，循梁微
行，造焉而避，厌目曲肩，求而不得。丘以瑟淫其音，参以丘为贪狼邪僻，

① 韩婴：《韩诗外传·卷三·第二十六章》。
② 韩婴：《韩诗外传·卷九·第五章》。

不亦宜乎?"① 原来孔子鼓瑟时,发现鼠、狸等让人讨厌的动物在活动,影响了心情,心情又影响到鼓瑟,因而音乐中流露出让人觉出邪僻的声音。这一故事是耐人寻味的。

诗与乐在先秦为一体,乐有知音的问题,诗同样也有这样的问题。如何读诗与如何听乐是相通的。在这个地方,《韩诗》实际上提出了一个观点:以知音读诗。

五、"诗无达诂"

"诗无达诂"最早见于董仲舒的《春秋繁露·精华篇》:

> 难晋事者曰:"春秋之法,未逾年之君称子,盖人心之正也。至里克杀奚齐,避此正辞而称君之子,何也?"曰:"所闻《诗》无达诂,《易》无达占,《春秋》无达辞,从变从义,而一以奉人。"

"诗无达诂"后来成为儒家诗学的重要理论,这一理论具有重要的意义。诗为什么无达诂呢? 我们可以从许多不同的维度去理解。

第一,从诗作为具有审美品位的创作来说,它的内涵是一个相对比较空灵的开放的空间。诗当然要反映社会现实,要抒发人的情感,因而也需要真实性;但是,诗所需要的真实不同于生活的真实、历史的真实、科学的真实;它不一定是实事,更多的是实情,而且是具有审美意味的实情。《诗经》中虽然有史,但多不是史事,而是史情;即使反映的是史事,也不可能是事件过程的照搬,不能将它当作信史。作为艺术,它有艺术所必需的提炼与概括,有艺术的渲染,有艺术的删削,有艺术的美化。艺术不能就事论事,艺术要给人启迪,必须以个别反映一般,从有限走向无限。艺术是无达诂的,诗自然不能除外。

第二,就创作特点来说,《诗经》普遍运用比兴手法,如果说比的作用是让事物的面貌得以显露出来的话,兴的作用则是让事物的意义隐藏起来。比兴的作用相反相成,构成诗特有的魅力。由于比兴的运用,《诗经》

---

① 韩婴:《韩诗外传·卷七·第二十六章》。

中的诗普遍地具有含蓄性，也正是因为它含蓄，对《诗经》意义的理解，也就存在多种可能性。一篇《关雎》，《毛诗序》说它喻"后妃之德"，"风天下而正夫妇也"；孔子却说"《关雎》以色喻于礼"①。可谓仁者谓之仁，智者谓之智。

第三，就诗的社会效果来说，诗的实现有赖于读者的阅读。阅读也是创造，而且是最为丰富的创造。作为文本的诗是一，而作为阅读创造之结果的诗意则为无限。不仅每一个读者是一个创造者，而且每一次阅读都是一次创造。

第四，就今文经学家对待《诗》的基本态度来说，他们都看重《诗》的经世致用，主张"诗无达诂"，就是为了更好地发挥《诗经》的社会作用。

第五，从中国哲学的传统来看，中国哲学的源头是《易经》。"易"有三义：变易、不易、简易，变易是基本的。以变应变，与时俱进，是《周易》的基本精神。《系辞下传》云："易之为书也，不可远，为道也，屡迁。变动不居，周流六虚，上下无常，刚柔相易。不可为典要，唯变所适。"《周易》，就它的精神来说，是不主张靠占卦来决定行动的。益卦九五爻辞云："有孚惠心，勿问元吉。有孚惠我德。"明确地说，只要心有诚，根本不必要去占卦。

《易》无达占，对卦的理解，允许多种多样。《春秋》，董仲舒认为"无达辞"，容许读者做多样的理解。他还认为《春秋》"无通辞"，说："春秋之常辞也，不予夷狄而予中国为礼，至邲之战偏然反之，何也？曰：春秋无通辞，从变而移。今晋变而为夷狄，楚变而为君子，故移其辞以从其事。"② 如果按照春秋的常辞——"不予夷狄而予中国为礼"，楚国是不能被称为君子的，而处于中原的晋也不能称为夷狄；然而，当楚以自己的行为证明它为礼时，春秋就称它为君子。同样，当晋的行为违背礼而不配为君子时，春秋就称它为夷狄。

---

① 《上海博物馆藏战国楚竹书》（一），上海古籍出版社 2001 年版，第 139 页。

② 董仲舒：《春秋繁露·竹林》。

第二节 古文经学说诗:《毛诗序》

汉代传诗,齐、鲁、韩三家属今文经学体系,立于学宫,有汉一代的学者如孔安国、刘向、班固、扬雄、张衡等都尊奉"三家诗"。《毛诗》为古文经学,长期以来只在民间流传。《毛诗》得名,是因为传诗人姓毛,《汉书·儒林传》说,"毛公,赵人也。治《诗》,为河间献王博士",又《汉书·艺文志》说:"三家皆列于学宫,又有毛公之学,自谓子夏所传,而河间献王好之,未得立。"毛公,据说有两个,一为大毛公,一为小毛公。郑玄在《诗谱》中说:"大毛公为《故训传》于其家,河间献王得而献之,以小毛公为博士。"三国时吴国的学者陆玑在《毛诗草木鸟兽虫鱼疏》中说:"孔子删诗授卜商(子夏)。商为之序,以授鲁人曾申,申授魏人李克,克授鲁人孟仲子,仲子授根牟子,根牟子授赵人荀卿,荀卿授鲁人毛亨。毛亨作诂训传以授赵国毛苌。时人谓亨为大毛公,苌为小毛公。"按此说,毛亨是《诗故训传》的作者,是《毛诗》学派的开创者,在河间献王封地做博士传诗的是他的弟子小毛公毛苌。

《毛诗序》是《诗毛氏传》写在《国风》首篇《关雎》题下的一篇文字。全文如下:

> 《关雎》,后妃之德也,"风"之始也,所以风天下而正夫妇也。故用之乡人焉,用之邦国焉。风,风也,教也;风以动之,教以化之。

> 诗者,志之所之也。在心为志,发言为诗。情动于中而形于言,言之不足故嗟叹之,嗟叹之不足故永歌之,永歌之不足,不知手之舞之,足之蹈之也。

> 情发于声,声成文谓之音。治世之音安以乐,其政和;乱世之音怨以怒,其政乖;亡国之音哀以思,其民困。故正得失,动天地,感鬼神,莫近于诗。先王以是经夫妇,成孝敬,厚人伦,美教化,移风俗。

> 故《诗》有六义焉:一曰风,二曰赋,三曰比,四曰兴,五曰雅,六曰颂。上以风化下,下以风刺上,主文而谲谏,言之者无罪,闻之者足

以戒，故曰"风"。至于王道衰，礼义废，政教失，国异政，家殊俗，而变风、变雅作矣。国史明乎得失之迹，伤人伦之废，哀刑政之苛，吟咏情性，以风其上，达于事变而怀其旧俗者也。故变风发乎情，止乎礼义。发乎情，民之性也；止乎礼义，先王之泽也。是以一国之事，系一人之本，谓之风；言天下之事，形四方之风，谓之雅。雅者，正也，言王政之所由废兴也。政有大小，故有小雅焉，有大雅焉。颂者，美盛德之形容，以其成功告于神明者也。是谓四始，《诗》之至也。

然则《关雎》《麟趾》之化，王者之风，故系之周公。南，言化自北而南也。《鹊巢》《驺虞》之德，诸侯之风也，先王之所以教，故系之如公。《周南》《召南》，正始之道，王化之基。是以《关雎》乐得淑女，以配君子，忧（原文作"爱"，依《四库丛刊》本及《文选》校改）在进贤，不淫其色；哀窈窕，思贤才，而无伤善之心焉。是《关雎》之义也。①

按《毛诗》通例，《序》分《小序》《大序》。小序是每首诗前的说明，唯第一首《关雎》前没有小序，列在此诗前的一大段文字，被称为大序，这就让人感到不可理解。关于这个问题，历来有两种说法，一种说法是，《关雎》没有小序；另一种说法是，它的小序与整个诗经的大序混在一起了。那么，如何将其挑出来，孔颖达的看法是，从起首《关雎》，后妃之德也"到"用之邦国焉"为小序，以下为大序。另一种《经典释文》引用此说："起此至'用之邦国焉'名《关雎序》，谓之《小序》，自'风，风也'讫末，名为《大序》。"②当代有学者则认为，起首到"用之邦国焉"这一段，再加上"然则《关雎》《麟趾》之化"至文末，属于小序。

笔者认为，小序系题解性的文字，文字不长，只谈此诗，不涉及他诗，如《周南·汉广》的小序云："《汉广》德广所及也。文王之道，被于南国，美化行乎江汉之域，无思犯礼，求而不可得也。"按此例，《关雎》的小序应是起首到"用之邦国焉"，加上"是以《关雎》乐得淑女，以配君子"至文末。

---

① 《十三经注疏·毛诗正义》，引文选自郭绍虞主编：《中国历代文论选》第一册，上海古籍出版社 1979 年版，第 63 页。

② 郭绍虞主编：《中国历代文论选》第一册，上海古籍出版社 1979 年版，第 64 页。

我们将它连起来：

> 《关雎》，后妃之德也，"风"之始也，所以风天下而正夫妇也。故用之乡人焉，用之邦国焉。是以《关雎》乐得淑女以配君子，忧在时贤不淫其色；哀窈窕，思贤才，而无伤善之心焉。是《关雎》之义也。

这就是《关雎》的小序。

《毛诗序》的作者迄今未有定论。《经典释文》又引沈重说："案郑（玄）《诗谱》意《大序》是子夏（卜商）作；《小序》是子夏、毛公合作。卜商意有未尽，毛更足成之。"又引或云："《小序》是东海卫敬仲（宏）所作。"但现存孔颖达《毛诗正义》所载《诗谱》不言序为谁作，范晔《后汉书·儒林传》载："初，九江谢曼卿善《毛诗》，乃为其训，（卫）宏从曼卿受学，因作《毛诗序》。"[1]

《毛诗序》是先秦儒家诗论的总结，是汉代儒家最重要的美学文献。《毛诗序》的思想明显源于荀子的《乐论》，但根还是孔子的诗教。《毛诗序》主要谈了四个问题。

一、诗的本质

《毛诗序》认为："诗者，志之所之也，在心为志，发言为诗。"这是《尚书》"诗言志"的发挥，"诗言志"是儒家诗教的基本观点。"志"应作何理解，是正确把握儒家诗教的关键。闻一多先生说："志有三个意义：一记忆，二记录，三怀抱。"[2] "无文字时专凭记忆，文字产生以后，则用文字记载以代记忆，故记忆之记又孳乳为记载之记。记忆谓之志，记载亦谓之志。古时几乎一切文字记载皆曰志。"[3] 闻先生举了许多先秦古籍中"志"字的用法以说明"志"的本义为记。当然，"志"字的意义后来有所扩充，将"怀抱""思想""志向"等意思包括进去了，而且逐渐地，这类表示主观情志的意义占据了主要地位，以至于"志"字的本义——"记忆""记载"逐渐消失而不为

---

① 郭绍虞主编：《中国历代文论选》第一册，上海古籍出版社1979年版，第64页。

② 闻一多：《歌与诗》，见《闻一多古典文学论著选集》，武汉大学出版社1993年版，第4页。

③ 闻一多：《歌与诗》，见《闻一多古典文学论著选集》，武汉大学出版社1993年版，第4页。

人所用了。

但是在先秦和汉代，"志"字表记载的意义仍然存在。这样，"诗言志"就它原初的意义来说，应该包括两个方面的含义。一是记载国家、社会、家族、个人的种种事情，这样诗就有反映社会生活的功能；二是抒发怀抱、表达志向的功能。在先秦，前一种功能看得比后一种功能更重。孔子谈《诗经》"可以兴，可以观，可以群，可以怨，迩之事父，远之事君；多识于鸟兽草木之名"①，兼顾了这两种功能。一些研究《诗经》的汉儒注重诗与史的关系，将《诗经》看成历史著作，努力从《诗经》中了解夏商周社会的史实。应该说，《诗经》也的确记载了一些上古社会的史实，如"大雅"中《公刘》篇记载了周始祖公刘率部族迁居幽地的事实；《文王》篇写周公追述文王的德行，说明周之所以得商朝的天下，是天命所授；《有客》篇是写微子来朝拜祖庙的情景；有些诗虽不是记载某一具体史实的，但反映了当时民间的习俗、社会生活情景，如《国风》中的大量作品。这些也可以看作"志"。在诗中如实地记录重大史实，反映民情，对于统治阶级是很有帮助的。中国的文化传统很注重以史为鉴，每朝的君主都重视修史；中国的文化传统也很注重体察民情，汉、唐政府部门都设置采风的机构。所以，我认为，"诗言志"是中国诗史传统最早的源头。当然，就对《诗经》的解释来说，执意寻找每首诗的"微言大义"，硬性地从诗中寻找史实，甚至将明明是描写青年男女恋爱的《关雎》说成是喻"后妃之德"，那就走到岔路上去了。

尽管"诗言志"在先秦，原初的意思主要是指记录历史事实，反映社会生活，表现民俗民情，但并不排斥抒发怀抱、表达志向。而且，在《毛诗序》作者的心目中，后一种功能还是更主要的。

《毛诗序》关于"诗言志"的论述，较之《尚书》的重大发展是将"志"与"情"联系起来了；"情动于中而形于言，言之不足故嗟叹之，嗟叹之不足故永歌之，永歌之不足，不知手之舞之，足之蹈之也"。引进"情"来谈诗是《毛诗序》的一大贡献，对于诗卸下沉重的政治负担，进入人们的审美领域起了

---

① 《论语·阳货》。

重要作用。该文也谈到了"歌""舞"，认为歌舞也出于抒情的需要，这就触及了艺术共同的审美本质问题。

到了唐代，孔颖达更明确地将"情"与"志"统一起来了：

> 在己为情，情动为志，情、志一也。[1]

> 诗者，人志意之所之适也。虽有所适，犹未发口，蕴藏在心，谓之为志；发见于言，乃名为诗。言作诗者，所以舒心志愤懑，而卒成于歌咏。故《虞书》谓之"诗言志"也，包管万虑，其名曰"心"；感物而动，乃呼为"志"。"志"之所适，外物感焉。言悦豫之志，则和乐兴而颂声作；忧愁之志，则哀伤起而怨刺生。《艺文志》云，哀乐之情感，歌咏之声发，此之谓也。[2]

孔颖达对"诗言志"的解释基本上沿袭《毛诗序》，再参照《乐记》中关于音乐与外物关系的论述；经孔的解释，"情"的分量加重了，突出了。但孔颖达忽视了"诗言志"这个命题中固有的"诗史"之义，不能不说是一个重大的疏忽。

二、诗的社会功能

《毛诗序》首先强调诗是社会情绪的反映："治世之音安以乐，其政和；乱世之音怨以怒，其政乖；亡国之音哀以思，其民困。"这段话是从《乐记》中原封不动地移过来的，刘向的《说苑》也同样摘引过，可见已成为儒家的共识。这里说的虽是音乐，其实也包括诗，因为诗与歌早在《诗经》产生的年代已经合流了，《诗经》中大部分篇章都是可以作为歌来唱的。《毛诗序》说可以通过音乐观察社会，观察政治，其立足点是：音乐是人民情绪的反映，而情绪又总是由社会生活状况与政治状况引起的。在这个基础上，《毛诗序》赋予诗以重大的社会政治、伦理使命："正得失，动天地，感鬼神，莫近于诗。先王以是经夫妇，成孝敬，厚人伦，美教化，移风俗。"说诗能"正

---

① 孔颖达：《春秋左传正义·昭公二十五年》卷五十一。
② 孔颖达：《毛诗正义》卷一。

得失",侧重于诗的认识作用。儒家要求诗正确地反映社会情绪,包括正确地记载一些重大的社会历史事实,故而认为诗可以作为一面镜子,让人正确地认识历史,认识现实,包括认识自己。汉代重视民间采风,专设从事这一工作的机构——"乐府",就是基于此的。"经夫妇,成孝敬,厚人伦,美教化,移风俗",是讲诗的思想教育作用,用儒家的术语为"教化"或"德化",这是儒家赋予诗的最主要的使命。由于赋予诗的政治伦理使命实在太重,又由于儒家在中国文化中一直占有权威地位,诗一直未能从这种沉重的精神重压下彻底解放出来,尽管后世文人用了各种办法使诗的政治伦理使命淡化、弱化。唐五代词的出现,在某种意义上是想另辟蹊径,以规避诗的过于重大的政治伦理使命。后代许多文人既写诗,又写词,写诗恪守儒家礼教传统,写词则不一定遵守儒家诗教传统。许多作为诗的题材不太合适的生活内容,诸如儿女私情,都给表现在词里,欧阳修就是一个突出代表。《毛诗序》对诗的艺术感染力有充分的认识,"动天地,感鬼神",这是用夸张的语言描述诗的巨大艺术魅力。

三、"情"与"礼义"

《毛诗序》认为诗要抒情,"伤人伦之废,哀刑政之苛,吟咏情性,以风其上",但这种"伤""哀""吟咏"又都要接受"礼义"的指导、约束,所谓"发乎情,止乎礼义"。"发乎情,民之性也;止乎礼义,先王之泽也。"这就是说,出自人性之情在进入诗时,必须经过先王所制定的"礼义"即"理"的熔铸、规范,使之合乎"温柔敦厚"之道,即所谓"怨而不怒,哀而不伤",不至于造成对统治阶级根本利益的损害,不至于影响其统治地位。

从美学角度言之,儒家美学是主张情理统一,以理节情的,《毛诗序》重申了这一观点。自此以后,以"发乎情,止乎礼义"来表述的儒家情理统一观,遂成为儒家美学传统之一。

四、诗有六义

《毛诗序》说:"诗有六义焉:一曰风,二曰赋,三曰比,四曰兴,五曰雅,六曰颂。"关于"六义",《毛诗序》着重谈了"风""雅""颂"。

"风",《毛诗序》说:"上以风化下,下以风刺上,主文而谲谏,言之者无罪,闻之者足以戒,故曰风。"从这段文字看,"风"在这里不是指作为民歌的国风,而是指"风教"。《毛诗序》在谈《关雎》时说此诗是"风之始也,所以风天下而正夫妇也",又明确解释"风"的含义:"风,风也,教也;风以动之,教以化之。"可见,"风"是指"教化",用"风"来作喻是言此"教化"的影响之大、之速、之无形。"风"有两方面的含义,一是"上以风化下",指统治者对人民的教化;二是"下以风刺上",指臣下对君王的教化。臣下对君王的教化与君王对臣下的教化在态度、方式上有所不同。"下以风刺上",《毛诗序》说应是"主文而谲谏"。所谓"主文而谲谏",朱熹解释是:"主于文辞而托之以谏。"① 就是说,言辞要文雅隐约,态度要委婉,切勿直言其过失。另一方面,作为最高统治者,对来自臣下的批评要有一种宽容的态度:"言之者无罪,闻之者足以戒。"

"雅",《毛诗序》是与"风"对比着说的:"是以一国之事,系一人之本,谓之风;言天下之事,形四方之风,谓之雅。雅者,正也,言王政之所由废兴也。政有小大,故有小雅焉,有大雅焉。"看来,"雅"与"风"并没有本质上的差别,只是角度不同。"风"是从一人之心谈一国之事,以小到大,以近及远,以个人及社会;"雅"总天下之心,四方之俗以为己意,是由大到小,由远及近,由社会到个人。其目的都是为了国家、社会的整体利益。《毛诗序》说"雅者,正也","正"既有规范义,又有更正义,与"教"是相通的,"教"不是需要有个规范,有所更正么?

"颂",《毛诗序》说:"颂者,美盛德之形容,以其成功告于神明者也。"看来,"颂"的含义即是歌颂。

总括"风""雅""颂"三义,即是,通过批评、歌颂对整个社会,包括人民与统治者,进行合乎礼义的情感教育,以促进社会的和谐,人民的安乐,国家的繁荣。

---

① 朱熹:《吕氏家塾读诗记》卷二。

《毛诗序》没有谈"赋""比""兴",可能在别的地方已经谈过,或者认为不及"风""雅""颂"重要,故而从略;抑或原文有脱漏,不得而知。

仅就"风""雅""颂"三者而言,《毛诗序》并没有将"风""雅""颂"看成《诗经》的三种类型,也不是三种艺术创作手法,而是将它们看作三种教化的方式,着重谈的还是《诗经》的政治伦理意义。

历代关于"赋""比""兴""风""雅""颂"的讨论甚多,说法不一,《毛诗序》谈"风""雅""颂"当为重要一说①。值得指出的是,《毛诗序》作者谈"风""雅""颂"不只是为了阐说《诗经》本身的含义,也是为了阐明他自己的美学观点;因此,讨论《毛诗序》关于"风""雅""颂"的解释是不是合乎《诗经》,实际上并不是最重要的。

第三节　古文经学说诗:《诗谱序》

今文《诗经》三家——《齐诗》《鲁诗》《韩诗》自汉武帝时置立博士,终两汉之世,地位显赫。至汉平帝元始年间,古文《诗经》——《毛诗》一度置立博士,但不久即废,直到东汉中期,流传渐广。《毛诗》在流传的过程中,有一些大儒予以再诠释,其中最重要的有东汉的郑玄。郑玄(127—200)字康成,北海高密(今山东高密)人,东汉最重要的经学大师,注释过《周易》《尚书》《毛诗》《仪礼》《礼记》《论语》《尚书大传》《中候》《乾象历》等,又著《天文七政论》《六艺论》《毛诗谱》等,著作达百余万字。《后汉书》评价他"括囊大典,网罗众家,删裁繁诬,刊改漏失,自是学者略知所归"。从郑研习经典的人,据说多达数千人。因为郑玄为《毛诗》作传笺,《毛诗》后来居上,成为后世诵习的主要读本,而三家诗陆续消亡。

郑玄的《诗谱序》是汉代《诗经》诠释学中比较重要的文献。现录下

---

① 梁启超认为,《诗经》"分为四体,曰南、曰风、曰雅、曰颂。""自《毛诗序》不得'南'之解,将周、召二《南》侪于《邶》《鄘》以下,诸风名为'十五国风',于是四诗余其三,而析小大雅为二以足,诗体紊矣。"关于"四体",梁启超有着不同的解释,可参见《梁启超国学讲录二种》,中国社会科学出版社 1997 年版,第 64—66 页。

全文：

　　诗之兴也，谅不于上皇之世。大庭、轩辕，逮于高辛，其时有亡，载籍亦蔑云焉。《虞书》曰："诗言志，歌永言，声依永，律和声。"然则诗之道，放于此乎？

　　有夏承之，篇章泯弃，靡有孑遗，迄及商王，不风不雅。何者？论功颂德，所以将顺其美，刺过讥失，所以匡救其恶。各于其党，则为法者彰显，为戒者著明。

　　周自后稷播种百谷，黎民阻饥，兹时乃粒，自传于此名也。陶唐之末中叶，公刘亦世修其业，以明民共财。至于大王、王季，克堪顾天。文、武之德，光熙前绪，以集大命于厥身，遂为天下父母，使民有政有居。其时诗：《风》有《周南》《召南》，《雅》有《鹿鸣》《文王》之属。及成王、周公致太平，制礼作乐，而有《颂》声焉，盛之至也。本之由此《风》《雅》而来，故皆录之，谓之诗之《正经》。

　　后王稍更陵迟，懿王始受谮亨齐哀公，夷身失礼之后，邶不尊贤，自是而下，厉也、幽也，政教尤衰，周室大坏。《十月之交》《民劳》《板》《荡》，勃尔俱作，众国纷然，刺怨相寻。五霸之末，上无天子，下无方伯，善者谁赏，恶者谁罚？纪纲绝矣！故孔子录懿王、夷王时诗，讫于陈灵公淫乱之事，谓之《变风》《变雅》。以为勤民恤功，昭事上帝，则受颂声，弘福如彼，若违而弗用，则被劫杀，大祸如此。吉凶之所由，忧娱之萌渐，昭昭在斯，足作后王之鉴，于是止矣。

　　夷、厉以上，岁数不明，太史年表，自共和始。历宣、幽、平王，而得《春秋》次第，以立斯谱。欲知源流清浊之所处，则循其上下而省之，欲知风化芳臭气泽之所及，则傍行而观之。此诗之大纲矣。举一纲而万目张，解一卷而众篇明，于力则鲜，于思则寡。其诸君子，亦有乐于是与？①

---

①　选自《十三经注疏·毛诗正义》，引文录自张少康等：《先秦两汉文论选》，人民文学出版社 1996 年版，第 637—638 页。

　　郑玄这篇序主要讲"正经"与"变风""变雅"的划分及功能上的区别。关于"变风""变雅"的提出,最早见于《毛诗序》,其云:"至于王道衰,礼义废,政教失,国异政,家殊俗,而变风、变雅作矣。"郑玄接受此说法,并做了时间上的划断。据《诗谱序》及《诗谱》,"国风"中的《周南》(计 11 篇)、《召南》(计 14 篇)划为"正风","小雅"中自《鹿鸣》到《菁菁者莪》(计 16 篇)、"大雅"中自《大王》到《卷阿》(计 18 篇)划为"正雅"。这 59 篇作品,加上"颂"(计 40 篇)谓之"正经"。郑玄认为,这些作品均产生于西周盛世,彰显"文武之德""成王、周公致太平制礼作乐"的盛况,其主要功能是"美",即歌功颂德。

　　至于"变风",参照陆德明在《经典释文·毛诗音义》里的确指,可知,自《邶风》(包括《邶风》)以下的十三国风,计 135 篇为"变风"。"变雅"则为"小雅"中《六月》(包括《六月》)计 58 篇作品,《大雅》中自《民劳》(含《民劳》)以下 13 篇作品,一共 206 篇为"变雅"。① 这些作品反映"周室大坏""纪纲绝矣"的社会状况,主要功能是反映民怨,批评统治者,其功能概而言之为"刺"。

　　关于"正经""变风""变雅"的划分,后世有学者提出过质疑,认为郑玄这种划分有些粗糙,有些作品的派属不够准确。"正风""正雅"中的有些作品,如《召南》中的《行露》《野有死麕》,有人认为其实也可以算作"变风"的,其中有"刺";而"变风""变雅"中也有赞美善政的作品,《豳风》中的《七月》后人多认为是周公所作,虽不一定是周公所作,但应是文王以前的诗。另《东山》《破斧》也有人认为是关于周公的,不能说是王室既衰、政教既失后的作品。② 也许具体作品性质的派属的确不够准确,也许按年代划分也不是科学的方法,因为,即使是文王、武王之世,社会也有黑暗面;同样,即使是懿王以后的社会,也不是一点光明面都没有。但这些都不重要,重要的是这个理论。应该说,"变风""变雅"理论的提出是具有重要意义的。

---

① 　参见屈小强:《诗经之谜》,四川教育出版社 2000 年版,第 120 页。
② 　参见蒋伯潜、蒋祖怡:《经与经学》,上海书店出版社 1998 年版。

　　第一，它将儒家诗学中关于诗的社会功能问题引向了深入。儒家重视诗的社会功能，这个功能概而言之为教化。教化如何进行？孔子讲兴观群怨，还不是很深入，"变风""变雅"说则将这一问题深入了。"变风""变雅"根据作品所反映的社会"政教得失"，将作品分为"正经"与"变风""变雅"两类。前一类作品歌颂王化、德政，其功能为"美"，它对全民的教育为正面教育。后一类作品主要是批评乱政，抨击坏礼，其功能为"刺"，它对全民的教育为反面教育。

　　第二，突出了诗的批判功能。"变风""变雅"的提出，不仅为诗的批判功能确立了坚实的基础，而且强调了诗的主流功能应是批判社会。虽然《诗经》中"正经"立于首要的地位，但是，在总量上，"变风""变雅"大大超过了"正经"，这无异于说，《诗经》的基本品格是批判。批判并不违背礼。孔子说"诗三百，一言以蔽之，曰思无邪"，"思无邪"的诗中主体部分是"变风""变雅"。《诗经》的这种战斗风格其后得到传承，只是不再采用"变风""变雅"这样的概念，而将也来自《诗经》学的"兴"这一概念内容加深、放大，将诗的"讥刺"即批判品格与家国之志结合起来。不仅诗应如此，文也应如此。唐代的陈子昂在《与东方左史虬修竹篇序》中说："仆尝暇时观齐、梁间诗，彩丽竞繁，而兴寄都绝，每以永叹。窃思古人，常恐逶迤颓靡，风雅不作，以耿耿也。"这里说的"风雅"既含"正风""正雅"，也含"变风""变雅"。郑玄在《六艺论》中说，"诗者，弦歌讽喻之声也"，可以说对诗的社会功能做了准确、全面的概括。

　　第三，突出了"诗可以怨"的美学品格。孔子说诗"可以兴，可以观，可以群，可以怨"①，这可以怨是极为重要的。孔子没有强调诗可以乐，却强调诗可以怨，可见，在孔子看来，"怨"比"乐"对《诗经》来说更为重要。"怨"与"乐"涉及诗的"刺"与"美"两种社会功能，"刺"比"美"更为重要，这点我们上面已经说过。而就审美来说，"怨"也比"乐"更为重要。

　　从艺术创作的层面言，诗人写诗是为了抒情，如《毛诗序》所言，"情动

---

① 《论语·阳货》。

于中而形于言"。情有两类,一为正面的,如喜乐之类;二为负面的,如怨悲之类。两类情感都需要宣泄,诗是宣泄的重要渠道。就人类保存下来的全部诗歌来看,不论是中国的诗,还是外国的诗,其中宣泄负面情感的占绝大多数;那就是说,宣泄作为诗的主要审美功能,宣泄的是人的负面情感。这一点,古希腊的哲学家亚里士多德早就指出来过,他在分析古希腊悲剧的功能时说过,悲剧是"借引起怜悯与恐惧来使这种情感得到陶冶"[1]。这"陶冶",朱光潜先生作注,说作为宗教术语是"净洗",作为医学术语是"宣泄""求平衡"。诗为什么主要不用来表达喜乐的情感,而主要用来表达怨悲的情感? 这是一个非常深刻的人类学与社会学问题。就审美来说,无疑,怨悲的情感具有更强的心灵感染力、震撼力。分享别人的快乐与同情别人的苦难,似乎后者在人性中更具力量,而在实际生活中,它也更具社会的普遍性。

自孔子提出诗"可以怨"以后,中国美学史上关于艺术表达负面情感的言论很多,大体上有两个走向。其一,取艺术的社会功能维度,认为表现怨悲之类情感的作品比较有深度,有"兴寄",有较大的社会价值;其二,取艺术的审美功能维度,或强调优秀的作品"大抵贤圣发愤之所为作"[2],或认为只有表达怨悲之类情感,才能取得最强烈的审美佳果。欧阳修说:"非诗之能穷人,殆穷者而后工也。"[3] 明代张煌言予以解释:"盖诗言志,欢愉则其情散越,散越则思致不能深入;愁苦则其情沉着,沉着则舒籁发声,动与天会,故曰'诗穷而后工',夫亦其境然也。"[4]

---

① [古希腊] 亚里士多德:《诗学》,人民文学出版社 1962 年版,第 19 页。

② 司马迁:《太史公自序》。

③ 欧阳修:《梅圣俞诗集序》。

④ 张煌言:《曹云霖诗序》。

第 八 章
骚赋美学新发展

屈原及楚辞虽出自先秦，其影响却主要在汉代。整个汉代的美学风尚可以说是楚辞奠定的浪漫主义，以奇谲幻美为特色，这只要去观赏一下汉代的帛画、漆器、赋，就不难理解。李泽厚先生深刻地指出："汉文化就是楚文化，楚汉不可分。尽管在政治、经济、法律等制度方面，'汉承秦制'，刘汉王朝基本上承袭了秦代体制；但是，在意识形态的某些方面，特别是在文学艺术领域，汉却依然保持了南楚故地的乡土本色。"[①] 如果说先秦基本上是以一种实践理性主义为美学主潮的话，那么，汉代的美学主潮却是以屈骚为灵魂的浪漫主义。这真是一种很有意义的精神变迁。质朴平易的《诗经》，绚丽奇幻的《楚辞》，应该说同是中国诗歌的源头。

在汉代，《诗经》传统仍在继承，但楚辞的势头明显压倒《诗经》。汉赋不仅就其外在风貌而言，而且就其内在精神而言，明显是楚辞的继续，可以说没有楚辞就没有汉赋，没有屈原就没有司马相如、扬雄、班固。汉代的帛画、画像石所表现的那样一个五彩缤纷、琳琅满目的世界，俨然就是楚辞的视觉形象再现。作为中国第一个最强大的统一的封建王朝（秦虽是中国第一个统一的朝代，但存在时间很短，且六国诸侯一直与朝廷相抗衡），汉代

---

① 李泽厚：《美的历程》，文物出版社 1981 年版，第 70 页。

无疑具有一种前所未有的宏壮和气势。这种宏壮、气势恰好与屈骚所开创的奇幻绚丽的浪漫主义相结合，使得汉代的文学艺术呈现出既有别于先秦也不同于唐宋的独特风貌。此种主要由汉赋体现出来的美学明显是屈骚美学的新发展，可以称之为骚赋美学。

骚赋美学主要由两个方面体现出来。一是骚赋精神，主要是尚真、尚情、尚丽，这以司马迁为代表，他的"发愤著书"说实际上是屈原的"发愤抒情"说的继续，其他还有司马相如、扬雄等对于赋的尚美品体的揭示与肯定。中国艺术的审美自觉始于赋，大成于魏晋的山水文学。二是骚赋的风貌，主要是绚丽、铺排、气势和繁复。

第一节　司马迁："发愤著书"说

司马迁（前145—前93），字子长，西汉伟大的史学家、文学家。其父司马谈，乃汉初著名史官。司马迁基本上持儒家思想，但亦有道家思想，道家反仁义、反权威的思想在他身上有突出表现。从骨子深处来看，司马迁近于屈原。他们的遭遇也有类似之处：同是忠君爱国，但都遭到君王与小人的打击、排斥。屈原遭放逐之后，忧愤而作《离骚》；司马迁惨遭腐刑后，忍辱而著《史记》。

司马迁像

作为历史著作，司马迁《史记》最突出的特点是史料可靠，论理得当。班固称赞司马迁有"良史之材"，说他的史书"善序事理，辨而不华，质而不俚，其文直，其事核，不虚美，不隐恶，故谓之实录"①。

《史记》虽然是史书，但又是优秀的文学作品。在真实史事的基础上，司马迁凭着卓越的文学才华，以生花妙笔不仅将故事叙述得摇曳多姿，而且将人物性格揭示得深刻鲜活。《史记》中的不少片断置入优秀小说行列不仅一点也不逊色，而且其历史的深度非一般小说所能企及。

《史记》与《屈骚》在内在精神上是相通的，主要体现在《史记》中充沛的诗情，这诗情不是一般的诗情，而是一种被压抑的愤懑之情。与屈骚不同的是：屈骚的愤懑之情不断地得到直接的宣泄，如海面上掀起的滔天巨浪；而《史记》的愤懑之情则一直被压抑着，但就像海平面下的暗流，仍然在汹涌、在喧嚣。鲁迅称赞《史记》为"无韵之《离骚》"，是非常准确的。

也许因为基本思想一致，心心相通，司马迁在为屈原立传之时，对屈原人格及创作思想的阐发可说是知音之论。在《屈原贾生列传》中，司马迁对屈原作《离骚》的动机作如下的分析：

> 屈平疾王听之不聪也，谗谄之蔽明也，邪曲之害公也，方正之不容也。故忧愁幽思而作《离骚》。离骚者，犹离忧也。夫天者，人之始也；父母者，人之本也。人穷则反本。故劳苦倦极，未尝不呼天也；疾痛惨怛，未尝不呼父母也。屈平正道直行，竭忠尽智以事其君，谗人间之，可谓穷矣。信而见疑，忠而被谤，能无怨乎？屈平之作《离骚》，盖自怨生也。

司马迁在这里提出，屈原作《离骚》的动机是"抒怨"，这一点大抵为后世所接受。东汉王逸论楚辞，发挥此说：

> 屈原执履忠贞而被谗邪，忧心烦乱，不知所愬，乃作《离骚经》。离，别也；骚，愁也；经，径也；言已放逐离别，中心愁思，犹依道经以风谏君也。②

---

① 班固：《汉书·司马迁传》。
② 王逸原注，洪兴祖补注：《楚辞补注·离骚经章句第一》。

　　屈原放逐，窜伏其域，怀忧苦毒，愁思沸郁；出见俗人祭祀之礼，歌舞之乐，其词鄙陋，因为作《九歌》之曲。上陈事神之敬，下见己之冤结，托之以风谏。①

　　《天问》者，屈原之所作也。何不言问天？天尊不可问，故曰天问也。屈原放逐，忧心愁悴，彷徨山泽，经历陵陆，嗟号昊旻，仰天叹息。见楚有先王之庙，及公卿祠堂，图画天地山川神灵，琦玮僪佹，及古贤圣怪物行事，周流罢倦，休息其下，仰见图画，因书其壁，何而问之，以渫愤懑，舒泻愁思。②

　　王逸的这些观点均同于司马迁，后代学者对此并无异说。

　　司马迁关于《离骚》"盖自怨生"的观点不仅正确地揭示了《离骚》的创作动机，有助于正确认识《离骚》的内容，而且提出了一个具有中国传统特色的带普遍性的艺术创作规律，那就是"发愤著书"说。关于这一点，司马迁在《太史公自序》《报任安书》两文中有进一步的阐述。司马迁说：

　　夫《诗》《书》隐约者，欲遂其志之思也。昔西伯拘羑里，演《周易》；孔子厄陈蔡，作《春秋》；屈原放逐，著《离骚》；左丘失明，厥有《国语》；孙子膑脚，而论兵法；不韦迁蜀，世传《吕览》；韩非困秦，《说难》《孤愤》；《诗》三百篇，大抵贤圣发愤之所为作也。此人皆意有所郁结，不得通其道也，故述往事，思来者。③

　　司马迁的这个观点通常被视为孔子的"《诗》可以兴，可以观，可以群，可以怨"④的继承，其实不是。孔子说的"可以怨"，孔安国解释是"怨刺上政"⑤。所谓"怨刺上政"，就是以埋怨的口气含蓄委婉地批评统治者的失误，它的立足点是政治，是诗为政治服务的一个表现；"怨"虽是情，但这情是由理生发出来而且接受理指导、节制的情。司马迁的"发愤著书"说，显然与

---

① 王逸原注，洪兴祖补注：《楚辞补注·九歌章句第二》。
② 王逸原注，洪兴祖补注：《楚辞补注·天问章句第三》。
③ 司马迁：《太史公自序》，《报任安书》也有这段义字，只是个别字不同。
④ 《论语·阳货》。
⑤ 何晏：《论语集解》引。

这个传统不同。首先,司马迁强调写作的目的不是去规劝、批评统治者,而是抒发、宣泄那种"郁结"之情;不是别有目的,而是自我表现;不是立足于政治,而是立足于抒情。其次,司马迁强调写作的动机是"发愤",是社会压迫的结果,是被动为之,而不是主动为之。

因此,就司马迁"发愤著书"说的真正含义来说,与其说是继承发展了孔子诗"可以怨"的传统,还不如说是继承发展了屈原《离骚》的传统。

汉代以后,在同一"诗可以怨"的命题之下形成两种不同的传统。其一,上承孔子,发挥文艺为政治服务的功能,以"怨而不怒"的诗风对统治者进行政治性的帮助,"美刺""讽谏""讽喻"属于这个体系。其二,上承屈原,发挥文艺自我表现的功能,极推崇"哀怨""悲忧""愤懑"这类情感在文艺创作中的特殊作用,兼而肯定磨难、坎坷在诗人成长中的重大意义。第二条路子显然是属于美学的,对此,中国美学史有许多精彩的言论,诸如:"正声何微茫,哀怨起骚人"①,"非诗之能穷人,殆穷者而后工也"②,"和平之言难工,感慨之词易好"③,"清愁自是诗中料,向使无愁可得诗"④,"不愤而作,譬如不寒而颤,不病而呻吟也,虽作何观乎? 《水浒传》者,发愤之所作也"⑤,"国家不幸诗家幸,赋到沧桑句便工"⑥。

本来,司马迁的"发愤著书"是指诗人、作家受到环境的压迫,心境痛苦,故而发愤著书,后代的理解不完全都这样。一些诗人发现,悲苦之类的情感对于艺术美的创造有一种特殊的作用。比之那些表现欢悦情感的诗,表现悲愁的诗要有魅力得多。他们不是真有愤懑需要宣泄而去写诗,而是为了获得最大的艺术感染力去言愁。这种情况在宋词中表现得比较突出,词绝大部分是有几分愁滋味的,但不见得都是真愁。

---

① 李白:《古风其一》。

② 欧阳修:《梅圣俞诗集序》。

③ 吴可:《和平之言难工》。

④ 陆游:《读唐人愁诗戏作》。

⑤ 李贽:《杂述·忠义水浒传序》。

⑥ 赵翼:《论诗》。

第二节　王逸:"引类譬谕"说

王逸(生卒年不详),字师叔,南郡宜城人。汉安帝元初年间(114—120)举上计吏,为校书郎;汉顺帝时,官至侍中。他的《楚辞章句》是现存最早的《楚辞》注本。

王逸对屈原和楚辞的评价大体上沿用西汉淮南王刘安与司马迁的观点。淮南王刘安曾作《离骚传》,此文已佚。据班固《离骚序》说,刘安对屈原及其作品作了很高的评价,说:"国风好色而不淫,小雅怨悱而不乱,若《离骚》者,可谓兼之。蝉蜕浊秽之中,浮游尘埃之外,皭然泥而不滓。推此志,虽与日月争光可也。"司马迁对屈原及其作品的推崇,我们上节已经提及,上引刘安对屈原的评论,司马迁在《屈原传》中也基本上按原文引入。

王逸接受了司马迁的"发愤著书"说,也认为屈原是"执履忠贞而被谗邪,忧心烦乱,不知所愬,乃作《离骚经》"①。这点,我们在上节也做了介绍。

王逸独特的贡献是对《楚辞》艺术手法的分析。

他说:

> 《离骚》之文,依诗取兴,引类譬谕。故善鸟香草,以配忠贞;恶禽臭物,以比谗佞;灵修美人,以媲于君;宓妃佚女,以譬贤臣;虬龙鸾凤,以托君子;飘风云霓,以为小人。②

王逸认为《离骚》在表现手法上遵循了《诗经》的传统,用了"比""兴"手法。刘勰在《文心雕龙·比兴》中也说:"三闾忠烈,依诗制骚,讽兼比兴。"

王逸这种观点在后世影响很大,它成为屈骚美学的一个重要组成部分,一谈到离骚,人们就会想起"香草""美人"说。该怎样看待王逸的这种观点呢?

笔者认为,说"《离骚》之文,依诗取兴,引类譬谕",是符合《离骚》实

---

① 王逸原注,洪兴祖补注:《楚辞补注·离骚经章句第一》。
② 王逸原注,洪兴祖补注:《楚辞补注·离骚经章句第一》。

际的。但是,《离骚》的"取兴""引类譬谕"有它的特点,不同于《诗经》,这种不同主要在于:

其一,《诗经》中的"比""兴"只是写诗的一种具体手法,体现为个别的诗句。而在屈原的作品中,"比""兴"往往是整体构思的方式,由"比""兴"构成的艺术形象是诗篇的整体审美意象。

其二,《诗经》中的"比""兴",虽然二者也常常结合在一起,但大多是分开使用的。而在《楚辞》中,"比"与"兴"是结合在一起的,几无可拆。

其三,《诗经》中的"比",主要是比喻,用孔颖达的话来说,就是"比方于物"①。刘勰还具体举例:"'金锡'以喻明德,'珪璋'以譬秀民,'螟蛉'以类教诲,'蜩螗'以写号呼,'浣衣'以拟心忧,'席卷'以方志固,凡斯切象,皆比义也。"②而《楚辞》中的"引类譬谕"含义比较丰富,有比喻义,也有象征义,而且主要是象征义。比喻与象征关系很密切。有时,比喻与象征合二而一,既是比喻又是象征;但也有很多情况下,比喻是比喻,象征是象征,象征不是建立在比喻基础之上的。比如我们用绿色象征生命,用红色象征革命。其实,绿色并不像生命,红色也不像革命,它们的象征意义是人们根据自己的某种观念加以认定的。比喻,重在"喻",其根据是比喻物与被比喻物某点相似;象征,重在"征",象征物与被象征物不一定相似(当然也可以相似),只要象征物能够成为被象征物的表征就行了。比喻一般易懂,而象征就必须借助语境,借助对有关背景的了解,否则就不易明了。

《楚辞》中的象征有些是以比喻为基础的,比如《橘颂》所歌颂的橘,既可以说是品德高尚、意志坚定、敢与邪恶势力斗争的君子的比喻,也可以说是这样的君子的象征。但《楚辞》中更多的象征不是以比喻做基础的。《离骚》中以"善鸟香草"象征"忠贞","恶禽臭物"象征"谗佞"。这"善鸟香草"与"忠贞"、"恶禽臭物"与"谗佞"有什么相似的呢? 没有,它们是象征不

---

① 孔颖达:《毛诗正义》卷一。

② 刘勰:《文心雕龙·比兴》。

是比喻。刘勰在《文心雕龙》中说《离骚》用"虬龙以喻君子","云霓以譬谗邪"①，这"虬龙"与"君子"、"云霓"与"谗邪"也没有什么相似之处。

《离骚》大量运用象征手法，将自然界的"善鸟香草"、云霓飘风，神话中的人物灵氛、重华、美人，还有想象中的神物青虬、白螭等熔为一炉，衍化成一幅幅绚丽而又和谐的画面，一个个神奇而又可解的故事，将自己真挚、强烈的情感，对时局、对人生的深刻认识全部渗透进去，构造出光耀千古的篇章。

司马迁说屈原的作品"其称文小而指极大，举类迩而见义远"②，非常到位。可以说，《楚辞》中的"引类譬谕"是对《诗经》"比兴"手法的创造性大发展。

汉代以来，关于"比兴"的论述很多，大体有两类。一类偏重于对《诗经》比兴手法的理解，郑众、郑玄、孔颖达、朱熹堪为代表；另一类偏重于对艺术创作的特殊思维方式——形象思维及艺术特殊的表现方式——形象反映生活的理解。在后一类对"比兴"的理解中，就有不少以《楚辞》为范例的。比如，清代魏源在《诗比兴笺序》中说："词不可以径也，则有曲而达焉；情不可以激也，则有譬而喻焉。《离骚》之文，依诗取兴，善鸟香草以配忠贞，恶禽臭物以比谗佞，灵修美人以媲君王，宓妃佚女以譬贤臣，虬龙鸾凤以托君子，飘风雷电以为小人，以珍宝为仁义，以水深雪氛为谗构。"③ 有些论"比兴"的言论虽没有明确标出取自屈原，但其论述近于屈原的比兴观。比如，清代李重华说："兴之为义，是诗家大半得力处。无端说一件鸟兽草木，不明指天时，而天时恍在其中；不显言地境，而地境宛在其中；且不实说人事，而人事已隐约流露其中。故有兴而诗之神理全具也。比，不但物理，凡引一古人，用一故事，俱是比，故比在律体尤得力。"④ 李重华在这里说的"兴""比"很像屈原在《楚辞》中所采用的"比兴"法。

---

① 刘勰：《文心雕龙·辨骚》。
② 司马迁：《史记·屈原贾生列传》。
③ 魏源：《魏源集·诗比兴笺序》。
④ 李重华：《贞一斋诗说》。

第三节　汉赋美学

赋是汉代代表性的艺术品种。《文心雕龙》说,"赋也者,受命于诗人,拓宇于楚辞",赋可说直接从楚辞演变而来。赋的重要特点是介乎诗与文之间。汉赋以夸张、铺陈为能事,辞藻上极尽华艳,状物力求精细,抒情极为张扬。这样的文学作品恰到好处地显示出大汉雄强奋发的时代精神,反映出大汉河山壮丽、经济繁荣、国力雄厚、宫殿巍峨的状况,自然也反映了统治阶级穷奢极欲的生活。扬雄的《羽猎赋序》揭示了汉赋产生的背景:"孝成帝时羽猎,雄从。以为昔在二帝三王,宫馆台榭,沼池苑囿,林麓薮泽,财足以奉郊庙、御宾客、充庖厨而已,不夺百姓膏腴谷土桑柘之地。女有余布,男有余粟,国家殷富,上下交足,故甘露零其庭,醴泉流其唐,凤凰果其树,黄龙游其沼,麒麟臻其囿,神爵栖其林……"扬雄将大汉的富强描绘得淋漓尽致。没有这种背景,就没有汉赋。

赋比之于诗有着很大不同。诗注重政治教化功能,而赋则注重审美功能;诗重内容,赋重形式。赋在汉代出现繁荣,与汉代的强盛是密切相关的。汉赋大多描绘宫廷都市之美,富有浓厚的帝王气息。汉代的皇帝很喜欢赋,常命文人献赋。当时写赋能手有司马相如、扬雄、张衡、左思、班固等。

汉赋美学虽然较少以理论文字表达出来,但是汉赋作品本身也是重要的表述。综合有关汉赋美学的理论表述及汉赋本身,我们认为汉赋美学有如下较为突出的价值。

第一,汉赋奠定了中国古典美学中壮美风格的范型。

中国古典美学中的审美形态,与优美相对的是壮美,而壮美在中国文学中最早是由汉赋奠定的。汉赋的代表作如枚乘的《七发》,以极其张扬的笔致,描述音乐、美味、车马、宴游、狩猎、观涛的奇景,气势雄伟;尤其是"观涛"一节,堪称壮美之典范。赋云:"疾雷闻百里,江水逆流,海水上潮,山出内云,日夜不止。衍溢漂疾,波涌而涛起。其始起也,洪淋淋焉,若白鹭之下翔。其少进也,浩浩澄澄,如素车白马帷盖之张。其波涌而云乱,扰扰焉如三军之腾装……"

第二,汉赋奠定了中国古典美学中纤秾风格的范型。

纤秾这种美是与朴素这种美相对的。关于纤秾这种美,有各种不同的表述,钟嵘在《诗品》中表述为"缕金错彩",与"清水出芙蓉"相对。在中国古典美学的发展过程中,这种美虽然不为一些文人所青睐,但是它在中国美学中的地位从来没有消失过。如果说在士人中,朴素美受到青睐,那么,在皇家、官宦、富贵之家,从来都是以纤秾美为重。因为这种美更能显示尊严、富有。在普通老百姓中,也是以纤秾为美的。

汉赋的美是纤秾美的代表。汉赋以极尽华艳的辞藻描绘事物,而且讲究繁复与铺排。曹植的《洛神赋》中这样描写洛神的美:"其形也,翩若惊鸿,婉若游龙,荣曜秋菊,华茂春松。仿佛兮若轻云之蔽月,飘飖兮若流风之回雪。远而望之,皎若太阳升朝霞。迫而察之,灼若芙蓉出渌波……"这样华丽的文字,我们在曹雪芹的《红楼梦》中看到了它的影响。事实是,中国人既爱好朴素之美,也爱好纤秾之美。

强盛的汉代是尚美的。虽然汉代的美学中教化的地位不仅没有削弱,反而加强了,但汉代的美学也同时崇尚美,崇尚美的消费。汉赋的繁荣与统治者的提倡分不开,汉武帝就是一位优秀的诗人,他善于作赋,也爱惜枚乘、司马相如这样的大诗人。

汉赋在中国美学史上的地位是非常重要的,它是中国古典美学的一面鲜艳的旗帜,对中华民族的审美理想产生了深远的影响。

第四节 汉人论赋

汉代有关赋的言论不算很多,但很值得注意。

一、司马相如论赋

司马相如(约前179—前118),字长卿,蜀郡成都人,西汉著名的辞赋家,后人尊为"赋圣"。鲁迅在《汉文学史纲要》中说:"武帝时文人,赋莫若司马相如,文莫若司马迁。"

《史记》中有《司马相如列传》,传中有他与临邛富豪女卓文君的爱情故事。也许司马迁很欣赏此故事,故在篇中不惜笔墨详细道来。传中主要描绘的是他与汉武帝的关系,这完全是关于赋的佳话。汉武帝读到司马相如的《子虚赋》,赞美之至,叹道:"朕独不得与此人同时哉!"而得知司马相如就在当朝,汉武帝马上将他召来。司马相如感动于汉武帝的英雄气概,为他做《大人赋》,并为汉武帝演奏。《史记》写道:"相如既奏《大人之颂》,天子大悦,飘飘然有凌云之气,似游天地之间。"得知司马相如病重,汉武帝曾派人前去探望,并悉取其藏书,不料司马相如已去世了。司马相如的妻子说,司马相如没有藏书,时时写书,写完别人就拿去了,如今只余下一卷书。使者将这卷书取回,原来是一篇文章,谈的是封禅之事,而汉武帝正想去泰山封禅,"于是天子沛然改容,曰:'愉乎,朕其试哉!'"

关于赋,司马相如有一些比较重要的观点。

(一) 赋多以宏丽铺排为能事,结构却很谨严

他说:

　　　　合綦组以成文,列锦绣而为质,一经一纬,一宫一商,此赋之迹也。赋家之心,苞括宇宙,总揽人物,斯乃得之于内,不可得而传。①

司马相如在这里主要讲了两点。

第一,赋是讲完美的,不仅形式 (文) 要美,而且内容 (质) 也要美。赋在结构上尤注重严整,"一经一纬,一宫一商",是美的有机整体。

第二,赋讲究铺排,气势要宏阔,场面要丰富,故而赋家之心要"苞括宇宙,总揽人物"。

他的赋就充分体现了这一点。《子虚赋》就是一个代表,赋中描写王狩猎的场景:"驾车千乘,选徒万骑,田于海滨,列卒满泽,罘罔弥山";描绘云梦泽:"岑岩参差,日月蔽兮,交错纠纷,上干青云";描绘美女:"被阿锡,揄纻缟,杂纤罗,垂雾縠……缥乎忽忽,若神仙之仿佛"。

_____

① 葛洪:《西京杂记·百日成赋》卷二。

（二）赋多以奢华为主体，卒章归于节俭

在向汉武帝表述《子虚赋》的写作主旨与写作方法时，司马相如说，他在赋中虚设了三个角色，一是"子虚"，全赋为虚言；二是"乌有先生"，乌有此事；三是"无是公"，无是人。这样写，是"空藉此三人为辞，以推天子诸侯之苑囿，其卒章归之于节俭，因以风谏"①。差不多大多数的赋都是这样写的。赋的主体多是铺排，以夸张为方式，极尽赞美之能事，而赞美的不外乎是宫苑、园林、城市、天子的狩猎等；也有像枚乘的《七发》主要写自然美的，但不多。但是，最后都要说几句批评的话，表示讽谏。

（三）赋多以仙道为主题，意在赞美帝王

司马相如的《大人赋》就是代表。赋中的思想为神仙道教，但作品中的"大人"，并非居于山泽之间的仙人。司马相如"以为列仙之传居于山泽间，形容甚臞，此非帝王之仙意也"；因此，他赋中的"大人"绝不是寒伧之人，而是可以升天入地的"大人"。他驾龙遨游苍穹，"揽欃枪以为旌兮，靡屈虹而为绸。红杳渺以眩湣兮，猋风涌而云浮"。这种大人当然就是帝王之理想，这就难怪汉武帝读了《大人赋》，龙颜大悦，"飘飘有凌云之气"了。

司马迁对司马相如赞美有加，他说："相如虽多虚辞滥说，然其要归引之节俭，此与《诗》之风谏何异！"②

二、扬雄论赋

扬雄（前53—公元18），字子云，蜀郡成都人，西汉哲学家、文学家。扬雄长于赋，代表作有《甘泉》《河东》《羽猎》《长杨》。扬雄崇拜司马相如，他说："先是蜀有司马相如作赋，甚弘丽温雅，雄心壮志，每作赋，常拟之以为式。"③关于赋，扬雄有一些重要观点。

（一）赋分两种：诗人之赋与辞人之赋

扬雄说：

① 司马迁：《史记·司马相如列传》。
② 司马迁：《史记·司马相如列传》。
③ 扬雄：《法言·吾子》。

或问："景差、唐勒、宋玉、枚乘之赋也，益乎？"曰："必也淫。""淫
则奈何？"曰："诗人之赋丽以则，辞人之赋丽以淫。"①

扬雄肯定赋的重要特点是"丽"，这一点与司马相如是一致的，反映出
他们对艺术（具体来说即赋）的本质特点的新认识。在汉代，尚未有人认为
诗的本质特点是审美。由于《诗经》的传统，诗早已经给压上沉重的政治与
伦理使命了，它的审美功能要迟到魏晋才有一个较明确的认识，而对赋的
正确认识则早一个时代。

扬雄将赋分成两种，正好说明赋从诗的影响下独立出来的过程。所谓
"丽以则"的赋还没有摆脱诗的影响，而"丽以淫"的赋则纯然是以审美为
基本功能的赋了。

扬雄的思想还没有摆脱儒家"诗教"的旧传统，对于"淫"有着很强的
防备意识。"淫"在儒家的诗教中，有两义。一义为淫荡，说"郑声淫"，指
郑国的民歌中男女之间过于自由浪漫；说《关雎》"不淫其色"，即是说守住
男女交往的规矩。另一义则为过分，扬雄说"辞人之赋丽以淫"，用的是过
分义，即是说辞人的赋辞藻过于华美了。"丽以则"包含有两义。一是内容
与形式统一，华丽的形式与美好的内容相统一，华丽的形式不过分，"丽以
则"相当于孔子所说的"文质彬彬"。另一义则是说既有美好的辞章，又符
合儒家的礼义规则。

扬雄对汉赋的前身——楚国景差、唐勒、宋玉的赋和汉初枚乘的赋评
价都不高，他们的作品"必也淫"。此"淫"，很可能兼有淫荡和过分两种意
思。"益乎？"用的是虚拟语气，清代学者李轨的注是"言无益于正也"②。

（二）壮夫不为赋

扬雄说："或问：'吾子少而好赋。'曰：'然。童子雕虫篆刻。'俄而，曰：
'壮夫不为也。'"③ 可见，扬雄是看不起赋的。虽然看不起赋，长大了他还作
赋，并且以司马相如为楷模，这说明他内心深处是矛盾的。按正统儒家的

① 扬雄：《法言·吾子》。
② 扬雄：《法言·吾子》。
③ 扬雄：《法言·吾子》。

诗教观,赋是雕虫小技,因为它虽然有讽谏的功能,但分量很不够;还是以歌功颂德为主,且过于修饰辞藻,有损于儒家尚质的传统。

(三)赋的讽谏功能

在《法言·吾子》篇,有这样一段:

> 或曰:"赋以讽乎?"曰:"讽乎!讽则已,不已,吾恐不免于劝也。"或曰:"雾縠之组丽。"曰:"女工之蠹矣。"《剑客论》曰:"剑可以爱身。"曰:"狴犴使人多礼乎?"[1]

讽谏,是儒家的"诗教"之一,强调诗应对统治者有所批评,《毛诗序》云:"上以风化下,下以风刺上,主文而谲谏,言之者无罪,闻之者足以戒,故曰风。""讽"通"风",但加上"言"字偏旁,批评的意义就比较明显了。问题是,赋真的能做到"讽"吗?扬雄认为做不到。赋的这一功能实际上已经"已"——没有了,恐怕赋顶多不过是对于统治者有所劝勉罢了。

对于赋的纤秾风格,扬雄实际上是担忧的,他将它比喻为"雾縠之组丽",如李轨所注:"雾縠虽丽,蠹害女工;辞赋虽巧,惑乱圣典。言击剑可以卫护爱身,辞赋可以讽喻劝人也。"[2]但实际情况是不是这样呢?不是这样。扬雄说:"狴犴使人多礼乎?""狴犴"读为批扞,《剑术》说,"击虚谓之批,坚不可入谓之扞"[3],这句话的意思:"击剑使人狴犴多礼,辞赋使人放荡惑乱也。"[4]

从这些言论来看,扬雄对于赋,一方面肯定它在审美方面较之《诗经》有长足的进步;另一方面又认为在对社会实施教化方面,不如《诗经》。

三、班固论赋

班固(32—92),字孟坚,扶风安陵(今陕西咸阳)人,东汉著名的历史学家、辞赋家,代表性作品有《两都赋》。

---

[1] 扬雄:《法言·吾子》。
[2] 扬雄:《法言·吾子》。
[3] 扬雄:《法言·吾子》。
[4] 扬雄:《法言·吾子》。

班固的赋论主要在《两都赋序》和《汉书》中体现出来。

（一）关于赋的教化意义

关于赋的教化作用问题，一直有着不同的评论。班固在《汉书》中谈到司马迁、司马相如、扬雄对此问题的看法，云：

> 司马迁称"《春秋》推见至隐，《易》本隐以之显，《大雅》言王公大人，而德逮黎庶，《小雅》讥小己之得失，其流及上。所言虽殊，其合德一也。相如虽多虚辞滥说，然要其归引之于节俭，此与《诗》之风谏何异？"扬雄以为靡丽之赋，劝百而风一，犹郑卫之声，曲终而奏雅，不已戏乎！

这段话前引司马迁的话，后谈自己的看法。司马迁的看法有二。一是谈《春秋》《易》《大雅》《小雅》中的论理的隐、显以及与之相关的教化意义，四部经典其论理的隐、显及对于社会教化是不一样的，但本质是一样的，即"合德一也"。二是谈司马相如的赋，认为它"虚辞滥说"，但"归引之于节俭"，说明司马迁还是肯定司马相如的，这也是班固的观点。下面谈到扬雄的观点，扬雄对于赋的教化作用则有较大的保留。扬雄"以为靡丽之赋，劝百而风一，犹郑卫之声，曲终而奏雅"，这种说法在班固看来，"不已戏乎！"即扬雄的说法，就是戏言。说"郑卫之声，曲终而奏雅"，成立吗？不成立。历来对"郑卫之声"多是批评，很少有人说它"曲终而奏雅"。

（二）赋的由来与发展

班固在《两都赋序》中谈到赋的由来，他说："赋者，古诗之流也。"古诗为《诗经》，《诗经》中有六艺，六艺之一为"赋"，班固认为这就是赋的由来。赋在汉代得到很大的发展，与汉代的政治、经济、文化等方面均有关系。

首先，是汉代的政治需要。"大汉初定，日不暇给，至于武、宣之世，乃崇礼官、考文章，内设金马石渠之署，外兴乐府协律之事，以兴废继绝，润色鸿业。"① 除此以外，还有诸多的祭祀活动，都需要作赋来歌颂。

其次，是汉代善写辞赋的人才很多。"若司马相如、虞丘寿王、东方朔、

---

① 萧统选编：《六臣注文选·两都赋》。

枚皋、王褒、刘向之属,朝夕论思,日月献纳。而公卿大臣御史大夫倪宽、太常孔臧、太中大夫董仲舒、宗正刘德、太子太傅萧望之等,时时间作。"①

（三）汉赋的主题

班固说,"或以抒下情而通讽谕,或以宣上德而尽忠孝,雍容揄扬,著于后嗣,抑亦雅颂之亚也"②,即赋有两个主题,第一是讽谕,第二是歌颂。

（四）《两都赋》写作的初衷与主题

班固说他写《两都赋》的初衷是:"臣窃见海内清平,朝廷无事,京师修宫室,浚城隍,起苑囿,以备制度。两朝耆老,咸怀怨思,冀上之眷顾,而盛称长安旧制,有陋洛邑之议。故臣作《两都赋》,以极众人之所炫耀,折以今之法度。"

从这个叙述来看,汉赋的产生与发展,与汉朝社会安定、经济繁荣、统治者的奢华生活有密切关系。赋的主题虽然多含有一定的讽谕成分,但以歌功颂德为主。

按儒家的诗教观,赋的成就是不能评价太高的。但是,从艺术的审美功能来说,由于赋尚审美,其意义仍然不可低估。一般来说,表现哀怨、悲伤的作品比较容易触及社会深层矛盾,因而多为学界认为深刻,被视为现实主义的正宗;而以歌颂为主题的艺术作品多被视为粉饰太平,赞美统治者而被学界所批评。然而,如此看待文艺现象可能失之偏颇,还是具体作品具体分析为宜。

班固关于赋的认识是汉赋美学在理论上的代表,虽然谈不上深刻,却是真实的表达。

第五节　附录:刘勰论屈骚③

刘勰在《文心雕龙》中辟专章论述屈原及其作品,可见屈原在他心目中

---

① 萧统选编:《六臣注文选·两都赋》。
② 萧统选编:《六臣注文选·两都赋》。
③ 刘勰是南北朝人,故他论屈骚的观点只能作为附录放在这里。

的地位之高。刘勰基本上是站在儒家的立场来评论《离骚》内容的,他认为《离骚》有四个方面合乎儒家所标举的《诗经》的传统。

> 陈尧舜之耿介,称汤武之祗敬,典诰之体也;讥桀纣之猖披,伤羿浇之颠陨,规讽之旨也;虬龙以喻君子,云霓以譬谗邪,比兴之义也;每一顾而掩涕,叹君门之九重,忠怨之辞也。①

这里说的"典诰之体""规讽之旨""比兴之义""忠怨之辞"属儒家诗教传统,屈原思想渊源的确与儒家相一致。至于他写诗运用的"比兴"手法虽然与《诗经》不完全一致,也可说是对《诗经》的继承和发展。刘勰肯定屈骚的儒家思想源头,指出骚儒精神内核的一致,这是骚学研究的一大贡献。后世也有不少学者持这一说,事实上,后代儒家对屈原基本上持推崇的态度。刘勰也指出屈原作品有四个方面偏离了儒家经典。

> 托云龙,说迂怪,丰隆求宓妃,鸩鸟媒娀女,诡异之辞也;康回倾地,夷羿彈日,木夫九首,土伯三目,谲怪之谈也;依彭咸之遗则,从子胥以自适,狷狭之志也;士女杂坐,乱而不分,指以为乐,娱酒不废,沉湎日夜,举以为欢,荒淫之意也。摘此四事,异乎经典者也。②

这里说的"诡异之辞""谲怪之谈",是指屈原作品中升天入地的奇异现象,以及大量融入诗中的神话传说,这的确不同于《诗经》传统。《诗经》向来称为"诗史",它用韵文的形式记录下了商周时代的一些重大历史事件和当时人民的生活风貌。《诗经》虽也有抒情诗,但记事诗占的比例大,这是事实。屈骚则不同了,它是纯粹的抒情诗,不是那个时代的历史记录,不是"诗史"。因此,进入诗的各种生活事件都是抒情的材料。为了抒发那种非比寻常、激昂奔放、抑郁愤懑的情感,诗人大胆地任想象驰骋,让神话传说中的神灵、怪物,大自然中的风云雷电、花草虫鱼一概融入诗的情境。这些神灵、怪物、风云雷电、花草虫鱼,各以其作为某一社会势力的象征而在诗的情境中活动着,从而衍化出一个非现实的而内在精神又通向现实的奇

---

① 刘勰:《文心雕龙·辨骚》。

② 刘勰:《文心雕龙·辨骚》。

幻世界。这种重在自由心灵抒发的创作精神,的确异于儒家诗教传统,而与庄子精神相贯通。就创作手法来说,它是浪漫主义,而不是现实主义。刘勰虽然认为此种精神、手法异于《诗经》传统,但还是予以高度肯定,说是"取熔经意,亦自铸玮辞"①。"取熔经意"倒未必,"自铸玮辞"完全正确。

至于刘勰说的"狷狭之志""荒淫之意",那是他的偏见,是完全错误的。屈原坚守自己的操守,不与邪恶同流合污,与狷傲狭隘的伍子胥不可同日而语;其因国破不愿做亡国奴而投水,也与殷朝大夫彭咸之自尽,不可同等视之。至于"士女杂坐,乱而不分",那是南方荆楚古朴巫风,以产生于中原的儒家立场视之,是为"荒淫",然这纯然是一种以中原儒家文化为正统傲视南方巫官文化的偏见,不足为取。

刘勰尽管对屈原有所批评,但总体来看,还是评价甚高的。关于屈原对后世的影响,他也充分估计到了,说是"其衣被词人,非一代也"②。屈原的创作其实是浪漫主义与现实主义相结合的,现实主义是其灵魂、基础,浪漫主义是其表现、形貌。作为屈原创作手法突出特点的想象,其实与庄子的想象也还是不同的。庄子的想象是任心灵自由驰骋,根本无须考虑现实基础,那想象实是"道"的化身。屈原的想象不管多奇多幻,总有一条清晰的线与现实相连,它是现实的一种曲折的反映。刘勰将屈原《楚辞》所运用的想象概括成"酌奇而不失其贞,玩华而不坠其实",那是很准确的。

---

① 刘勰:《文心雕龙·辨骚》。

② 刘勰:《文心雕龙·辨骚》。

第 九 章

艺术美学兴起

　　汉代艺术走向兴旺，音乐继先秦礼乐传统，继续受到统治者的青睐。就造型艺术来说，绘画已达很高水平，张彦远的《历代名画记·叙画之兴废》说："汉武创置秘阁，以聚天下图书；汉明雅好丹青，别开画室，又创立鸿都学以集奇艺，天下之艺云集。"汉朝代表性的画种为帛画，比如长沙马王堆出土的汉墓帛画，于一幅画中展现天上、人间、地下的景象，将现实主义与浪漫主义结合在一起，风格奇诡，色彩浓艳，极具震撼力。汉代是中国书法艺术第一个全盛期，书体全备，特别是草书的产生标志着中国书法实现了由工具到艺术的转变，书法作为艺术已经自觉。汉代是中国第一个强大的王朝，国力雄厚，建筑技术已达到很先进的水平，汉代统治者大兴土木，兴造宫殿、园林。园林艺术趋向觉醒，有关园林的一些理念成为后世园林的基本模式。艺术实践总是走在理论总结的前面，汉代的艺术虽然已达很高水准，取得了前所未有的重大成就，可是理论上的表述不是很丰富。绘画理论、园林理论见诸文字的极少；音乐理论有一些，不是很多；唯有书法，倒有不少理论上的阐述，这说明书法美学在艺术美学中确实走在前头。

第一节 绘画美学兴起

汉代绘画主要为人物画,由于历史的原因,现存的仅马王堆女墓中的帛画,此画以贵族女子为中心,描绘了人生现实、地狱、天堂三个生存环境的情景。由于地狱和天堂皆为虚幻的世界,因此充满着想象。关于此画所画景物的解释,对于认识汉代社会的意识形态具有重要意义。对于绘画美学来说,画面怪异的气氛显示出一种宗教式的崇高感,倒是那位贵族太太安闲的神态多少给予观者一定的亲和感。但须知,这画面本不是用来欣赏的,它是葬具,用于覆盖棺椁。

马王堆帛画

汉代的绘画,现在主要见之于画像石或画像砖。作为葬具,所画内容主要是画中人物生前的生活状况,画面生动真实,亦不失诙谐,情趣盎然,这情感主要来自画工的审美心理。也许他们没有墓主人家属那种对死者的怀念与尊重,他们所画半是墓主人生前所为,半是画工当下心态。基于画像多为刻制,受砖石等工具材料的限制,这种墓室画到底在多大程度上显示出汉代绘画的真实水平,让人怀疑。可以肯定的是,汉代真实的绘画水平应该远高于汉画像石。

汉代绘画主要是人物画,人物画的美学追求主要是真实。《西京杂记》有一段关于汉代绘画的记载:

> 画工有杜陵毛延寿,为人形,丑好老少必得其真。安陵陈敞,新丰刘白、龚宽,并工为牛马飞鸟众势,人形好丑不逮延寿。下杜阳望亦善画,尤善布色,樊育亦善布色。①

从这段记载来看,汉代绘画美学特点主要有三。

第一,求真。

这以毛延寿为代表。毛延寿是汉元帝时代著名画师,擅长人物画。他画人物,无论所画对象是美是丑,是老是少,都追求画得逼真。

毛延寿的求真是当时绘画界一种普遍追求。《西京杂记》说:

> 元帝后宫既多,不得常见,乃使画工图形,案图召幸之。诸宫人皆赂画工,多者十万,少者亦不减五万,独王嫱不肯,遂不得见。匈奴入朝,求美人为阏氏,于是上案图以昭君行。及去,召见,貌为后宫第一,善应对,举止闲雅,帝悔之,而名籍已定。帝重信于外国,故不复更人。乃穷案此事,画工皆弃市,籍其家,资皆百万。②

这就是著名的昭君出塞的由来,为元帝后宫画像的画师应该不是毛延寿。由此事可以得知,当时"画工图形"已达很高的水平。画工应该是当时相当风光的行业,宫人贿赂画工,动辄十万钱,可以推测社会上请画工画像,钱亦不应太少。既然绘画如此赚钱,画工更当精益求精了。

汉朝人物画求真说发展到魏晋南北朝,则发展出顾恺之的"传神写照"说、谢赫的"气韵生动"说,人物画出现新的高潮。顾恺之的"传神写照"说,谢赫的"气韵生动"说对于中国画的影响深远,不独影响了中国画,而且影响了中国诗、中国一切艺术,于是成为中国美学中的主干理论。

---

① 葛洪:《西京杂记·画工弃市》卷二。
② 葛洪:《西京杂记·画工弃市》卷二。

第二，求势。

求势，主要体现在动物画中。上面引文中说，新丰的画家刘白、龚宽善于画牛马飞鸟画；他们画牛马飞鸟，要画出"众势"来。"势"为物之动态，"众势"即各种动态。求势的动物画，必然生动，充满生命的活力，这种理论，不仅造成了汉朝动物画的繁荣，更重要的是为唐宋的动物画提供了理论指导。唐宋之际，山水画蜂起，发展势头超过人物画，然而动物画并没有因之受到压抑；相反，唐宋产生了一批主要从事这方面创作的优秀画家，其成就远远超过了人物画。

第三，重布色。

上面的引文中说，下杜县的阳望也善于绘画，他的绘画善于布色；不只是阳望，画家樊育也善于布色。中国绘画本来一直重视布色，画面绚丽多彩，富丽堂皇，人物画如此，山水画也如此。宋朝水墨画逐渐兴起，至元朝，其地位超过了彩画。彩画没落了，少了，于是人们误以为中国画原本是无彩的。

汉元帝凭画像召幸嫔妃，这反映出当时绘画在社会上受到重视的地位，以及相当高的写真水平。

第二节　书法美学兴起

书法是最具有中国美学意义的艺术。书法本是文字，它的基本功能是记录语言；然而，它又可以成为艺术，像绘画、舞蹈一样可以给人以美的享受。世界上所有的文字均同时兼有实用与审美两种功能。

中国的文字有它的独特性。它除了作为记录语言的工具，兼有一定的审美功能在社会上发挥作用以外，还可以作为纯粹的艺术，以其独立的审美功能服务于大众。能够独立作为一种艺术，与绘画、音乐等纯艺术并列的文字，在现今世界上，除了汉字就没有别的了。

一、汉字的本质

对中国书法艺术的审美本质看法并不统一。笔者认为，书法作为一种线条艺术,是具象与抽象的统一,再现与表现的统一。在这两层意义的统一中,抽象、表现是最重要的,正是它们决定着书法艺术的本质。

书法艺术从现象上看近于绘画,自古以来就有书画同源说。诚然,就造型的手段和方式来看,书法与绘画很相近,它们同属于平面艺术、造型艺术、视觉艺术。不过就其内在本质来看,书法与绘画大相径庭。绘画的功能主要是再现,尽管现代绘画有侧重于表现的,但大体上都离不开为客观事物造像,象形是绘画反映生活的基本手段。书法却不然,尽管历来的书论喜欢用像某某自然物诸如"高峰坠石""千里阵云"来描述书法的美,但实际上,书法很难做到像物。如果执意去追求像物,那就不是书法而是绘画了。书法也有一定的再现、象形功能,但比起绘画来,不啻小巫见大巫。书法按其内在本质来说,是以表达情感为功能的。用艺术学的术语来说,它是表现艺术。不过,书法表达情感又很不同于诗的表达情感,后者把人的情感说得清清楚楚。书法表达的情感是大致的、模糊的、象征性的。仅就这一点看,它近于音乐。音乐也是以表达人的情感为主要功能的,它表达的情感也具有模糊性、象征性、多义性的特点。但书法的存在方式又根本不同于音乐。书法是造型艺术,是静态的存在,它主要通过视觉被人接受;音乐是音响艺术,是动态的存在,它主要通过听觉被人接受。书法是空间性的存在,音乐是时间性的存在。

这样看来,要将书法的审美本质做一个准确的定位是不容易的。书法是一种综合性的艺术,它与建筑有某种类似。建筑也是一门综合性的艺术,兼有再现与表现两重功能;以再现为其现象,表现为其本质。书法的存在方式是很具体的,可视可感;然而其意蕴又是抽象的,高度概括的。

书法艺术是线条艺术,这线条绝不同于西洋油画中的线条,也不同于钢笔写出来的线条。谈到书法艺术,就不能不谈到它特殊的创作工具——毛笔。毛笔是软笔,中国的书法艺术按其传统是软笔艺术。时下流行的硬笔书法与中国的传统书法是两回事。中国最早的文字是甲骨文,那是用刀刻在龟甲与兽骨之上的,它是中国传统的书法艺术吗?如果认定中国传统的书法艺术是软笔艺术,那应该不是。不过,据专家考证,骨板上曾经发现有朱笔书写而漏刻的痕迹,好像是用毛笔书写的。[①] 如果这一推断不错,那至少在殷代就有了毛笔。甲骨文术亦应算书法艺术,当然它与直接用毛笔书写在纸上的书法艺术还是有所差别的。至于铸在青铜器内壁或底部的金文,专家已经断定,是先用毛笔写在青铜器胚胎上然后铸造的。肯定中国书法艺术为毛笔艺术具有很大意义。中国的书法艺术家就是通过对毛笔的操纵,或轻或重,或疾或徐,或润或涩,从而表达出自己情感活动的调质和轨迹,创造出具有观赏价值而耐人品味的书法艺术来的。也正是因为如此,讨论书法艺术,不能不研究笔法。事实上,中国书法美学中,笔法占有重要地位。

二、扬雄:"书,心画也"

西汉著名学者扬雄有一段重要言论,涉及书法:

> 言不能达其心,书不能达其言,难矣哉! 惟圣人得言之解,得书之体,白日以照之,江河以涤之。灏灏乎其莫之御也! 面相之,辞相适,捈中心之所欲,通诸人之嚚嚚者,莫如言。弥纶天下之事,记久明远,著古昔之㖧㖧,传千里之忞忞者,莫如书。故言,心声也;书,心画也。声画形,君子小人见矣。[②]

这段话的意思,大体是这样:言不能很好地表达心,书不能很好地表达言。惟有圣人得到合适的言以表白,得到合适的书以表现。这好像白日照耀,江河荡涤,浩浩荡荡,不可阻挡。面以相人,辞以达意。在表情达意沟通人心方面,没有比得上言语的。而在统摄天下之事,记述古代历史、传达千里之志方面,没有比得上书的。所以,言,心的声音;书,心的图画。声与画将形象表达出来,君子小人就很清楚了。

这段话中说到的书主要指书本,但书是用文字书写的,因此,也包括现在所说的书法。

---

① 北京中国书法研究社编:《各种书体源流浅淡》,人民美术出版社 1984 年版,第 5 页。

② 扬雄:《法言·问神卷第五》。

扬雄的主旨是，"言，心声也；书，心画也。声画形，君子小人见矣。"言为心声，书为心画，这一思想虽然未必是扬雄最早提出来的，但如此明确地概括，应是扬雄的贡献。中国自此以后，就有言如其人、画如其人、书如其人等说法。一方面，确实有这样的现象，说明此命题的合理性；另一方面，也确实有言、画、书不如其人这样的现象，说明此命题的不合理性。于是，此命题的解释就成为历代学者感兴趣的话题之一。

尽管扬雄的命题具有不周全性，但它的积极意义还是很明显的。它强调作者、书者、画家要加强自身品德的修养，这无疑是正确的。事实上，这一思想早已成为中华民族优秀的文化传统。

三、许慎：汉字之源

中国书法艺术是建立在汉字的基础之上的，汉字本身的造型奠定了它的美。汉字的特点可以从不同角度去归纳，就其作为书法的基础来说，它具有四大特点。其一，汉字是方块字；其二，象形是汉字造字的基础；其三，形义声合为一体；其四，笔画很多，造型手段丰富。以上四点，使得汉字天然地具有艺术的品位，即使不是书法家，只要将汉字工整地写出来了，它也具有一定的美。

汉字到汉代已发展得相当完备了，出现了一部重要的字典《说文解字》。这是一部中国文字学的开山之作，收字 9300 多，重文 1100 多，解字 138400 多。这部字典重视象形是文字的基础，注重从象形的角度去解释字的起源，对于揭示书法艺术的审美之源具有特殊的价值。本书的作者许慎（约 58—147），字叔原，是东汉著名的经学家和文字学家，也是一位书法家。张怀瓘在《书断》中说："许慎少好古文学，喜正文字，尤善小篆，师模李斯，甚得其妙。"

许慎关于汉字的思想集中体现在他的《说文解字·序》中，此序于书法美学上的贡献主要在于探讨了汉字作为书法艺术的基础。

在序中，许慎探讨了汉字的起源，他说：

> 古者庖羲氏之王天下也，仰则观象于天，俯则观法于地，视鸟兽之

文与地之宜，近取诸身，远取诸物，于时始作《易》八卦，以垂宪象。及神农氏结绳为治而统其事，庶业其繁，饰伪萌生。黄帝之史仓颉，见鸟兽蹄迒之迹，知分理之可相别异也，初造书契。百工以乂，万品以察，盖取诸夬。夬扬于王庭，言文者宣教明化于王者朝廷，君子所以施禄及下，居德则忌也。仓颉之初作书，盖依类象形，故谓之文；其后形声相益，即谓之字。文者物象之本，字者言孳乳而浸多也。著于竹帛谓之书，书者如也。以迄五帝三王之世，改易殊体，封于泰山者七十有二代，靡有同焉。[1]

这段文字认为，汉字的创造有三个来源，一是《周易》的八卦，二是神农结绳记事，三是仓颉从鸟爪兽蹄的痕迹中得到启示。《周易》的八卦是"观象于天，观法于地，视鸟兽之文与地之宜"而产生的。概括三者，汉字的产生最基本的途径是：根据人表情达意的需要，从大自然的物象中取其形，从大自然之物理中取其神，然后创造的。这样，汉字天然地具有大自然的神韵，而这大自然的神韵又成为人情意的载体。这样一种造字法，奠定了汉字艺术的基本品格，即象形（自然）达意（人）的统一。

这段文字还指出，文、字、书三者分别，"依类象形"成文，"形声相益"成字，"著于竹帛"为书。文，在这里指字形；"依类象形"，指字之形是从大自然中依其类而概括出来的。比如，"马"之字形是从许多马的形象中取其最具标识性的形象加以抽象化、规整化而成的。"形声相益"说明字的创造不仅要考虑到形，还要考虑到声；既要让字具有一定的形，使之具有形象的标识性，还要赋予字一定的声，让其具有声音的标识性。这样，汉字不仅表形，还表音，形声合体；这形声合体是汉字最大的特点，有了这两者，文才成为字。至于书，它是刻在竹帛上由若干个字构成的图形，能表达一个完整的意思，这由若干个汉字构成能表达一定意义的图形就是书法的雏形。最早的书法是刻在竹帛上的，后来发明了纸，汉字就写在纸上。对于竹帛书法来说，竹的质地、刻的技法是很重要的；同样，对于纸上书法来说，纸

---

[1]　许慎：《说文解字·序》。

的质地、笔的质地、墨的质地以及运笔调墨的技法，都对书法艺术产生重要
的影响。

四、崔瑗：“志在飞移”

中国书法艺术，如果从字体发展的线条来谈，大致经历了以下几个阶
段。原始社会至夏、商代早期，流行的是甲骨文，那是一种刻在龟甲、兽骨
上的极简易的文字。商周出现金文，那是铸刻在青铜器上的文字。

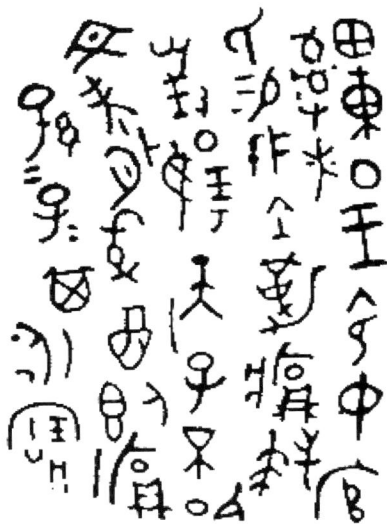

青铜器师员簋铭文

金文字体早期近于甲骨文，属大篆字体，战国末期出现小篆字体。大、
小篆字体的基本风格是圆婉，只是大篆不及小篆规整。秦统一中国后，李
斯负责统一中国文字，流行十六国的各种字体逐渐统一于小篆。秦代开始
出现隶书，隶书比小篆简化，容易书写，在笔法上，小篆通用的圆笔改为方
笔。这种字体据说是狱吏程邈创造的，因当时办公文的小吏叫“徒隶”故名
为“隶书”。

汉代通行隶书，汉隶称为“八分”，因字形“似八字势，有偃波”，故命
名为“八分”。隶书的重要审美特点是笔画有波磔，故有一种流动、顿挫之
美。汉代又产生了新的书体——楷书、行书和草书。这三种新书体之中，

草书的产生最具美学意义。在所有的书法字体中,草书最能自由抒写书家的思想情感,最能见出书家的创造个性,最具审美情趣;因此,草书可说是书法艺术的代表。

草书的产生基于功利的需要,并非基于审美的需要。东汉蔡邕说:"昔秦之时,诸侯争长,简檄相传,望烽走驿,以篆隶之难,不能救速,遂作赴急之书,盖今草书是也。"① 据说,草书从西汉元帝时史游作《急就章》正式开始。当然,史游只能作为草书早期的杰出代表,还不能说草书是他发明创造的。

史游:《急就章》

汉代草书名家除史游外还有杜度、崔瑗,其中崔瑗因著有《草书势》一文,在书法美学中的地位特别重要。

崔瑗,字子玉,涿郡安平人,东汉著名书法家。他的书法师承杜度,书法史上并称"崔杜"。崔瑗有《草书势》一文,对草书的美学原则作了开创性的论述。全文如下:

> 书契之兴,始自颉皇,写彼鸟迹,以定文章。爰暨末叶,典籍弥繁,

---

① 蔡邕:《蔡中郎集》。

时之多僻，政之多权，官事荒芜，剿其墨翰。惟作佐隶，旧字是删。草书之法，盖又简略，应时谕指，用于卒迫。兼功并用，爱日省力。纯俭之变，岂必古式。观其法象，俯仰有仪，方不中矩，圆不副规；抑左扬右，望之若欹；竦企鸟跱，志在飞移；狡兽暴骇，将奔未驰。或黜点染，状似连珠，绝而不离；畜怒怫郁，放逸生奇。或凌遽而惴慄，若据槁而临危；旁点邪附，似螳螂而抱枝。绝笔收势，余綖纠结，若山蜂施毒。看隙缘蠘，腾蛇赴穴，头没尾垂。是故远而望之，漼焉若注岸崩崖；就而察之，即一画不可移。几微要妙，临时从宜。略举大较，仿佛若斯。①

这段文章涉及草书美学之处主要有如下三点。

第一，草书的产生是出于"用于卒迫，兼功并用"，它的主要特点是笔画"简略"，不遵"古式"。

第二，草书创作的美学原则是"方不中矩，圆不副规"。"矩""规"是基本法则，"方不中矩，圆不副规"就是说既有法又无法。草书创作是规范性与创造性的统一。有规范性，其书方可被人接受；有创造性，其书方见出书家个人的智慧、风格及卓异才能。

崔瑗还认为，草书创作灵感很重要，"几微要妙，临时从宜"。

第三，草书具有特别的审美意味。崔瑗认为，草书的审美意味主要在于类似生命的飞动之美。为了说明这种美，崔瑗用了许多比喻，如"竦企鸟跱""狡兽暴骇""腾蛇赴穴"。为了表现出这种审美意味，书家要有饱满的情感、昂扬的气概，"志在飞移""放逸生奇"。

崔瑗关于草书的论述从某种意义上讲标志着书法美学的建立，其意义是十分重大的。

五、蔡邕："书者，散也"

蔡邕（133—192），字伯喈，陈留圉（今河南杞县南）人，东汉著名学者、

---

① 崔瑗：《草书势》，据《全后汉文》卷四五。卫恒《四体书势》所引崔文与此有文字上的差异。

书法家、文学家、音乐家。

蔡邕的基本思想属于儒家，在当时被视为"旷世逸才"，名气甚大。蔡邕在书法上造诣很深，工篆隶，他所创造的隶书"飞白"体在后世一直享有盛名。南朝袁昂评价蔡邕书法："骨气洞达，爽爽有神。"梁武帝萧衍也说："蔡邕书骨气洞达，爽爽如有神力。"蔡邕有关书学的著作有《篆势》《笔赋》《笔论》《九势》等。

蔡邕的《篆势》对篆书之美做了生动形象的描述：

> 体有六篆，要妙入神，或像龟文，或比龙鳞，纤体效尾，长翅短身。……扬波振激，鹰跱鸟震，延颈协翼，势似凌云。……远而望之，若鸿鹄群游，络绎迁延。迫而视之，湍漈不可得见。①

从这些生动的比喻和描述来看，蔡邕准确地揭示了篆书圆婉遒劲、外柔内刚的审美特点。蔡邕在书法美学上的最大贡献是提出了书法与书家自由情感的关系，他说：

> 书者，散也。欲书先散怀抱，任情恣性，然后书之。若迫于事，虽中山兔毫，不能佳也。②

所谓"散"，就是放松、舒散的意思。蔡邕认为，要创作出上佳的书法作品，必须舒散怀抱，"任情恣性"，有一个无任何思想束缚的自由心境，这种看法颇类似于《庄子》。《庄子》一书中"宋元君将画图"故事里的"真画者"，就是蔡邕这里所说的"任情恣性"的画家。蔡邕认为，要创造一种适合作书的自由心境，必须"先默坐静思，随意所适，言不出口，气不盈息，沉密神彩，如对至尊"③。这种"默坐静思"说，令我们联想到老子的"守静笃"说和荀子的"虚壹而静"说。中国的传统艺术创作理论很注重艺术家从事创作时虚静的心境，这种虚静的心境对艺术创作的重大意义主要是清除杂念，聚气凝神，培养自由情感，启动想象翅膀。表面看来是静，实质是动。而且正是因为静得下来，所以才动得自由。当然，这动是精神的动、情感的

---

① 蔡邕：《篆势》，据《全后汉文》卷八〇。

② 蔡邕：《笔论》。

③ 蔡邕：《笔论》。

动、想象的动,这"动"的精神、情感、想象又是专一于创作的。这正是"静"的无穷奥妙。

蔡邕对书法艺术的审美功能有独到的深刻认识。他说:

> 为书之体,须入其形,若坐若行,若飞若动,若往若来,若卧若起,若愁若喜,若虫食木叶,若利剑长戈,若强弓硬矢,若水火,若云雾,若日月,纵横有可象者,方得谓之书矣。①

蔡邕在这里用了一系列的比喻,从这些比喻的事物来看,不是一种固定的静态形状,而是一种运动的形式,并且饱含着一种力量。因此,实际上蔡邕强调的不是书法的象形功能,而是表达一种精神力量的功能,这种精神力量准确地讲是一种情感的力量。蔡邕讲"纵横有可象者,方得谓之书",重在"纵横"。"纵横"者,力的显示矣。

蔡邕自己的书法被人赞为"骨气洞达,爽爽有神"。这"骨",这"气",都是"力"的概念。蔡邕在谈书法的《九势》时又提出"势"的概念,这"势"同样是"力"的概念。与"骨""气"之不同,在于"骨"侧重于讲"力"的挺拔端直,"气"侧重于讲"力"的活动、发散,"势"则侧重于讲"力"的方向、气概。我们且具体看看他对书法"九势"的论述:

> 凡落笔结字,上皆覆下,下以承上,使其形势递相映带,无使势背。
>
> 转笔,宜左右回顾,无使节目孤露。
>
> 藏锋,点画出入之迹,欲左先右,至回左亦尔。
>
> 藏头,圆笔属纸,令笔心常在点画中行。
>
> 护尾,画点势尽,力收之。
>
> 疾势,出于啄磔之中,又在竖笔紧趯之内。
>
> 掠笔,在于趱锋峻趯用之。
>
> 涩势,在于紧驶战行之法。
>
> 横鳞,竖勒之规。
>
> 此名九势,得之虽无师授,亦能妙合古人,须翰墨功多,即造妙

_____

① 蔡邕:《笔论》。

镜耳。①

蔡邕提出的"九势",实质是讲力的运动方式。尽管力的运动方式变化甚多,但大体上体现出力的这样几个特点:凝聚、冲刺、果敢、含忍、照应。蔡邕所提出的书法艺术"力"的美为后世书法美学承继下来,并有所发展。

六、赵壹:"非草书"

草书的出现,是汉朝书法的大事,也是中国书法的大事。书法的出现,意味着书法已经摆脱了功利的需要,而获得了独立,这种独立实质是审美的独立。书法天然地具有审美因素,但是,书法的本质是功利的,功利主要是记录,包括事实的陈述、思想的阐述、情感的表达,书法是工具。草书虽然也能记录,但用草书来记录,显然不是最好的选择。草书的第一功能是审美,审美具有超功利性。

草书在汉朝一经出现就受到欢迎,应该说,它的积极面是主要的,但是也有它的消极面,这就是书法的本质在一定程度上被忽视。东汉光和年间的学者、辞赋家赵壹对此很是忧虑,写了一篇文章,文名即是《非草书》。在这篇文章中,他对于当代草书的风行现象进行了批判:

> 余郡士有梁孔达、姜孟颖,皆当世之彦哲也,然慕张生之草书过于希孔、颜焉。孔达写书以示孟颖,皆口诵其文,手楷其篇,无怠倦焉。于是后学之徒竞慕二贤,守令作篇,人撰一卷,以为秘玩,余惧其背经而趋俗,此并非所以弘道兴世也。②

这是《非草书》开篇,所针对的梁孔达、姜孟颖这样当代的彦哲。梁、姜对于草书非常喜爱,他们对于当时的草书大家张芝的追捧有些过头了,赵壹说是"过于希孔、颜焉"。如果是这样,当然不妥,但似乎不可能是这样,因为尊孔、颜与慕张生不相矛盾,这是两码事。赵壹本意也许不是要将两件不同的事混淆起来,而是对于社会的草书热的担心。赵壹认为,草书热

---

① 蔡邕:《九势》。
② 赵壹:《非草书》。

会"背经而趋俗"。这里的"经"指书法的正道,书法的正道是书法的本质功能——记录。记录不是小事,它关涉到国家的兴衰、社会的治乱。如果背离书法这"经",而趋草书之俗,就不利于国家、社会,因此,它认为草书热"非所以弘道兴世"之事。

不能说赵壹的担心错了,但也许担心过头了。

赵壹认为草书的产生本是功利的需要。他说:"盖秦之末,刑峻网密,官书烦冗,战攻并作,军书交驰,羽檄纷飞,故为隶草,趋急速耳,示简易之指,非圣人之业也。但贵删难省烦,损复为单,务取易为易知,非常仪也。"故其赞曰:"临事从宜。"① 这种说法是对的,但这只是草书产生的社会原因之一,草书的产生应该还有审美的需要。人们已经不满足于篆书、隶书的审美了,他们需要一种抒写个人情感更为自由、更为惬意的书写方式,这种方式就是草书。不过,赵壹批评热衷草书过了头的人"不思其简易之旨",也是对的。

赵壹其实并不反对草书,他反对的是忘了草书之旨,草书之旨本也是功利的。赵壹的疏失在他忽略了草书确也可以脱离其功利之旨,而专务审美。也就是说,草书可以是唯美的。

赵壹反对当时的草书热,不只是草书热中忘记了草书的"简易之旨",还有一味模仿几个草书大家,而忘却了自己的个性。其实,草书最需要的是要有个性。赵壹说:

> 凡人各殊气血,异筋骨,心有疏密,手有巧拙。书之好丑,在心与手,可强为哉?若人颜有美恶,岂可学以相若耶? ②

说得太对了!

汉代是中国书法史上第一个高峰期。它的成就主要体现在书法创作上,其理论上的成果不是很多,这也是符合文艺发展规律的。一般来说,创作先行,理论随后。汉代的书法理论的总结主要在魏晋南北朝时期。

---

① 赵壹:《非草书》。
② 赵壹:《非草书》。

七、汉朝书法——汉字书法

中华书法有一个清晰的发展史。

史前为草创期。史前已经有文字，但不系统，应该说，它只是表意的符号，是文字的前导。夏商周应为文字的产生期，甲骨文、金文是此时期主要的文字。就字体来看，金文称为大篆，它比甲骨文规范、严整、丰富，严格说，它才是中国最早的文字。秦统一中国，感于六国文字的混乱，秦始皇接受丞相李斯的建议"罢其不与秦文合者"，并让李斯以秦文为基础，制作出一种新文字，学界称之为"小篆"。当时，有三篇小篆范本：丞相李斯的《仓颉篇》，中车府令赵高的《爰历篇》，太史令胡毋敬的《博学篇》。小篆比之大篆，各方面均有进步，一是简洁，二是规整，更重要的是美观。从书法美学角度言之，小篆更有资格被称为美的文字。

尽管小篆比之大篆有重大进步，但是它仍然存在笔画多、难写等缺点，不便于在生活中广为推行。秦的短命，使它无法实现文字的改革，这一工作，在随之而来的汉朝则得到完美的实现。汉朝完成了文字的全方位改革：首先，充分地实现了汉字的工具功能。首先有隶书，其后有楷书、行书，均是优秀的书写工具，三大书写工具中，楷书以其端正严整最受恩宠，成为公文、书本的专用文字，直至今天。秦末有草书的萌芽，至汉朝，草书成为书家宠物，蔚为风气，以至于东汉学者赵壹要写专文，对草书进行批评。文字，本质功能是书写，派生功能是审美。所有字体都有审美功能，又都将书写功能视为首要，只有草书，在正规的交流场合，实在不方便使用，但它的审美功能非常突出。书法美在草书中得到最为充分的展现。很多情况下，欣赏者其实并不辨识字，然而能感受线条的美。也许这样的审美有点过头，于书法的本质有碍，因此，在实际的书法审美活动中，不是草书，而是行书更受到书家和欣赏者的欢迎。基于书法的两大功能在汉朝全面地建立，汉朝堪称中华书法的建构期。汉朝书法有资格成为汉字书法的开山鼻祖。

汉朝之所以能成为中华书学的第一个高峰期，而且是最重要的高峰期，主要有三大原因：

第一，政治原因：西汉武帝时期，罢黜百家，独尊儒术。朝廷设五经博士，并为各博士置弟子五十人。于是，读经、论经、抄经成为重要的为官之路，与之相关，诸多的非经的书籍，也受到青睐。汉朝经学，以今文经学为主，古文经学随后崛起，两大学派论战甚多，不管哪一派，都需要以经书为基础。经书的需求量大增，抄写就成为一项重要职业。西汉前期，丞相萧何立《尉律》课试，选拔善于释读、抄书经书的学子，授予中央机构和郡县的文吏官职。

第二，社会原因：汉代教育比较发达。儿童入学，首先是识字，写字，因此，将文字学称为"小学"。"小学"并不小，它涉及经义的理解，汉平帝时，那些精通小学的学者被称为"小学元士"。汉朝，有钱人家子弟均入学，官宦人家，连女子也进学馆读书或在家请人教育。汉朝诸多帝后妃都读过书，《汉书》载，孝成许皇后"聪慧，善史书"①，和熹邓皇后"六岁能史书，十二通《诗》《论语》"②。

第三，科技原因：汉朝科学技术比较发达，西汉前期已经有纸的发明，东汉中期蔡伦改进造纸的技术，采用树皮、旧布、破渔网造出了新的纸，被誉为"蔡侯纸"；东汉末，左伯对造纸术又有改进，研制出高档书写用纸，被誉为"左伯纸"。笔墨砚等书写工具在汉代也得到改进，著名书法家张芝改进了毛笔，被誉为"张芝笔"；另外，韦诞改进了墨，被誉为"韦诞墨"。汉朝的砚池制作精良，考古多有发现。书写工具的精美对书法的发展无疑具有重要意义。

汉朝书法成就，在理论上主要有许慎的《说文解字》，它不仅是一部伟大的字典，而且是一部伟大的书典。书法美学上，崔瑗的《草书势》可以说是草书审美的宣言。这两部专著，是中国书法美学的开山之作。

在书法创作上，书体丰富多彩，有简册、简牍、帛书、铭刻等，书家蓬出，云蒸霞蔚，著名者有：扬雄、陈遵、刘睦、曹喜、罗晖、赵袭、杜操、崔瑗、崔寔、张超、蔡邕、蔡琰、王次仲、刘德升、邯郸淳、班固、张芝、张昶等。这里，特

---

① 班固：《汉书·外戚传·孝成许皇后》。

② 范晔：《后汉书·皇后纪上·和熹邓皇后》。

别值得一说的是草书大家张芝,他被后世称为"草圣"。

第三节　音乐美学兴起

汉代继承先秦重礼乐的传统,在音乐美学上有不少重要的建树。

一、司马迁:"和正"说

司马迁在《史记·乐书》中阐述了他的音乐美学观:

> 音乐者,所以动荡血脉、通流精神而和正心也。故宫动脾而和正圣,商动肺而和正义,角动肝而和正仁,徵动心而和正礼,羽动肾而和正智。故乐所以内辅正心,而外异贵贱也;上以事宗庙,下以变化黎庶也。

司马迁发展《乐记》乐主和的思想,将生理上的"和"与心理上的"正"统一起来,这种观点与亚里士多德的"宣泄"说异曲同工。音乐的确有助于人的身体健康,同时也有助于人的情操陶冶。司马迁看到了这一点,是了不起的。只是他将音乐的"和正"功能分得过细,且与身体部位一一对应起来,就难免不够科学了。

二、班固:"和亲"说

类似于"和正"说的有班固的"和亲"说。班固认为:

> 乐以治内而为同,礼以修外而为异。同则和亲,异则畏敬;和亲则无怨,畏敬则不争。①

这种观点直接来自荀子的《乐论》,但较荀子透彻。与司马迁"和正"说不同的是,"和亲"说的"亲"具有明显的情感意味,而"正"则具有理性的色彩。班固还强调音乐让人快乐的功能。他说:"乐者,圣人之所乐也,而可善民心。其感人深,其移风易俗,故先王著其教焉。"② 将音乐的审美功

---

① 班固:《汉书·礼乐志》。
② 班固:《汉书·礼乐志》。

能与政教功能统一起来，是儒家的基本观点。就这点言，班固可以说是儒家音乐美学在汉代的代表。

三、王褒："比德"说

王褒（生卒年不详，汉宣帝时人，辞赋家）认为，音乐之所以能培植人的道德，是因为声音与德行有一种相似的关系。他说：

> 听其巨音，则周流泛滥，并包吐含，若慈父之畜子也。其妙声，则清静厌廐，顺叙卑达，若孝子之事父也。科条譬类，诚应义理，澎濞慷慨，一何壮士！优柔温润，又似君子。故其武声，则若雷霆輘輷，佚豫以沸愲；其仁声，则若飘风纷披，容与而施惠。①

汉代以音乐比德的不只是王褒，刘向也这样。刘向说："南者，生育之乡；北者，杀伐之域。故君子执中以为本，务生以为基。故其音温和而居中，以象生育之气。……彼小人则不然，执末以论本，务刚以为基。故其音湫厉而微末，以象杀伐之气。"②

强调音乐的比德作用或者说象征作用，是儒家音乐美学的一个重要传统。儒家学者对"亡国之音"特别敏感，这方面的故事很多。桓谭《新论》记载了这样一个故事："晋师旷善知音。卫灵公将之晋，宿于濮水之上，夜闻新声，召师涓告之曰：'为我听写之。'曰：'臣得之矣。'晋平公飨之，酒酣，灵公告曰：'有新声，愿奏之。'乃令师涓鼓琴，未终，师旷止之曰：'此亡国之声也。'"

四、蔡邕：琴操说

中国古代的乐器中，琴具有重要的地位。如果说钟更多地具有皇家的威严，那么，琴更多地具有君子的清高。中国古代有关琴的诗文虽然不是很多，但都值得重视。汉代，出现了一部重要的琴学著作——《琴操》，这

---

① 王褒：《洞箫赋》。
② 刘向：《说苑·修文》。

是中国第一部关于琴道、琴艺的理论著作。关于它的作者与产生的年代，还有争议。《隋书·经籍志》说是晋代孔衍所作；《新唐书·艺文志》说是汉代的桓谭所作；清代阮元在《四库未收书目提要》中说，《琴操》是汉蔡邕所撰，支持此观点的有马瑞辰、王仁俊、刘师培、逯钦立等学者。我们今从多数学者的说法，姑且认定为蔡邕所作。

《琴操》中包含的美学思想非常丰富，我们先引其中完整的一节：

> 昔伏羲氏作琴，所以御邪僻，防心淫，以修身理性，反其天真也。琴长三尺六寸六分，象三百六十日。广六寸，象六合也。文上曰池，下曰岩。池，水也，言其平。下曰滨。滨，宾也，言其服也。前广后狭，象尊卑也。大弦者，君也，宽和而温。小弦者，臣也，清廉而不乱。文王、武王加二弦，合君臣恩也。宫为君，商为臣，角为民，徵为事，羽为物。

仅就这节文字来看，它有两个重要的美学观点：

第一，关于琴的审美功能。蔡邕认为是"御邪僻，防心淫，以修身理性，反其天真也"。"御邪僻，防心淫，以修身理性"明显地接受了儒家的诗教，但侧重于音乐接受者个人的修养，而不触及社会的政治层面，又明显见出它与儒家诗教的区别。最重要的是提出琴可以让人"反其天真"，这是创见。"反"即返，"真"是人的本性、天性。这性是纯真的，没有受到污染的，它是真善美的基础，人性之真通向道家说的"自然"，也通向"道"。因此，蔡邕关于琴的审美功能的看法是整合了儒道两家的思想而独出心裁的。

第二，关于琴道与阴阳五行的关系。蔡邕接受了汉代主流哲学观念，将琴道与阴阳五行结合起来，同时又将儒家的尊卑观念、仁爱观念、清廉观念都整合起来，构成了一个天人感应式的琴道体系。

蔡邕还谈到"琴操"问题。《琴操》顾名思义是讲操守的，桓谭《新论·琴道》曰："琴有伯夷之操，夫遭遇异时，穷则独善其身，故谓之操。"应劭《风俗通义·声音》亦曰："其遇闭塞忧愁而作者，命其曲曰操。操者，言遇菑遭害，困厄穷迫，虽怨恨失守，犹守礼义，不惧不慑，乐道而不失其操者也。"可见，"操"主要指在艰难困苦时节对道德准则的坚持，对社会不合理现象的批判。

《琴操》引《诗经》"歌诗"五曲——《鹿鸣》《伐檀》《驺虞》《鹊巢》具体地谈琴操问题。比如《伐檀》，《琴操》的解题是："伤贤者隐蔽，素餐在位……今贤者隐退伐木，小人在位食禄，悬珍奇，积百谷，并包有土，德泽不加，百姓伤痛；上之不知，王道之不施，仰天长叹，援琴而鼓之。"这种解释与《毛诗正义》小序中的解释"贪也，在位贪鄙无功而受禄，君子不得进仕尔"，是基本一致的。

对于"琴操"来说，艰难困苦这个环境前提十分重要。这让我们联想到孔子的"诗可以怨"说、屈原的"发愤以抒情"说、司马迁的"发愤著书"说，以及《毛诗序》《诗谱序》的"变风""变雅"说。重视在艰难的环境中坚持操守，重视对社会邪恶势力进行有理有节的抗争，包括"刺""谲谏"，这是中华民族一个重要的文化传统；而在这个过程中所表现出来的忧伤之声，也就成为中国艺术主要是乐与诗的主旋律。

蔡邕还有《琴赋》，其中说到音乐的艺术感染力问题：

> ……哀声既发，秘弄乃开。左手抑扬，右手徘徊，指掌反覆，抑按藏摧。于是，繁弦既抑，雅韵乃扬。仲尼思归，鹿鸣三章，梁甫悲吟，周公越裳。青雀四飞，别鹤东翔，饮马长城，楚曲明光。楚姬遗叹，鸡鸣高桑，走兽率舞，飞鸟下翔。感激兹歌，一低一昂。闲关九弦，出入律吕。屈伸低昂，十指如雨。于是歌人恍惚以失曲，舞者乱节而忘形，哀人塞耳以惆怅，辕马蹀足以悲鸣。

这段文字强调，音乐中不仅有情感，也有思想。"仲尼思归，鹿鸣三章，梁甫悲吟，周公越裳。青雀四飞，别鹤东翔，饮马长城，楚曲明光"都是曲目，从曲名来看，它都是有具体内容的，虽然它以音乐的形式表现出来，仍然能让人感受到其中的思想。蔡邕的这一观点明显与嵇康的"声无哀乐论"相左。至于音乐的魅力，蔡邕强调会让"歌人恍惚以失曲，舞者乱节而忘形，哀人塞耳以惆怅，辕马蹀足以悲鸣"。这"失曲""忘形"已进入物我两忘的境地了，而"哀人塞耳以惆怅，辕马蹀足以悲鸣"更说明琴具有感人肺腑的动情功能。

五、桓谭:"自禁"说

琴在中国音乐中居于重要的地位。关于琴的产生与作用,汉代有不少说法。汉代著名学者桓谭（前23—50,字君山）认为,"昔神农氏继宓羲而王天下,上观法于天,下取法于地;近取诸身,远取诸物。于是,削桐为琴,绳丝为弦;以通神明之德,合天地之和焉。"① 这种说法显然模仿了《易传》谈八卦的由来。不过,由此可以看出琴的两个功能:通神,合和。

琴在中国文化中是君子的象征。桓谭认为:"琴之言禁也。君子守以自禁也。大声不震哗而流漫,细声不湮灭而不闻。八音广博,琴德最优,古者圣贤以养心。夫遭遇异时,穷则独善其身,而不失其操,故谓之操。操以鸿雁之音,达则兼善天下,无不通畅（畅）。"②

桓谭这段文字具有经典的意义,他确定了琴与君子的内在关系。君子最可贵的品德是自禁,行为举止莫不合礼,而琴正好体现出"禁"这种风格。琴声"大声不震哗而流漫,细声不湮灭而不闻",这正好合乎孔子"温柔敦厚"的诗教。所以,它可以用来"养心"。"养心"的真谛是"不失其操","操"就是操守,即儒家所主张的那些道德规范。操音高远,如"鸿雁之音"。君子穷困时注重品德修养,常以琴养心;而达时,则"兼善天下",这就可以说无不通畅了。

音乐既然是道德情操的体现,从音乐中就可以感受到演奏者的道德情感。桓谭说:

> 操者昔虞舜圣德玄远,遂升天子,喟然念亲,巍巍上帝之位不足保,援琴作操,其声清以微。《禹操》者,昔夏之时,洪水襄陵沈山,禹乃援琴作操,其声清以溢,潺潺志在深河。《微子操》,微子伤殷之将亡,终不可奈何,见鸿鹄高飞,援琴作操,其声清以淳。《文王操》者,文王之时,纣无道,烂金为格,溢酒不池,宫中相残,骨肉成泥,璇室瑶台,蔼

---

① 桓谭:《新论·琴道》。

② 桓谭:《新论·琴道》。

云翳风,钟声雷起,疾动天地。文王躬被法度,阴行仁义,援琴作操,故其声以扰,骇角震商。《伯夷操》《箕子操》,其声淳以激。①

这里,说了几种音乐,不同的音乐蕴含着不同的道德情感,有着不同的自然形象相配,体现出人、情、声、象四者相应关系,具有鲜明的审美意味:

舜操:舜——念亲——声清以微——圣德玄远;

禹操:禹——水患——声清以溢——志在深河;

微子操:微子——伤殷——声清以淳——鸿鹄高飞;

文王操:文王——阴行仁义——声纷以扰 骇角震商——疾雷动地。

汉代以来,论琴的言论较多,桓谭是比较深刻的一位。这与桓谭的家庭背景与修养有很大关系,《后汉书》说桓谭:"父成帝时为太乐令,谭以父任郎,因好音律,善鼓琴。博学多通,遍习《五经》,皆训诂大义,不为章句。能文章,尤好古学,数从刘歆、扬雄辩析疑异。性嗜倡乐,简易不修威仪,而喜非毁俗儒,由是多见排抵。"

关于琴的"自禁"功能,汉代学者刘歆(生年不详,卒于公元23年)在《七略》中也说过"雅琴,琴之言禁也;雅之言正也。君子守正,以自禁也",说明这是一种比较普遍的观点。

六、马融:"通灵"说

汉代的马融(79—166)作《长笛赋》,对音乐的功能从另一个角度展开了论述。他认为音乐具有极其巨大的精神作用,不仅"尊卑都鄙、贤愚勇惧"都接受音乐的感染,"鱼鳖禽兽闻之者,莫不张耳鹿骇";所以,"人盈所欲,皆反中和,以美风俗"。马融说,音乐"可以通灵感物,写神喻意,致诚效志,率作兴事,溉盥污秽,澡雪垢滓矣"。除了那些夸张的言辞外,马融倒是深入地论述了音乐对于人心理的全面感化作用。不只是谈政教,还谈心理,这种论述是过去没有过的。

---

① 桓谭:《新论·琴道》。

音乐是中国最早受到重视的艺术，它之所以受到特殊的重视是因为它与礼联系在一起，成为治国安邦的重要手段。尽管在汉代，音乐的审美功能还没有得到充分的独立，但是走向自觉却是不争的事实。

第四节　园林美学兴起

中国最早的园林，可以追溯到殷、周。殷王的都城遗址——殷墟，规模庞大，有学者认为，从殷墟的布局和宫室建筑的情况来推测，当有园林建置的可能。据《史记·殷本纪》，商纣王在殷修建华丽的宫殿——鹿台，"厚赋税以实鹿台之钱，而盈钜桥之粟。益收狗马奇物，充仞宫室。益广沙丘苑台，多取野兽蜚鸟置其中。"看来，鹿台不小，有奇花异卉，有鸟兽虫鱼，有宫室苑台，园林的基本要素都有了。纣王在此"以酒为池，以肉为林，使男女裸相逐其间，为长夜之饮"。

周建都后，在城郊建了一些园林，有灵台、灵沼、灵囿等。关于这些园林的情况，《诗经》中《灵台》一诗做了生动的描绘：

> 经始灵台，经之营之。庶民攻之，不日成之，经始勿亟，庶民子来。
> 王在灵囿，麀鹿攸伏。麀鹿濯濯，白鸟翯翯。王在灵沼，于牣鱼跃。
> 虡业维枞，贲鼓维镛。于论鼓钟，于乐辟廱。
> 于论鼓钟，于乐辟廱。鼍鼓逢逢，矇瞍奏公。

从这首诗中我们可以看出，当时的园林有三个突出的特点。其一，人与动物和谐相处。在灵台中，麀鹿自由徜徉，白鹤任意高蹈，鱼群相来嬉戏。其二，有美好的音乐在园林演奏，王与百姓同乐。其三，特别重视水景——"辟廱"。何谓辟廱？郑玄注曰："水旋邱如璧曰辟廱。"这是一个美丽的水景，《历代宅京记·关中一》解释：

> 《传》曰：水旋邱如璧曰辟廱，以节观者。《正义》曰：水旋邱如璧者，璧体圆而内有孔。此水亦圆，而内有地，犹如璧然。土之高者曰邱，此水内之地，未必高于水之外。正谓水下而地高，故以邱言之。以水绕邱，所以节约观者，令在外而观也。《大戴礼》曰：明堂外水曰辟廱。《白虎

通》曰:辟者,像璧圜以法天。雍者,壅之以水,象教化流行。①

这样一种水景具有象征的意味,是古代风水术的萌芽。孔子说"知者乐水",后来,辟雍用于太学中。从这来看,中国的园林已注重景观的象征意义。

春秋时,楚灵王建有著名的园林建筑章华台,这座建筑始建于楚灵王六年(前566),六年后才完工,台崇闳华美。一日,灵王与大臣伍举一同登上章华台,君臣间有一段重要的对话,《国语》这样记载:

> 灵王为章华之台,与伍举升焉。曰:"台美夫?"对曰:"臣闻国君服宠以为美,安民以为乐,听德以为聪,致远以为明。不闻其以土木之崇高、彤镂为美。而以金石匏竹之昌大、嚣庶为乐;不闻其以观大、视侈、淫色以为明,而以察清浊为聪。……夫美也者,上下、内外、小大、远近皆无害焉,故曰美。若于目观则美,缩于财用则匮,是聚民利以自封而瘠民也,胡美之为?"②

这段言论的主旨不在谈章华台的美,但是,就他的描述,我们大致也能看出章华台的华丽与气势。虽然伍举批评灵王的奢侈,但并不反对建台,他还引用了《诗经》中《灵台》一诗,说明重要的是"夫为台榭,将以教民利也,不知其以匮乏也"。从这里看出中国园林美学一个重要思想,力求节俭,有助于教化。当然,实际上历代的统治者都未能做到这一点。

秦朝建立后,秦始皇修建著名的阿房宫。这座宫殿的规模,《史记·秦始皇本纪》有介绍:

> ……始皇以为咸阳人多,先王之宫廷小。吾闻周文王都丰,武王都镐,丰镐之间,帝王之都也。乃营作朝宫渭南上林苑中。先作前殿阿房,东西五百步,南北五十丈,上可以坐万人,下可以建五丈旗。周驰为阁道,自殿下直抵南山,表南山之巅以为阙。为复道,自阿房渡渭,属之咸阳,以象天极,阁道绝汉抵营室也。

---

① 顾炎武:《历代宅京记·关中一》。

② 《国语·楚语上》。

从这段文字可以看出,阿房宫是大型园林上林苑的一部分,上林苑是皇家园林,这座园林规模很大,阿房宫是它的中心。这种格局后来也成为中国园林格式,即主体建筑是园林的中心。这座园林还体现出两个重要的园林美学思想。一是以自然山水为基础,南山、渭水就是上林苑的基础;二是"以象天极"为旨归,这一思想,在汉代因董仲舒的"天人感应"说成为主流哲学而得到强化,以后中国的园林也都以这种哲学作为造园的指导思想。

西汉王朝建立后,国势日趋强盛,到汉武帝时,达到顶点。雄才大略同时又穷奢极欲的汉武帝下诏在秦上林苑的旧址上兴建新的上林苑,同时在长安西北一百五十里之外的甘泉山建甘泉宫,在长安城西南建未央宫。分封在各地的诸侯自然不甘落后,也纷纷在自己的封地建宫室园苑,其中最著名的有梁国梁孝王建的兔园(亦名梁园)。西汉初年,私家园林较少,到汉武帝时就开始多了起来,中国园林出现了第一个高峰。虽然作为艺术的园林此时还谈不上成熟,但是,中国园林到此时应该说已是初具雏形了,有关园林的规模、功能、造园的理念散见在各种文字之中,大体上说,见出如下一些美学思想。

一、关于园林的功能

(一)"盛娱游之壮观"

就园林的功能来说,汉代的皇家园林以娱乐为中心,而又具有综合性的生活功能。司马相如概述上林苑中皇帝的生活:

> 历吉日以斋戒,袭朝服,乘法驾,建华旗,鸣玉鸾,游于六艺之囿,驰骛乎仁义之途,览观《春秋》之林。射《狸首》,兼《驺虞》,弋玄鹤,舞干戚,载云罕,掩群雄,悲《伐檀》,乐乐胥,修容乎礼园,翱翔乎书圃,述《易》道,放怪兽,登明堂,坐清庙,次群臣,奏得失,四海之内,靡不受获。①

---

① 司马相如:《上林赋》。

可以说,一切生活包括政务与日常生活均在其内,当然,主要的生活还是娱乐。就当时人们的娱乐方式来说,打猎是其中一项重要的活动;因此,这里豢养了大量的动物,有的是放养的,有的是圈养的,据说有虎圈、狮圈、象圈等。有了动物,自然也有山林。关于打猎的场景,张衡在《西京赋》中有生动的描写,说是"陈虎旅于飞廉,正垒壁乎上兰"。皇家园林中有打猎场所,后来成为一种传统,一直延续到清代。

园林的功能虽然是全面的,但主要性质还是满足玩的需要。玩的方式多种多样,就园林来说,室外主要是欣赏自然景观,各种园内的建筑都力求满足欣赏风景的需要。据《三辅黄图》记载,"武帝凿池以玩月,其旁起望鹄台以眺月。影入池中,使宫人乘舟弄影,名影娥池,亦名眺蟾宫。"

玩也有在室内的,那主要是宴饮、歌舞表演。枚乘在《七发》中说到园林中室内的娱乐活动:"列坐纵酒,荡乐娱心。景春佐酒,杜连理音。滋味杂陈,肴糅错该。练色娱目,流声悦耳。于是乃发《激楚》之结风,扬郑卫之皓乐。使先施、徵舒、阳文、段干、吴娃、闾娵、傅予之徒,杂裾垂髾,目窕心与,揄流波,杂杜若,蒙清尘,被兰泽,嬿服而御。此亦天下之靡丽皓侈广博之乐也。"

司马相如的《上林赋》夸张地描绘了这种极为奢侈的音乐生活:"张乐于胶葛之宇,撞千石之钟,立万石之虡,建翠华之旗,树灵鼍之鼓。奏陶唐氏之舞,听葛天氏之歌,千人唱,万人和,山陵为之震动,川谷为之荡波。"当然,这是夸张,但是它也反映出一定的实情。

班固在《两都赋》中铺陈上林苑各种奢侈后,说"尔乃盛娱游之壮观,奋泰武乎上囿",可以说是对汉代皇家园林功能比较准确的概括。

(二)"以致天神"

汉代园林主要是为了生活,但园林也有祭神的功能。汉武帝建甘泉宫,就是出于与神沟通的目的。《史记·封禅书》云:"其明年,齐人少翁以鬼神方见上。上有所幸王夫人,夫人卒,少翁以方盖夜致王夫人及灶鬼之貌云,天子自帷中望见焉。于是乃拜少翁为文成将军,赏赐甚多,以客礼礼之。文成言曰:'上即人欲与神通,宫室被服非象神,神物不至。'乃作画云气车及各种胜日驾车避恶鬼。又作甘泉宫，中为台室，画天、地、太乙诸鬼神，而置祭具以致天神。"汉武帝听信方士少翁的话，建甘泉宫，希望能在这座宫殿与去世的王夫人相遇，这当然是荒唐的；但是，此后在园林中设祭坛，祭天地神灵竟成为通则。

二、园林景观的美学品位

汉代的园林主要是皇家园林，这种园林具有以下一些美学品位。

（一）"视之无端，察之无涯，日出东沼，入乎西陂"——"巨丽"之美

汉代皇家园林，承秦制，规模巨大。就上林苑来说，它面积甚大，文献记载不一，有说地方三百里，也有说三百四十里的，周墙四百余里，周袤三百里，按汉代一里相当于现今 0.414 公里计，苑墙长度约为 130 公里至 160 公里。[1]《三辅黄图》说它"东南至蓝田、宜春、鼎湖、御宿、昆吾，旁南山而西，至长杨、五柞，北绕黄山，濒渭水而东"。这样巨大的园林，世所罕见，将大汉的雄壮张扬到极致。

就指导思想来看，造园者是想创造一个吸纳日月的巨大天地，司马相如的《上林赋》说："且夫齐楚之事，又乌足道乎，君未睹乎巨丽也。独不闻天子之上林乎？左苍梧，右西极，丹水更其南，紫渊径其北。"这里，深林巨木，湖泊河流，飞禽走兽，金银财宝，宫殿建筑，应有尽有。"离宫别馆，弥山跨谷，高廊四注，重坐曲阁"，给人的整体感觉，这就是一个天地，"视之无端，察之无涯，日出东沼，入乎西陂"。

也许在造园者看来，只有这样一个日出日落均在其中的园林才可以体现大汉的气魄，才可以象征大汉辽阔的疆域。

（二）"深林绝涧，有若自然"——自然之美

就园林的构成来说，主要是建筑和自然，其中自然是基础，自然有两种。一种是原生态的自然，司马相如说上林苑中"崇山矗矗，巃苁崔巍，深林巨

---

[1]　周维权：《中国古典园林史》，清华大学出版社 1999 年版，第 48 页。

木,崭巖参差"。① 另一种则是人造的自然,指人工开凿的河流、湖泊,堆起来的山岭,栽种的树木,豢养的禽兽等,这些也很重要。汉武帝时,茂陵富商袁广汉建私家园林,《西京杂记》说:"于北邙山下筑园,东西四里,南北五里,激流水注其内,构石为山,高十余丈,连延数里,养白鹦鹉、紫鸳鸯、牦牛、青兕,奇兽怪禽委积其间。积沙为洲屿,激水为波潮。"这就是人工的叠山理水,其总体效果应是虽由人作,宛自天开。虽然当时还没有这样明确的思想,但近似的说法是有的,如《后汉书·梁统列传》说梁统的后人梁冀建私家园林:

> 广开园圃,采土筑山,十里九坂,以像二崤,深林绝涧,有若自然,奇禽驯兽,飞走其间。

这样,人造的自然与原生态的自然融为一体,共同成为人文景观的基础和环境。

(三)"激神岳之嶈嶈,滥瀛洲与方壶"——仙境之美

汉代初期,黄老思想盛行,与之相关,神仙观念弥漫整个社会,人们羡慕仙人的长生不死,向往仙人所居住的海上三座仙山瀛洲、蓬莱、方丈。当然,实际上不可能有神仙,也没有真正的仙山,但人们在园林中建筑起这样的仙境,以寄托自己的理想。建章宫是上林苑中的十二宫之一,汉武帝让人在建章宫的西北开辟了一面大池,名曰"太液池",又刻了石头的鲸鱼,制造出大海的景象,在太液池中筑起了三座仙山:瀛洲、蓬莱和方丈。这三座仙山又称为"三壶",瀛洲为瀛壶,蓬莱为蓬壶,方丈为方壶。三壶所构成的景观叫"壶境",也就是仙境,它是人们理想的生活场所。班固在《两都赋》中生动地描绘了这种仙境之美:

> 揽沧海之汤汤,扬波涛于碣石,激神岳之嶈嶈,滥瀛洲与方壶,蓬莱起于中央。于是灵草冬荣,神木丛生,岩峻崔崒,金石峥嵘。

这一池三山的景观结构后来成为中国园林的一种比较普遍的模式。

---

① 司马相如:《上林赋》。

第 十 章

汉画像石的审美天地

　　汉画像石（含画像砖）是中国艺术的奇葩，也是世界艺术的奇葩。这是刻在石头或砖上的画，就制作方式与工具材料来说，它很像雕刻，说是浮雕也无不可，但通常称之为画。说是艺术，其实也不准确，因为汉代的画像石就其本质来说是建筑材料。画像石通常用于墓葬建筑，但也不尽然，地面上的建筑也用。汉代画像石非常精彩。从现在所发现的画像石来看，它当得上一部汉代生活全方位的形象展现。历史学家翦伯赞说："我以为除了古人的遗物以外，再没有一种史料比绘画雕刻更能反映出历史上的社会之具体的形象。同时，在中国历史上，也再没有哪一个时代比汉代更好在石板上刻出当时现实生活的形式和流行的故事来。汉代的石刻画像都是以锐利的低浅浮雕，用确实的描写手腕，阴勒或浮凸出它所要描写的题材。风景楼阁俨然逼真，人物衣冠则萧疏欲动；在有些歌舞画面上所表示的图像，不仅可以令人看见古人的形象，而且可以令人听到古人的声音。这当然是一种最具体最准确的史料。"[①] 阅览汉画像石，我们不仅强烈地感受到汉代人的生活场景，而且获得极大的审美享受，这种享受来自两个方面：一方面，作为汉代人生活写实，我们感受到了汉代人生活的审美理想；另一方面，作

---

① 　翦伯赞：《秦汉史序》。

为汉代人的艺术创造，我们感受到了汉代人艺术的审美理想。这两个方面其实是融汇于一体的，艺术审美理想就体现在对于生活理想的表现之中，它们共同体现出来的特色就是：气魄雄大，精神超诣，品格高卓，它是中国第一个最强的朝代——汉代精神的生动写照。

第一节　大汉威光

汉代是中国历史上第一个强大的王朝，汉初，实行无为而治，百姓们的生产积极性空前高涨。在经济政策上，大力发展农业，并发展工商业，将冶铁、煮盐、铸钱三大利收归国有，实行盐铁官营。于是，短短几年，经济上出现了中国历史上从来没有过的繁荣。

汉代是中国历史上第一个确立儒家国家意识形态地位的朝代，周朝开创的礼乐治国在汉朝得到全面实现。汉朝也是中国历史上第一个打败少数民族侵略，力保江山四百年不受外族欺凌的朝代。在中国历史上，军事上真正强大的汉族政权只有两个——汉、唐，唐国力一度比较衰退，有长达十数年的安史之乱和长期的藩镇割据，而汉，军事力量一直强大。

大汉威光在汉画像石中得到充分体现，其中比较突出的有：

一、官宦气象

汉朝实行举贤良的人才政策，大批有为的知识分子为王朝所用，他们一方面以自己杰出的才华为国家的安定、富强建功立勋，另一方面也获得了物质上、社会荣誉上的最大利益，于是，官宦人生成为广大知识分子的人生理想，他们的形象及生活相当程度上体现汉朝的形象。

汉代的画像石有大量的官宦生活情景，这些情景从一个侧面反映汉帝国的繁荣富强和精神风貌。

汉画像石的官员形象，有些注明他的身份。豫中出土的墓室画像石，有墓主人形象，画面右上角刻上二千石，这二千石是他的俸禄。

汉代中期儒家复兴，礼仪之风炽盛。人情往来，均有种种礼仪规范，堪谓彬彬有礼。官宦风范首先是注重礼仪。

下图是河南唐河郁平大尹墓出土的画像石上的人像，是两位官员，均侧像，相向而立，头戴纱帽，足蹬高靴，身着长袍，堪谓"褒衣博带"，典型的汉代官员的装束，两位似乎刚刚见面，手握笏板，相互曲躬致礼。

执笏致礼图（河南唐河郁平大尹墓出土）①

下图是描绘官员们作揖和跪拜的情景：

作揖和跪拜图（河南唐河郁平大尹墓出土）②

---

① 采自张道一：《画像石鉴赏》，重庆大学出版社 2009 年版，第 114 页。

② 采自张道一：《画像石鉴赏》，重庆大学出版社 2009 年版，第 112 页。

　　图中八个人，七人向着一位地位较高或年龄为长的人作揖和跪拜。

　　在中国礼仪中，作揖为见面时最普通、最简单的礼节，揖，即拱手。《说文》说："手著胸前曰揖。"《礼记·玉藻》说："进而揖之，退则扬之。"郑玄注："揖之谓小俯也，扬之谓小仰也。"跪拜就有多种。《周礼·春官·大祝》说："辨九拜，一曰稽首，二曰顿首，三曰空首，四曰拜动，五曰吉拜，六曰凶拜，七曰奇拜，八曰褒拜，九曰肃拜，以享右祭祀。"

　　图中，致礼者七人，最前一人跪拜，头已经抬起，但未起身，后面三位跪拜者正在叩头，其中两位额头着地。三位揖者，曲躬，态度谦卑。图左的受礼者欠身，一手伸出，似欲扶起最前面的跪拜者。

　　汉墓画像石中，官员们作揖、半下跪、下跪的形象很多，反映出汉代官场礼仪情况。汉代官员面容多庄严，很少露出笑容，但下面这幅官员的正面像则微露笑意。①

汉画像执笏吏图（南阳邓州出土）①

---

① 采自李国新：《汉画像砖造型艺术》，河南大学出版社 2010 年版，第 82 页。

官员们均面颊丰满，面容不管是严肃还是微带笑意，都显示出自信满满；而端立、曲躬、作揖、互拜的礼仪，又见出文明礼貌，这是汉人精神面貌的显示。

贵族、高官出行，多是高车大马，排场显赫，这种排场既是奢侈，也是礼仪。

下图是出土于江苏睢宁墓速与汉墓中的一面画像石：

迎宾图 (江苏睢宁墓速与汉墓) ①

这幅图中，左下方，有一弯腰作揖的人像，他是迎接来宾的使者。画面主体是骑马之人和几辆马车。骑马的人身份不一，与迎宾的使者相接的那位，可能是前卫，身份不会很高，但肯定勇猛，为开路先锋，后面马车上，有两名武士，他们的任务也是开路与护卫。后面的两名骑马人可能是文职人员，他们之间有一辆马车，这辆马车有一个方形的车厢，车厢上坐着的是主人。两位一前一后的文职人员主要工作是传达主人的旨令。这一行人马的描写可能是写实，符合汉代贵族、官员出行的真实情况。马队上方的天空有群龙飞腾、盘旋，这情景当然不是写实而是想象，它显示马队主人的身份，可能是王族也可能是贵族或高级官员。

① 采自张道一：《画像石鉴赏》，重庆大学出版社 2009 年版，第 83 页。

　　值得我们仔细欣赏的是马车，虽然因为制作材料的限制，不可能将其色彩、细部做精确的描绘，只是粗略的轮廓，但已足以显示其精致、华丽。再次是骑马人的气度，虽然面目不能细致表现，但挺拔的身姿，足以见出其高贵与威严。

二、壮士风采

　　在武备与军功上，在中国历史上，汉族的中原政权，还没有哪一个朝代堪与之匹敌。汉朝社会普遍崇尚壮士。中国古来有游侠之风，游侠就是壮士。司马迁《史记·游侠列传》引韩非语："儒以文乱法，而侠以武犯禁。"游侠之风盛行，具有多方面的意义，它于军事上的价值，就是培养了武艺高强的战士。

　　汉画像石喜欢表现壮士，画像石中，壮士的形象通常是比较夸张的，其面目或状如虎。

格斗图 (河南邓州祁县汉墓出土)

　　更多的壮士图像描绘的是壮士们的格斗，其中有与动物格斗的，动物有龙、有虎，也有牛。下图表现的是壮士与龙搏斗的情景：图像中的壮士，虬髯怒目，赤膊上身，箭步向前。他一手立掌向龙推去，一手持利刃向龙刺去。在中国文化中，龙有两种：一种为祥龙，是受人尊崇的；另一种为孽龙，它为害人类，因而是要被灭掉的。此图所表现的龙，毫无疑问，是孽龙。

　　汉画像石中，还有格虎的画面。河南方城城关镇汉墓出土的一块画像

与龙搏斗图（河南新野县樊集出土）①

石，描绘的就是壮士格虎的情象。这幅画中，格虎的壮士身体前倾，几近平身，他双手探向虎头，掰开虎口，眼睛盯着虎口，似是要拔出虎牙。最为醒目的是他身上还佩有一柄长剑，因人身探前而剑体翘起，与虎体几成平行姿势，显示出壮士的腰在用力。壮士全身每个部位都在使劲，形象极为生动传神。而虎，高大威猛，它前面两腿大幅度叉开，后腿弹起，远离地面，而头仍在昂扬。强强对决，就体形来说，人小虎大；就位置来看，虎高人低，似是人处于弱势，但从力量来看，显然是人处于上风，虎虽然还在抵抗，但从虎的姿态来看，显然威力减弱。

虎在汉画像石中出现较多，有的虎有翼，名为翼虎。

中国历史上不乏屠龙格虎的故事，汉画像石的这些画像，虽然可能是在宣传古代的故事，但其效应远不只是如此，它在宣传汉朝军队的威风。事实上，这些壮士在战时均有可能奔赴前线为国效劳。

屠龙格虎很大程度上只是壮士风采的象征，真正的战斗还是与人格斗，有徒手格斗，也有持械格斗。下面一幅图像表现的是两位壮士持械格斗：这两位壮士一位着长袍，一位着短褐，似是一位地位较高，一位地位较低，

①　采自张道一：《画像石欣赏》，重庆大学出版社2009年版，第86页。

格虎图 (河南方城城关镇汉墓出土)①

但他们格斗时，完全平等。双方都在极力向对方进击，长袍者挥舞斧钺，短褐者挺着长矛。长袍者行走如风，居高临下，势若压顶；短褐者两臂收紧，马步挎身，似欲掀天。这种格斗，有章法，有气势，既是力量的较量，更是智慧的较量，还有心理的较量。

持械格斗图 (河南南阳麒麟岗汉墓出土)②

三、抵御外患

中国的中原的汉族政权最大的患难是与周边少数民族的战争，正是这些战争导致周、晋、宋、明亡国，没有亡于外族的中原汉族政权只有秦、汉、唐。这三个朝代，秦不足论，存国只有 14 年；汉分西汉、东汉，西汉存国

---

① 采自张道一：《画像石欣赏》，重庆大学出版社 2009 年版，第 102 页。
② 采自张道一：《画像石欣赏》，重庆大学出版社 2009 年版，第 264 页。

231年，东汉存国195年，唐存国289年。秦基本上没有严重外患；汉、唐均有严重外患，但唐不是完胜，而汉是。

西汉最大的外患是匈奴。西汉前期，朝廷采取和亲政策，虽然获得了短暂的和平，但问题并没有解决，匈奴看透了汉朝廷的软弱，仍然不时侵扰汉朝边疆，让汉朝边民吃尽了苦头。这种情况到汉武帝时代，有了根本性的改变。汉武帝一反过去对匈奴和亲的政策，对匈奴进行长期的讨伐战争，最后将匈奴赶出中华故地，让汉朝边疆从此太平。在讨伐匈奴的战争中产生了不少中华民族的民族英雄，其中最著名的是霍去病。他的"匈奴未灭，何以家为"的名言，一代代地影响着中华民族的有志之士。

汉朝对外战争的胜利，使得外患解决，通往西域的丝绸之路从此畅通无阻，为汉朝的繁荣兴旺创造了条件。不仅如此，抗击匈奴的战争推进了多民族的融合。战争结束，匈奴的一部分远遁欧洲，而留下来的一部分归化为汉族或其他民族。

汉画像石有直接表现汉军与匈奴作战的画面。这种图像均基本写实，也有表意的成分，主要有两种。

（一）战场写实兼敌我形势分析

有一幅图描写了汉军与匈奴军战斗的情景，画面分成两个部分，用曲形山脉线分开。露出不完整的战马，意味着战争已延展到山中。左上角为战场交战写实。一位汉军骑兵将匈奴骑兵挑落马下，另一位汉军骑兵正在猛追匈奴骑兵。右下角，分为两组：上组，一胡兵在向首领汇报军情。首领俯身，手也在比画，似乎有些焦急。下组，一汉将牵着两个胡兵，向着汉军官员走来，汉军官员也倾着身，手向前探，似乎也在忙着打探什么。

这样一幅画实际上将不同时间、不同地点发生的与战争相关的故事集中在一起了，它既是战争实况的写真，又是敌我双方形势的说明。

（二）战场写实兼图画装饰功能

下一幅表现战争的画像石，似乎又有一些不同。这是一幅长卷，之所以安排成长卷，肯定是出于装饰的需要。正是因为这样，画面造型，就兼顾写真和装饰。写真主要是双方交战的情景。画面右方系汉军，领头的是两位骑兵，战马直向敌阵冲去，最前一位仰头大喊，扰乱敌人；后一位立起身子，举着长枪向敌人刺去。两位骑兵的后面是两位步兵，他们在放箭。左方是匈奴，两位骑兵在败退，但仍回头放箭。胡骑后面是两位胡骑首领在交谈，从手臂高扬的姿势来看，似乎很激动。战场的其他画面，或是城楼，或是云雾，或是军队，既可以看成战争的地理背景，也可以看作画面的装饰。

汉胡交战图（山东滕州汉墓出土）①

汉画像石关于军队的描绘，让我们感受到汉朝的军威和强大，感受到汉人热爱祖国、热爱民族、热爱家园的炽烈情怀。

第二节　汉人社会

汉代画像石是汉代社会世情百态的写真，这种世情百态透显出来的是社会的世情百态，这种世情百态透显出社会的安详、和谐和财富的殷实。

一、男女婚恋

汉代画像石中比较喜欢描绘婚恋的情景，多渲染一种喜庆、吉祥的气氛。

江苏铜山汉王东沿村出土的汉墓，有一画像石，表现的就是结婚的情景，这是一幅具有象征意味的画作，正面是华屋，屋内有青年男女在饮酒，屋外，左右门，均有一位人士在侍卫。两旁各有一连理树。屋顶停着一只大凤凰，左右方各有两只小凤凰向着停在屋顶的大凤凰飞来。

---

①　采自张道一：《画像石欣赏》，重庆大学出版社 2009 年版，第 245 页。

喜结连理图 (江苏铜山汉王东
沿村汉墓出土) ①

　　尽管在汉代社会,禁止未婚男女私下幽会,但男女之间偷情、幽会,任
什么规矩都是阻止不了的。让人意想不到的是,这种男女幽会偷情的事竟
然还描绘在画像石里。安徽灵璧九顶镇就出土这样一块画像石。此图的场
景是织布室。女子正在织布,猛然间,一男子进来了,从后面揽住女子的腰,
女子回过头来,男子就亲了上去。让人不解的是,背后有一胖男子进织布
室来了,一手端着灯,一手拿着物件,此人可能是仆人。画面洋溢着诙谐、
欢悦的气氛。这样的场景能出现在画像石中,至少说明当时社会风气比较
宽松,青年男女恋爱有一定的自由。

织布室中的偷情 (安徽灵璧九
顶镇汉墓出土) ②

① 采自张道一:《画像石鉴赏》,重庆大学出版社 2009 年版,第 127 页。
② 采自张道一:《画像石鉴赏》,重庆大学出版社 2009 年版,第 129 页。

二、娱乐天地

西汉社会国家收入大幅度增加，这些收入，一部分用于军队及各种建设，大部分为统治阶级消费了。"后宫美女有时多达数千人。有些贵族妻妾多至数百人，豪富吏民养歌女数十人。"① 汉文帝虽然提倡节俭，但下面的贵族官员根本不听他的。贾谊说："且帝之身，自衣皂绨，而靡贾侈贵，墙得被绣。"②

汉朝显贵的享乐生活主要有博局、宴饮、乐舞。

博局带有赌博性质，最为有名的为六博，为一种下棋游戏，棋子为六黑六白。葛洪撰的《西京杂记》多处写到汉人喜欢玩弈棋："杜陵杜夫子善弈棋，为天下第一。人或讥其费日，夫子曰：'精其理者，足以大裨圣教。'"③ 这里说的棋即六博，下这种棋是需要费时间的，但其中有深刻的道理，它的功用不只是消遣，还有助于圣教。这样一种游戏，应该说于贵族官宦是最合适不过的了。

诸多汉画像石全面地表现官宦人家的富贵气象，如下幅图：

此图分为地面层、地下层：地下层为车马出行。三驾车，前后两车，有伞盖，为驾车人遮阴，两车均为随从，前开路，后护卫。中间一车为主人，车厢为敞篷式。主人车前有双骑侍卫。整个场面，威风凛凛，气势磅礴。

主体为一座高大华屋，似为娱乐场所。华屋有三层。地面层右有长长的门庭，门半开，有迎者出，客人欲进，客人身后有马车离开，客人为来此楼享受娱乐的官员或贵族。地面层左对着空地，门大开，门内有人吹笙。门外有大型百戏表演。

华屋的二楼有四位持着仪仗的官员。门外还有持着同样仪仗的官员。

华屋的三楼两位官员或贵族在相互致意。

华屋下面，通栏为车马出行，似是表示贵族、官员的到来。

---

① 范文澜：《中国通史简编》修订本第二编，人民出版社 1965 年版，第 78 页。

② 贾谊：《贾子新书·孽产子》。

③ 葛洪：《西京杂记·卷二·精弈棋裨圣教》。

贵族生活图（江苏睢宁县墓出土）①

　　华屋两旁的画面分为四层，其所画的内容或与屋内情景相衔接，如华屋地面层的马车离开；或为华屋内生活描写，如与华屋二楼相连的乐队；或为祥瑞物，以为背景，如向着地面飞来的夔龙、彩凤等。

　　如此构图，完全不顾及透视原则，更不顾及时空秩序，但它将贵族生活的场景袒露无遗。这是一种什么样的生活：豪华、奢侈，但因为有龙凤在造势，有百戏在喧嚣，更有马车在奔驰，它将汉朝作为中华第一个最强盛的国家国威展现得极为充分，极具魅力！

　　汉代社会民间的娱乐很丰富，其中最为突出的是百戏，百戏涵盖歌舞、角觝戏、杂耍、杂技、魔术等诸多表演，通常在露天举行。百戏的情景，张衡的《西京赋》有记载：

　　　　临迥望之广场，程角觝之妙戏。乌获扛鼎，都卢寻橦，冲狭燕濯，
　　　　胸突铦锋。跳丸剑之挥霍，走索上而相逢。……总会仙倡，戏豹舞熊。
　　　　白虎鼓瑟，苍龙吹篪。女娥坐而长歌，声清畅而蜲蛇。洪涯立而指

────────────

① 采自张道一：《画像石鉴赏》，重庆大学出版社 2009 年版，第 123 页。

麾，被毛羽之襂襹。度曲未终，云起雪飞。海鳞变而成龙，状蜿蜿以蜑蜑。……吞刀吐火，云雾杳冥。……尔乃建戏车，树修旃，侲僮程材，上下翩翻……①

葛洪的《西京杂记》对百戏也多有记载。

值得高度重视的是汉代百戏不少项目来自境外。翦伯赞说："武帝时已有安息的马戏班来到中国，表演角力、杂耍、戏兽等技艺……在东汉中叶，罗马的魔术团，也来到中国了。"② 这些在汉画像石中均有表现。翦伯赞对于张衡的关于百戏的描述，一一找出它的来源：

《西京赋》中所谓"乌获扛鼎，都卢寻橦，冲狭燕濯，胸突铦锋。跳丸剑之挥霍，走索上而相逢。"就是角力竞技的节目。所谓"总会仙倡，戏豹舞罴。白虎鼓瑟，苍龙吹篪。"就是假面戏。所谓"女娥坐而长歌，声清畅而蜲蛇。洪涯立而指麾，被毛羽之襂襹。"就是化装歌舞。……所谓"海鳞变而成龙，状蜿蜿以蜑蜑……吞刀吐火，云雾杳冥。……"这都是幻术的表演……从"都卢寻橦"与"水人弄蛇"二语看来，当时的马戏班中，又有南洋群岛人及印度人参加。盖"都卢"为南洋之国名；而"弄蛇"，则为印度人的把戏。

以上各种把戏，在今日已不可复见。唯假面之戏及水人弄蛇尚保留在汉石刻画像中。③

下面这幅汉画像石出土于山东安丘市董家庄。它比较全面地展现了百戏的情景。中心部位有一个艺人托着长长的十字竿，横竿上多个儿童在表演，竖竿上有两个儿童在爬竿，顶上还有一人在表演，场面极为惊险。广场上有翻筋斗、倒立等诸多表演，其动物，可能是化装表演；有骑马者，不是路过，而是在表演马戏。

---

① 张衡：《二京赋·西京赋》。
② 翦伯赞：《秦汉史》，北京大学出版社 1983 年版，第 548—549 页。
③ 翦伯赞：《秦汉史》，北京大学出版社 1983 年版，第 549 页。

百戏图（山东安丘市董家庄出土）①

三、殷实社会

汉朝社会之所以有着这样美好的景象，重要原因是汉朝是一个相对比较殷实的社会，经济相对比较繁荣。虽然普通百姓日子过得艰难，但达官贵人、庄园主、工商业主是真正地富裕。汉朝社会的殷实在画像石中也有反映，下面是出土于四川成都曾家包东汉墓的画像石，画面分为三层，多方面地反映主人家的富裕。中间层一排酒缸，有织布机、有驴车、有农具、有兵器架、还有马厩。下层有人在劳作、做饭，还有家禽。上层为屋外，为崇山峻岭。

汉朝是中国历史上第一个强盛的统一的王朝，它是中华民族世世代代的缅怀与自豪。汉画像石的重要价值在于它以感性的画面将汉朝的时代风貌、时代精神传达出来。通过这些画面，我们深切地感受到属于中华民族华彩乐章的汉朝四百年是如何的华彩，支撑华彩的精神力量是如何从汉画像石传递到我们的身上，从而让我们感到通身温暖，斗志昂扬，意兴遄飞。我们现在所从事的事业正是汉人事业的继续，我们要努力实现的梦想其实正是汉人的梦想。

---

① 采自张道一：《画像石鉴赏》，重庆大学出版社 2009 年版，第 166 页。

天府殷实图（四川成都曾家包东汉墓出土）①

第三节　精神世界

　　汉人的精神世界是非常丰富的。汉人除了关注经验的世界外,还关心超验的世界。汉人的超验世界主要为神灵的世界,神灵有多种形态:一是无形,它如空气一样就在我们的周围,你意识不到它,它不存在,你意识到了,它就存在。二是宗教形象,佛教有佛、菩萨等;道教有天帝、神仙等。宗教神灵就其本真来说,也是无形的,但为了信徒崇拜的需要,它们被制作成各种雕像或画像等。三是祥瑞。祥瑞多是自然界的特殊现象,或为天象,如星象、云象,或为动物,如麒麟、凤凰。四是灾异。灾异,其表现可以是自然界的某种灾害,操纵这场灾难的是某种神灵;也可以是某种莫可名状的鬼魅。

　　汉代在中国历史上为成年的时代,没有成年,就是少年、青年,比较地懵懂。虽然世界上有诸多恐怖的事,但不知道害怕。成年了,知道的事多了,也懂得了害怕。成年,但不成熟,因而将恐怖归之于神灵。在中国历史上汉朝是全面宗教化的时代。首先,是儒家开始宗教化,董仲舒的"天人感应"说,将哲学上的"天人合一"迷信化也宗教化了,天,由物质的宇宙变成了

---

① 采自张道一:《画像石鉴赏》,重庆大学出版社2009年版,第133页。

精神的主宰，由物变成了神。其次，是道教的产生，道教的理论基础是道家的自然学说，而在它成为宗教的工具之后，道法自然这一道家的宗旨旁落了，神仙取代了自然，一跃成为教义的宗旨。不是自然万能，而是神仙万能。与其道法自然，还不如得道成仙。汉代，佛教也进来了，佛教原本是无神论，但传教的初期，还在印度，就将本为人的佛陀神化了，神化的还不只是佛陀，还有他的徒弟、侍者，于是就产生了一个庞大的神灵世界。除此以外，还有与原始的萨满教、巫术相关的诸多神物崇拜在社会流行。与政治相关的图谶，因为统治阶级的支持，更是全社会关注。祥瑞，为人们普通的崇拜，为了将祥瑞牢牢地控制，将主要祥瑞概括为四灵：青龙、白虎、朱雀、玄武，将它们的形象固定在屋宇或墓地上，让它们引来或守卫着人们的幸福。如此种种原因，汉人的超验世界极为丰富，既美丽，又恐怖。

汉画像石全面地表现人们的超验世界，主要有：

一、祥瑞

汉人崇祥瑞，史书多有记载，其中作为祥瑞而载入史册的有黄龙、飞马、麒麟、陨石、白鹤、群鸟、凤凰、雁、芝草、虹气等。麒麟是中华民族最为看

麒麟 (江苏邳州尤村出土) ①

---

① 采自张道一：《画像石鉴赏》，重庆大学出版社 2009 年版，第 189 页。

重的祥瑞，其实，它就是鹿的一种。汉画像石中，麒麟的图像多有发现。上图是江苏邳州尤村出土的一件画像石，画面是麒麟。凤凰是美的象征，所有的凤凰图像都透出青春与美丽，它是汉画像石最可爱的形象。

"四神"为青龙、白虎、朱雀、玄武，它们都有现实某种动物因素，但不能归结为某种动物，它们是人类想象出来的神物。通常也被归属于祥瑞，但四者合在一起时，它们的意义就超出祥瑞，成为担任护卫功能的神灵。汉画像石中有诸多的四神形象，有合在一起用的，更多是分别用的。朱雀是不是凤凰，有两种说法，一种说是，另一种说不是。宋朝科学家沈括说："四方取象苍龙、白虎、朱雀、龟蛇，唯'朱雀'莫知何物，但谓鸟而朱者，羽族赤而翔上，集必附木，此火之象也。或谓之'长禽'，盖云离方之长耳。或云'鸟即凤也，故谓之凤鸟。少昊以凤鸟至乃以鸟纪官，则所谓丹鸟氏即凤也'。"①

四神中，龙的形象变化最多。下面龙图像出土于山东临沂市白庄。此龙为翼龙，四肢齐全，有双翼，最为突出的是尾巴，高高地甩在背后。其次，是胡须，龙的胡须向后飘拂，既见出龙在向前飞腾，又见出龙的潇洒。画面中的龙形象为写实与写意的结合，形神兼备而以传神为主。其装饰味极浓。如此精致且特色鲜明的龙图像极为少见，堪为画像石中的精品。

翼龙（山东临沂市白庄出土，系画像局部）②

---

① 　沈括：《梦溪笔谈》卷七。
② 　采自张道一：《画像石鉴赏》，重庆大学出版社 2009 年版，第 384 页。

二、神仙

汉画像石中神仙图像很多，有中华民族始祖神，主要有伏羲、女娲，也有出自中华民族神话传说中的神仙，如西王母、东王公、嫦娥。汉画像石中的神仙形象来自正统道教的不多，很少有玉帝、老君这样的形象，更多来自民间，而且主要来自楚文化地区的传说。屈原作品中的东皇太一、东君、河伯、山鬼在汉画像石中均有发现。汉画像石的神仙图像中，最有名的是西王母。西王母的故事最早出现在《山海经》中，书中说她住在玉山，"其状如人，豹尾虎齿而善啸，蓬发戴胜，是司天之厉及五残"。①从她的功能看，应为神仙之属，形象则为人兽的混合。《穆天子传》中也有西王母，她是周穆王西行途中所遇到的一位部落酋长，其形象没有记载，西王母所居的地方，为荒野，"虎豹为群，于鹊与处"。《穆天子传》可能更多地属于历史书，西王母应是母系氏族社会孑遗。《淮南子地形训》也记载了西王母，说"西王母在流沙之濒"，其根据很可能来自《穆天子传》。《淮南子》将西王母看作传说，没有说她的形象有动物的成分。虽然西王母的故事多少有些事实根据，但总的来说，她是女性神仙。豫中地区出土好几幅西王母故事图像，其中一幅有连绵的山脉，西王母坐在山中，有一人骑马飞奔前来，这个故事莫非讲的是穆天子的到来？

中国古代的图像文化跨雕塑与绘画两界，主要用在贵族的建筑之中，按汉代视死如生的观念，也用在墓道建筑中。基于主要属于居室装饰，它的精神性价值显得特别突出：

第一，强调居室主人高贵的身份。此种高贵不只在现实世界安享富贵尊荣，还在非现实世界进入神仙之列，具有超人的本领，超越肢体的有限，更是超越生死大限，上下与天地同流，纵横与造化为友。

第二，突出文化的超时空性。画像石作者有意拉开与现实的距离，以凸显精神上的威慑力。这种超时空的文化，可以分为域内和域外两个方面：

①　《山海经·西山经》。

一方面是域内文化的影响。一是史前社会带来的原始宗教文化的影响。史前的陶器、玉器特别是玉器的装饰与造型中有许多怪异的东西,至今还不能理解。二是民间神话传说的影响。像凤凰、夔龙、夔凤、饕餮这类最具中华民族特色的形象在商周的青铜器中的装饰就很盛行。这些东西或直接或变相带到汉代的图像造型中来。另一方面是异域文化的影响。汉代的雕塑与画像石中,有狮子形象。狮子源于西域的进贡,《洛阳伽蓝记》谈到狮子,说"永桥南道东有白象狮子二坊"①。关于白象和狮子,此书注语说:"白象者,永平二年乾陀罗国胡王所献。背设五采屏风,七宝坐床,容数人,真是异物。……狮子者,波斯国胡王所献也。"②

第三,着力渲染怪异恐怖气氛。这一方面反映汉朝社会比较迷信,图谶文化之所以在汉朝能够发生作用,有时甚至还关乎王朝的更替,与汉朝社会整体上比较迷信有很大关系。另一方面,这也是一种统治术。统治阶级需要借这种怪异且无法在现实中得到验证的自然形象、动物形象来威慑人民,威慑敢于向他们挑战的冒险家。

今天我们看待汉画像石中的神灵世界,感受当然与汉人不同。我们不会感到恐惧。我们感受到的是沉雄,是博大,是横空出世,是不可一切。

以今天的文明去嘲笑汉朝的文明是不可取的,须知正是因为有汉朝这样的文明,才有了今天我们这样的文明。人类是进步的,进步不是飞越,而是一步一个阶梯地攀登。

应该说,神灵崇拜以及相关的怪物崇拜,是历史发展中不可回避的精神现象。这种现象一直都有,只是人们崇拜的神灵、怪物变化了。

第四节　大美融会

汉画像石最大的特点是包容性。汉画像石中几乎蕴含中华民族全部的

---

① 《洛阳伽蓝记·宣阳门》。

② 《洛阳伽蓝记·宣阳门》。

思想观念与审美观念，就像百川汇海。这种融会百家而创造的美是真正的大美。

画像石审美的融会性主要体现在四个方面：

第一，宇宙的融会性。

宇宙本是一个大杂烩，什么都有，汉画像石，从题材来看，同样是什么都有。从人间社会到自然天地，从现实世界到历史远古。每一类中，都是应有尽有。人间生活，论人物，有圣贤君王，侠客壮士，烈女孝子。论文雅，有礼乐彬彬，朝会燕居，琴棋书画。论军武，有格虎屠龙，比武格斗，激战沙场。论宴玩，有庖厨宴饮，歌舞博局、魔术杂技。论劳动，有农耕纺织，造车放牧，酿酒冶铁。自然世界：有飞禽走兽，草木虫鱼，日月星宿。神仙天地：有伏羲女娲，牛郎织女，嫦娥奔月。祥禽瑞兽：有麒麟凤凰，青龙白虎，朱雀玄武。所有这一切，往往多种因素聚在一起，比如说，宴饮场面，必有车马，有歌舞，有博局，屋外必有各种自然物，有崇山峻岭，有飞瀑溪流，还有诸多祥禽瑞兽在华屋四周聚合。

汉人的世界，崇尚的是齐全，是丰富，是多元融会，是极其快乐，是生活的极致。

第二，文化的融会性。

汉朝文化基本上将周秦文化全继承下来了，儒家、道家均有，而且各有发展。儒家发展出经学，经学分古文、今文两大学派，虽然有较量，但实际上兼容。天人感应、礼乐治国、尊君爱民、忠孝节义均有。道家发展出黄老，既养气炼丹，又召神弄鬼。另，从儒道母体派生出谶纬之学，虽然不少人说它是学术的怪胎，但实际上它是汉朝特别是东汉政治的重要组成部分，与其说它是迷信，而不如说它是政治说、阴谋说。谶纬学中的谶离不开图，因而称图谶。图有像，像有所本，本来自自然与社会，于是又催生出祥瑞文化。祥瑞文化与风水文化相结合，深入民心，成为民俗文化、节庆文化的重要内容。中华民族是一个极讲究历史的民族，始祖崇拜为第一崇拜，不管哪种文化，儒也好，道也好，谶纬也好，均要联系上伏羲、女娲、炎帝、黄帝。中国的神仙几乎融会中国的儒家文化、道家文化、佛教文化、道教文化，还有始祖文化。神仙，它们既在彼岸，又在此岸。它们都能穿越时空，与我们在一起。所有这些，说起来似是五花八门，甚至可以说昏天黑地，但又顺理成章，言之有故，它们都成为汉代画像石的精神构成。任何一幅汉画像石，我们感受到的不只是一种学说、一种精神、一种观念，而是许许多多的学说、精神和观念，难以穷尽。它们融会在一起，共同抚慰、感化我们的灵魂。汉画像石是丰富的精神大杂烩，却又是上佳的精神营养汤。

第三，艺术的融会性。

就功能来看，画像石（含画像砖）首先是建筑材料，它们往往用作建筑部件，但因为表面有画，又被视为艺术，可以说，画像石是功能性的材料与非功能性的艺术的统一。

就艺术来看，它属于哪种艺术，也值得研究，就它主要平面造型来看，它是画；但是，因为它的平面造型有的用了刻刀，因此，它又是雕塑。从艺术大类来说，它是绘画与雕塑的统一。

就作为雕塑来说，它的雕刻手法很多，有阴线刻、凹面阴线刻、凸面阴线刻、浅浮雕、高浮雕、浮雕、圆雕、减地绘画法、综合雕绘法。这里，减地绘画法突出显示雕刻与绘画的结合。此方法通过将形象外的地面减地，让形象凸显。然后，勾上线条，施上色彩。这种方法充分见出雕刻与绘画的结合。综合雕绘法是将各种雕刻手法用于一幅作品的创作，这其中也有一些绘画手法的运用。

就艺术中的主要类绘画来说，它有多种作画手段：线条造型、块面造型、书法造型等。往往一画采取多种手法。就画面布局来说，有一幅整一式，多幅合一式。多幅合一式又分为上下排列、左右排列、功能分区排列等。值得突出说明的是，画像石的画面布局不一定遵循事物本身的时空逻辑，它更多地出自于画家主要意愿，他希望什么画面突出，就将它放在最引人注意的地方；他认为什么画面应该让观者一并了解，不管它们是不是有逻辑关系，就将它们拼合在一起。

汉画像石中诸元素的组合，有的是有故事的，有的没有故事。有故事，或按时间，或按空间安排诸元素关系；没有故事，就按画家的意图，安排诸元素的关系。汉画像石中诸多元素的安排，有些体现出时空的合理性；有些体现形式美的规律，如平衡对称、相反相成等；有些则完全根据画家的意图。画家为了强调什么，说明什么，可以打破以上所有的规矩，随意安排画面中的诸元素。

第四，审美的融会性。

人类的审美是丰富的，但在不同的审美领域各有侧重，基于画像石的融会性，在审美上它的融会性也非常突出：

就生活意义的审美来说，几乎包括生活中所有方面的审美，我们粗略地将它区分为经验层面、超验层面。经验层面为现实，超验层面为想象。经验层面为现实生活中诸多方面的审美，作为艺术，它虽然不能取代生活中的审美体验，但能让人联想或想象生活中的体验，比如宴享，画面上的美食诚然不能品赏，但它能让人想象曾经吃过的美食。画像石关于生活的生动描绘，引起观者无限丰富的对生活的回忆与猜想。

就制作方式的审美来说，画像石作为艺术，它是画家精心制作的，这中间，有大量的形式美的创造。雕刻、绘画，均有不同的形式美法则，画像石两种兼而有之，因而画像石中的形式就含有雕刻和绘画两种美。

画像石作为绘画，主要是线条造型，中国绘画表现手法最主要的是线条，著名的线条造型手法，人们赞誉为"曹衣出水""吴带当风"。"曹衣出水"创造者为曹仲达，北齐人；"吴带当风"的创造者为吴道子，唐朝人。另外，还有诸多线条造型手法。所有线条造型手法均可以从汉画像石中找到源头。可以说，绘画线条的美源自汉画像石。

汉画像石也有色彩造型。汉画像石的色彩造型很有特色，其主要特色有三：第一，色彩斑斓，反映出汉朝人的审美情趣尚富艳，这种审美与后世出现的文人画审美完全不同。第二，尚正色。中国有五色观念，五色为黄白红青黑。在五行说出现后，它们分别与中西南东北方位相应、与土金火木水五行相配。汉代正是五行说盛行之时，这也影响了画像石的色彩。第三，楚风特征。汉文化与楚文化有一种血脉关系，汉画像石的色彩具有楚风特征一点也不出奇。楚风在色彩上突出表现为尚红、墨两色，这一点在汉画

执戟门吏 (河南省洛阳出土) ①

像石见出了。

　　就艺术审美观念来说,汉画像石的审美观念有五个突出特征:

　　第一,重主轻客。画像石的形象来自生活,生活是客观的,为客体,但当它成为画像石的形象时,它就相当地主观化,成为主体观念的物化。我们说,汉画像石所表现的生活场景很真实,其实,这种真实是很有限的,它受制于画家的主观认识。河南洛阳偃师新莽墓出土一件画像砖,砖上表演伏羲女娲形象,其伏羲形象特别夸张:一位男子,正面,头上有弯弯的牛角,眼大如圆球,巨口,露牙,上身裸露,两手各握住一条巨蛇,两脚分别踩在蛇的身上。最为奇怪的是,两条蛇头分别为两个人物的上身。这种表现法,只是部分地顾及生活真实,这样做,为的是突出某种理念。

　　第二,重神轻形。汉画像石上的形象多为人物形象,对于人物形象的描绘,有一个形与神的关系问题,汉画像石普遍见出的观念是:重神轻形。为了突出神,画像石常采取夸饰的手法,有意突出什么,强调什么,而不顾

―――――――――――

①　采自李国新:《汉画像砖造型艺术》,河南大学出版社 2010 年版,第 23 页。

及实际生活中的真实形象。神，在画像石，不一定是人物的面部，它可能是身体的某一种动作。汉画像石重神轻形的观念直接影响南北朝时顾恺之的形神观念。

第三，人神混迹。汉代，人们的精神世界有诸多的神异现象，这其中，有神仙，也有鬼魅。对于死后的世界，汉人也有诸多的想象。这些观念均反映到画像石中来，让画像石不同程度见出一种诡谲、神秘的气氛。像马王堆帛画所表现的天上、人间、地狱三个世界的画面，在汉画像石中也有。在汉人的审美观念中，天上、人间、地狱这三者本就是一体的，而且也是实存的，人生活在三界中，感受着与人们、与神仙、与鬼怪交际的喜怒哀乐。

第四，多焦透视。生活中，眼睛观物，只能有一个焦点，所视的效果远小近大，这是人类眼睛视物的生理规律使然。这种视物原则直接影响到绘画。西方绘画，严格遵循这种原则，名焦点透视。中国绘画，并不严格遵循焦点透视原则。宋朝绘画创"高远""深远""平远"三远法，三种不同的焦点可以表现于同一形象中，而且不破坏画面，观者不觉得别扭，不自然。这是宋人处理画面布局的手法。这种手法，溯其源可达汉画像石，汉画像石基本上没有焦点的概念，各种不同焦点视物均合并在同一画面上。

第五，装饰求美。画像石虽然注重它的记录功能、致善功能，但一点也不忽视臻美功能。其美一方面来自它内容的真与善，另一方面则来自形式上的讲究。这种形式上的讲究，不能说与内容没有关系，也有关系，但更多的则来自对于形式规律的创造性的运用。如下面的这幅朱雀图，就与一般的朱雀图不同，它通过造型、线条运用更多地展示一种婉转柔和的美感。

五个特征体现出四个审美观念，统一起来，就是审美融会，在汉人的审美中，主观与客观、凡人与神灵、现实与想象、方位与混同、动态与静态、聚焦与散焦、美与真善等，都融会一体，浑然不分，而在这个融会的境界中，突出的是主体的选择，主体的认同，主体的自由。

这种审美观念在以后的中国艺术创作特别是绘画的创作中产生重要影响，从本质上来看，中国艺术就是以汉画像石为源头甚至为代表的大全的艺术、自由艺术。大全意味着人们希望在艺术中实现自己的一切愿望，自

朱雀图（河南洛阳出土）①

由意味着画家在艺术中可以自由地挥洒自己的才华，而完全不顾章法。

汉画像石是中国艺术审美的渊薮，它的影响力绝不止于艺术。

中国记录历史，有两种形式，一种是文字，另一种是图像，任何记录都是历史的记录，均可以看作曾经的实存，不管是物质的，还是精神的。

汉画像石是诸多图像中的一种，因为它记录历史的丰富，所以为人特别注意。图像记录的历史与文字记录的历史可以相互参照，但又各有特色，大体上，文字注重思想，注重事件的历史过程，而图像则注重现象，注重事件的现实呈现。两种记录历史的工具，缺一不可。人类发展有一个从精于图像绘制到精于文字表达的过程，史前，主要依靠图像记事或表意，进入文明时期，则主要依靠文字记事或表意。在中华民族，用图像记事或表意，虽始于史前，但在汉朝达到巅峰。图像才真正是汉朝社会全面的记录，相对于图像作品文字作品，对于社会的记录要逊色得多。

此后，发生了嬗变。图像记事功能衰退，而文字记事功能加强。

图像记事功能衰退，审美功能加强。这与造纸术的发展有一定关系。

造纸技术的提高，为图像审美功能的强化创造了优越条件。文字功能的强化，虽然不以图像记事功能弱化为前提，却不无关系。文字运用在唐、宋出现高峰。诗歌、散文以及历史著作繁荣，产生大量的文字作品，培养出不少像李白、韩愈、苏轼、司马光、朱熹这样伟大的文学家、史学家、哲学家。

---

① 　采自李国新：《汉画像砖造型艺术》，河南大学出版社2010年版，第29页。

以文字为记载工具的文化作品可谓汗牛充栋,成为中华文化成果主要形式,图像退于其后了。

从文化史的角度看汉画像石,笔者认为,汉画像石地位特殊,它是图像记事由盛转衰的重要节点,正是基于这一原因,我们对于汉画像石要给予更多的关注。

第十一章

王充的美学思想

　　王充（27—约97），字仲任，会稽上虞（今浙江上虞市）人，东汉唯物主义哲学家，《论衡》是他最重要的哲学著作。汉代自董仲舒附会阴阳五行建立以天人感应为核心的神学体系之后，整个社会弥漫着一股浓厚的迷信气氛，谶纬之学蜂起，许多文人趋之若鹜。东汉开国皇帝光武帝笃信谶纬，以谶言"刘秀发兵捕不道，卯金修德为天子"宣布他应做皇帝。刘秀还提倡以图谶断疑，《后汉书·郑兴本传》曾载："帝（光武）尝问兴郊祀事曰：'吾欲以谶断之，何如？'兴对曰：'臣不为谶。'帝怒曰：'卿之不为谶，非之邪？'"明、章二帝继光武后又大力提倡谶纬，遂致各种纬书风行天下。与之相应，社会上鬼神观念泛滥成灾。

　　在这种背景下，王充以大无畏的精神奋起批判谶纬神学、鬼神观念，为正统儒学正本清源。王充的《论衡》就是这样一本具有深刻批判精神的唯物主义哲学著作，王充在中国哲学史上是一颗光辉璀璨的巨星。历代凡操唯物主义观点的学者对王充均给予很高的评价，刘熙载说："王充《论衡》独抒己见，思力绝人。"章太炎说《论衡》："正虚妄，审向背，怀疑之论，分析百端，有所发摘，不避上圣，汉得一人焉，足以振耻，至于今亦鲜有能逮之者也。"[①]

---

① 　转引自袁华忠：《论衡全译》，贵州人民出版社1991年版，"前言"第3页。

王充的《论衡》虽不是美学著作，但有一些非常可贵的美学思想，在儒家美学体系中别有独特贡献。

<h2 style="text-align:center">第一节　气、形、神</h2>

王充认为，天地万物都是由元气构成的。他说："天地，含气之自然也。"① 可见"气"是物质，不是精神。那么这种"气"又是如何化生天地万物的呢？ 他认为主要是阴阳和合的结果。"夫阴阳和则谷稼成，不则被灾害。阴阳和者谷之道也。"② "阴阳之气，凝而为人，年终寿尽，死还为气。"③ "天地合气，万物自生，犹夫妇合气，子自生矣。"④ "天覆于上，地偃于下，下气蒸上，上气降下，万物自生其中间矣。"⑤

用阴阳交合来解释天地万物的产生，这种理论显然来自《易传》。《易传》云："阴阳合德而刚柔有体，以体天地之撰，以通神明之德。""天地絪缊，万物化醇；男女构精，万物化生。"这是中国独特的生命哲学，而中国的美学就建构在这个基础之上。阴阳交感不仅是生命之源，也是美之源。

王充认为，人作为自然界的一部分，也是"气"的产物："人之所以生者，精气也。"⑥ 人的"精气"与人的饮食有关，"夫人之生也，禀食饮之性。"⑦ 人的精气产生了人的形体，而所谓精神又必须寄寓在人的形体之中，不能脱离形体而存在，如形体死灭了，精神也就不存在了。王充用囊橐比作人的形体，米粟比作人的精神，说：

> 米在囊中，若粟在橐中，满盈坚强，立树可见，人瞻望之，则知其为粟米囊橐。何则？ 囊橐之形若其容可察也。如囊穿米出，橐败粟弃，

---

① 王充：《论衡·谈天》。
② 王充：《论衡·异虚》。
③ 王充：《论衡·论死》。
④ 王充：《论衡·自然》。
⑤ 王充：《论衡·自然》。
⑥ 王充：《论衡·论死》。
⑦ 王充：《论衡·道虚》。

则囊橐委辟，人瞻望之，弗复见矣。人之精神藏于形体之内，犹粟米在囊橐之中也。死而形体朽，精气散。犹囊橐穿败，粟米弃出也。粟米弃出，囊橐无复有形，精气散亡，何能复有体而人得见之乎？ ①

王充就是根据这个道理驳斥人死亡后化为鬼、精神尚存的迷信的。

王充关于气、形、神的理论在美学上的意义主要有两点。

第一，它是中国艺术美学中"文气"说、"气韵"说的哲学基础之一。中国的传统艺术创作理论强调"文以气为主"②，崇尚"气韵生动"③。这"气"大致可分为作品的生气、作家的才气两个方面，总起来指一种生命意味。这种生命意味应该是既充沛刚劲，又灵动机智。唐代诗人柳冕说："夫善为文者，发而为声，鼓而为气。直则气雄，精则气生，使五彩并用，而气行于其中。故虎豹之文，蔚而腾光，气也；日月之文，丽而成章，精也。"④ 可见，这"气"不只是使文章充满生气，而且可使文章"五彩并用""蔚而腾光""丽而成章"，是文章内容美、形式美的总源头。

第二，它是中国艺术美学中"形神"论的哲学基础之一。"形""神"是中国传统美学中一对重要范畴。自东晋著名画家顾恺之从艺术学角度提出"传神写照"以来，后世艺术家就此发表的言论甚多。虽然基本倾向是重"神似"，但并不离开"形似"。宋代的晁补之针对时下有片面强调"神似"而忽视"形似"的倾向，说"画写物外形，要物形不改；诗传画外意，贵有画中态"，主张将"形似"与"神似"统一起来。清代王夫之为此做了很好的总结："两间生物之妙，正以神形合一，得神于形，而形无非神者。"

第二节　疾　虚　妄

王充的美学思想中最重要的是他的"疾虚妄"说。王充说：

---

① 王充：《论衡·论死》。
② 曹丕：《典论·论文》。
③ 谢赫：《古画品录》。
④ 柳冕：《答衢州郑使君论文书》。

文人之笔，独已公矣。贤圣定意于笔，笔集成文，文具情显，后人观之，见以正邪，安宜妄记？足蹈于地，迹有好丑；文集于礼，志有善恶。故夫占迹以睹足，观文以知情。"《诗》三百，一言以蔽之，曰：'思无邪'。"《论衡》篇以十数，亦一言也，曰："疾虚妄。"①

"疾虚妄"就是痛恨虚假。整个《论衡》就是本着求真求实的精神，对古往今来诸多史实、传说一一考校，摒弃其虚假者，力求还事物的本来面目。《论衡》这个书名，他自己解释就是"铨轻重之言，立真伪之平"。

从美学角度言之，这属于美与真的关系问题。先秦儒道两家虽然都主张真善美的统一，但强调的重点是不同的，对真善美含义的理解也有差异。大体上，儒家比较多地强调"善"的地位，真善美三者中，善是基础，善即美；至于"真"，儒家将它虚挂，不去正面地谈它，有时用"诚"来代替。道家较多地强调"真"的地位，真善美三者中，真是基础，真即美；至于"善"，道家也将它虚挂，它批评的"礼义""人为"实际上不是善。道家讲的"真"包含两义，一是"道"，即天地自然本身的运行规律；二是实存事物的本来面貌。老子讲"美言不信，信言不美"，这"美"并非我们今天在美学意义上说的美，而是华丽、漂亮的外表。他讲的"信"就是真实。老子也并非说凡是"美言"都是不可信的，他只是提醒人们，华丽的辞藻往往是靠不住的。当一种思想需要用丽辞来修饰打扮的时候，总寓含有某种特别的目的，而真理总是朴素的，故老子说要"抱素守朴"。王充非常信服老子这一观点，他的"疾虚妄"，应该说与老子的"疾伪"在尊重事实这一点上是相通的。

王充既主"真"又主"善"，并且将"真"与"善"统一起来，这是他不同于道家而合于儒家的重要所在。就在我们上面所引的那段文字中，王充提出"文人之笔，独已公矣"，这"公"，既包含"真"，又包含"善"。王充说：一个人如果能够真正做到秉公作文，则"后人观之，见以正邪，安宜忘记？足蹈于地，迹有好丑"。这样，真、善、美就相通了。

---

① 王充:《论衡·佚文》。

王充虽然以"真"作为行文的首要标准，但目的还是"劝善"。他说得很清楚：

> 夫文人文章，岂徒调墨弄笔，为美丽之观哉？载人之行，传人之名也。善人愿载，思勉为善；邪人恶载，力自禁裁。然则文人之笔，劝善惩恶也。①

反过来，亦可以说，正是因为文章具有"劝善惩恶"的重要功能，一字一句都要准确。须知"加一字之谥，人犹劝惩，闻知之者，莫不自勉"②。

王充强调为文要真实，这是对的。他的"疾虚妄"在后世也产生了很大的积极影响，但王充忽视了科学真实与艺术真实的区别，用对待科学的要求来对待艺术，这就很不恰当了。比如他批评《诗经·小雅·鹤鸣》一诗中"鹤鸣九皋，声闻于天"，说这不真实，因为"耳目所闻见，不过十里，使参天之鸣，人不能闻也"③，这就不懂艺术了。按如此说法，李白的"白发三千丈""黄河之水天上来""疑是银河落九天"都是"虚妄"之语。按照科学的真实来衡量诗，诗就无真实可言。王充的观点无疑是偏颇的。

第三节　文　与　质

王充强调"真"和"善"，但并不忽视"美"。王充说："船车载人，孰与其徒多也？素车朴船，孰与加漆采画也？然则鸿笔之人，国之船车、采画也。农无强夫，谷粟不登；国无强文，德暗不彰。"④ 这里，王充没有明确说"美"很重要，但实际上说了。用船车旅行与步行相比，自然用船车旅行好；加漆采画的车船与什么装饰也没有的车船相比，自然加漆采画的车船漂亮。王充以此比喻国家需要"强文"，"强文"自然是美文。

王充还说："文必丽以好，言必辩以巧。言瞭于耳，则事味于心；文察于

---

① 王充：《论衡·佚文》。
② 王充：《论衡·佚文》。
③ 王充：《论衡·艺增》。
④ 王充：《论衡·须颂》。

目,则篇留于手,故辩言无不听,丽文无不写。"① 可见,写文章还是要注意文采。

"文质彬彬"本义是讲做人,既要注重内在修养,又要注重外在形象,做到内美与外美的统一。王充说:"人之有文也,犹禽之有毛也。"②

王充认为为物、为文均应如此。他说:"非唯于人,物亦咸然。龙鳞有文,于蛇为神;凤羽五色,于鸟为君;虎猛,毛蚡蜦;龟知,背负文。四者体不质,于物为圣贤。且夫山无林,则为土山;地无毛,则为泻土;人无文,则为仆人。土山无麋鹿,泻土无五谷,人无文德,不为圣贤。"③

质在内,文在外,体现在著文,则"实诚在胸臆,文墨著竹帛,外内表里,自相副称"④。

总之,内容与形式要统一,既真、善,又美。

内容与形式二者,内容是最重要的。在强调内容与形式统一之时,王充没有忽略内容的主导地位。他说:"丰草多华英,茂林多枯枝。"⑤ 内容解决了,形式问题就会随着解决。如若内容与形式发生矛盾,则应以形式服从内容,打个比方,忙着救火或救落水者时,是顾不上讲究仪表的("救火拯溺,义不得好"⑥)。同样,在辩论是非时,也顾不上言辞的美好("辩论是非,言不得巧"⑦)。

真、善、美三者,王充是将"真"放在第一位的,他明确地反对唯美主义。他说:"比不应事,未可谓喻;文不称实,未可谓是也。"⑧ 意思是打比喻如果与事不相符合,则不可以谓为"喻";文章所写与实情不符,不可以谓为"是"。

---

① 王充:《论衡·自纪》。
② 王充:《论衡·超奇》。
③ 王充:《论衡·书解》。
④ 王充:《论衡·超奇》。
⑤ 王充:《论衡·自纪》。
⑥ 王充:《论衡·自纪》。
⑦ 王充:《论衡·自纪》。
⑧ 王充:《论衡·物势》。

　　值得我们注意的是，非常重视文章实用功能的王充又很强调写作的个体风格和创造性。他说："饰貌以强类者失形，调辞以务似者失情。百夫之子，不同父母，殊类而生，不必相似，各以所禀，自为佳好。"① 由此，他还谈到了美的特殊性："美色不同面，皆佳于目；悲音不共声，皆快于耳。酒醴异气，饮之皆醉；百谷殊味，食之皆饱。谓文当与前合，是谓舜眉当复八彩，禹目当复重瞳。"②

第四节　本性与善美

　　人性问题是儒家津津乐道的问题。早期儒家孔子承认人有性，但人性为善为恶没有明说；到了战国，就有孟子的性善论与荀子的性恶论之分；至汉代，问题更复杂了，陆贾提出"天地生人也，以礼义之性"说。礼义为性，这显然是性善论的发展。董仲舒说："天之大经，一阴一阳；人之大经，一性一情。性生于阳，情生于阴；阴气鄙，阳气仁。"这样，人性就给分成两个部分，一为性，一为情；因性为阳，情为阴，阳仁阴鄙，自然性是善的，情就是恶的了。刘向也将人性区分为性与情两个部分，他认为，"性，生而然者也，在于身而不发"，它是潜藏在身内的；而情，"接于物而然者也，出形于外"，即是说，情是接触事物而产生的，它表现在外。

　　王充描述了自孟子以来关于人性的种种观点，然后表达了自己的看法：

　　　　实者人性有善有恶，才有高有下也。高不可下，下不可高。谓性无善恶，是谓才无高下也。禀性受命，同一实也。命有贵贱，性有善恶。谓人性无善恶，是谓命无贵贱也。③

　　王充是将人性、才、命三个问题作为一个问题来谈的。他认为，才有高下，命有贵贱，同样，人性也有善恶。

　　这里有三点值得我们注意。

---

① 王充：《论衡·自纪》。
② 王充：《论衡·自纪》。
③ 王充：《论衡·本性》。

第一，王充没有把性与情放在一起来评论。他肯定认为性与情不在一个层次上，人性是根本的，而情不是根本的。

第二，人性、才、命在王充这里均看作先天的：人性与才是禀赋，人性侧重于德性禀赋，德性分善恶；才侧重于智商禀赋，智商分高下，高下即智愚。命是人诸多先天因素的综合，它在一定程度上决定人后天的贵贱。

第三，人性、才、命的先天性，这先天性是神性的，还是自然的？王充认为是自然的。他说："人生性命当富贵者，初禀自然之气，养育长大，富贵之命效矣。"①

王充这种论述具有唯物主义因素，应该说，人的确具有先天性的因素，不要说同一父母的兄弟姐妹，就是同胞胎的兄弟姐妹，先天素质也有差别。这种差别在相当程度上影响后天的发展，王充将这种先天性应用到动物的卵、植物的种子。他说："鸟之别雄雌于卵壳之中也。卵壳孕而雌雄生，日月至而骨节强，强则雄自率将雌，雄非生长之后或教使为雄，然后乃敢将雌。此气性刚强自为之矣。"②确实如此，鸟的雄雌在蛋壳中就注定了的，并不是孵化成小鸟后后天训练成的。同样，"草木生于实核，出土为栽蘖，稍生茎叶，成为长短巨细，皆由实核"③。

王充这种观点有它的局限性。当它用在政治领域中，实际上是为帝王将相的合法性做了先天的维护。他说："夫王者，天下之翁也，禀命定于身中。"④话这样说，就有问题了。自然事物，它更多地受制于自然性，这自然性就是它的本性。而人类社会的事物，既有自然本性的一面，又有社会性的一面。决定人后天发展的诸多因素，既有属于自然本性方面的，也有属于社会性方面的。人的富贵穷通是诸多力量综合的产物，帝王将相并非完全是命定的。

王充的观点也有正确的地方，它正确地看到人性中固有自然本性的作用。王充的哲学本体论，应该是自然本体论。

---

① 王充：《论衡·初禀》。
② 王充：《论衡·初禀》。
③ 王充：《论衡·初禀》。
④ 王充：《论衡·初禀》。

自然本体论用在审美上，其具体意义有三。

第一，自然美美在它的自然本性上。松、竹、梅被人们称为三君子，因为它们都具有傲寒的品质。这自然性的傲寒被文人比喻为社会性的抗邪恶。松、竹、梅虽是自然物，但是在人们的社会生活中，在一定意义上被社会化了，人们认可松、竹、梅的抗邪恶性。尽管如此，须知，这抗邪恶性不是松、竹、梅的第一性，而是它们的第二性。它们的第一性是傲寒性，抗邪恶性只是傲寒性的比喻，属于第二性。这种抗邪恶性，只是在人们心目中存在，在松、竹、梅中其实并不存在。

第二，社会美较自然美复杂，因为社会物既有自然性，也有社会性。具体到人来说，人物的美既美在人物固有的禀赋、操守和天生丽质上，也美在人物主要出于后天的修为上。

后天修为，经多次实践，其精神收获积淀于心，逐渐地稳固、强化，成为潜意识，包括审美潜意识。这种稳定而强大的潜意识，其实也就成为本性——社会本性。它在人的实践中起着重要的作用，类如自然本性。由于人修为本身就有善恶美丑之分，从而决定修为的心理积淀性质，经常从事善行，其心理积淀必为善；反之必为恶。同样，经常欣赏美物，其心理积淀必为美，反之必为丑。

第三，本性以标志而呈现。王充说，"朱草之茎如针，紫芝之栽如豆，成为瑞也"①，这种标志就是审美焦点。审美标志存储于审美记忆中，成为审美的预视野，当新的审美物出现时，人们就自觉或不自觉地调出审美预视野，对新的审美对象进行审美辨识，并进行审美调节，最后做出审美品评。

人的本性只是心理的基础，人的后天修为对这个基础进行重建。这个重建对于自然本性的影响力小，而对于人的社会本性的影响力大。人一辈子如不经过手术，变不了雄雌，但人的后天修为可以改变他的善恶。王充说："一岁婴儿，无争夺之心。长大之后，或渐利色，狂心悖行，由此生也。"② 王

---

① 王充：《论衡·初禀》。

② 王充：《论衡·本性》。

充的"本性"论并不是机械死板的,而是灵动的,它与修为论相结合,则成为比较完善的人性论。

<h2 style="text-align:center">第五节 批"五行"论</h2>

五行论源于先秦,战国时经阴阳家的整合,已经有一个完整的体系;至汉代,这种学说发展成为一套程式化的哲学模式,实际上已经僵化了,不能解释丰富的世界。而当这模式附会天人感应论、谶纬神学以后,就成为迷信,祸害社会。

王充在批判儒家"天地故生人"时,连带批评了五行论。他的这种批判虽然主要是哲学上的,但是对中华美学建构有着深刻的影响。

一、五行相生相胜(克)论不能解释动物间的关系

五行顺序是木、火、土、金、水。五行"比相生""间相胜",是董仲舒根据战国阴阳家的五行说提出来的。"比相生"指按此顺序而为生:木生火,火生土,土生金,金生水;"间相胜"指此顺序间一个则为胜:木胜土,土胜水,水胜火,火胜金。

董仲舒将五行论与天干地支套起来,每一天干地支都可以找到所归属的五行。董仲舒将所有的人事活动、所有的动物以及一些自然现象都套进这一体系,运用五行相生相胜的理论来解释人类社会、自然界的关系。《春秋繁露》中专设"五行相生""五行相胜"章,董仲舒就用这一套理论解释历史事件。

《白虎通》《淮南子》都论述过五行说,大体说法差不多。这套理论在汉代盛行,不仅统治者而且广大百姓都信服这套理论。

王充在《论衡》一书中对董仲舒的这套理论进行了批判,他的批判从动物界的关系入手。他说,按五行说,老虎属木,狗属土,牛、羊属土,根据木克土的理论,老虎可以吃牛羊狗,这还说得通;但猪属水,蛇也属火,按水克火,猪能吃蛇,这不荒诞吗?还有"土胜水,牛羊为何不杀豕?",按五行,

蛇属火,猕猴属金,"火胜金,蛇何不食猕猴?"①

二、五行相生相胜(克)论不能解释人物内脏间的关系

汉代的儒家将人的内脏也派属于五行,《白虎通·性情》说:肝为木,主仁;肺为金,主义;心为火,主礼;肾为水,主智;脾为土,主信。按五行相生相克说,五脏存在生的关系,也存在着克的关系。木克土,肝克脾;金克木,肺克肝;火克金,心克肺;水克土,肾克脾。此说法,在王充看来,完全没有可能。王充说:"一人之身,胸怀五藏,自相贼也? 一人之操,行义之心,自相害也?"将仁义礼智信派属于五脏,同样荒谬,木克土,肝克脾,肝为仁,脾为信,难道仁克信?

三、动物之间的斗争是按照丛林法则进行的

动物在丛林中生存,彼此之间会发生利益上的冲突,冲突的胜负决定于它们的力量与智慧,这就是丛林法则。王充说:"凡万物相刻贼,含血之虫相服,至于相唅食者,自以齿牙顿利,筋力优劣,动作巧便,气势勇桀。"②

四、人之间的斗争是按照丛林法则和文明法则进行的

王充认为人之间的斗争,取胜之道有二。一是丛林法则,看谁的力量大,武器好。"人之在世,势不与适,力不均等,自相胜报。以力相服,则以刃相贼矣。"③这种"以刃相贼"与动物用齿角爪牙相迫搏,没有实质的不同。但人相斗,还有一个是非曲直的问题,按文明法则,则是有道理者胜,无道理者败。王充说:"一堂之上,必有论者,一乡之中,必有讼者。讼有曲直,论必有是非。非而曲者为负,是而直者为胜。"④但是,文明法则有时会遭到丛林法则的抵触。上述诉讼,"亦或辩口利舌,辞喻横出为胜;或讷弱缀路、蹾塞不

---

① 王充:《论衡·物势》。
② 王充:《论衡·物势》。
③ 王充:《论衡·物势》。
④ 王充:《论衡·物势》。

比者为负。"①

文明法则，除了是非曲直外，还有一个智慧的问题。智慧虽然有先天性的基础，但重要的还是后天的培养以及相关的科技手段的运用，人这方面的优势就非常突出。王充说："故十年之牛，为牧竖所驱；长仞之象，为越僮所钩，无便故也。故夫得其便也，则以小能胜大；无其便也，则以强服于羸也。"② 这里说的"便"，应指智慧以及相关的科技手段。

王充对"五行"说的批判，虽然立足于哲学，于美学也具有一定的意义。第一，破除了非科学的程式美。五行的相生相克具有一定的程式性，如果仅从形式上看，它是美的方程式。但是，它不科学，因此要破除。第二，确立了自然界以丛林法则为原则的生命力量之美。自然界的美美在自然本身，其核心是生命力，这种生命力的较量遵循丛林法则。丛林法则，往往以强者为美。诚然，强者是美的，但弱者并不丑，因为弱者虽然失败了，但它按自己的本性努力抗争过，这种抗争同样可贵。正是因为有弱者的失败，才有强者的胜利。而自然界其实并无绝对的强者，因此，从某种意义上讲，自然界的生命力不管是哪一种，全都是美的。第三，确立了人类社会丛林法则与文明法则相兼的生命力量之美。人既是自然物，也是社会物。就其具有自然性的一面而言，丛林法则是适用的；因此，在人类社会，同样是强者更多地被社会公认为美。但同样，在人类社会，失败的弱者也并非没有美。只是人类社会弱者的情况较自然界弱者的情况要复杂得多，所以，它们的审美价值需要做深入的分析，不能一概而论。文明法则显示出人类社会比自然界的高明与先进。美，在自然界，美在野性；而在人类社会，它更多地美在文明。

第六节 "异端"美学

学术界一般将王充的思想归入"异端"，所谓"异端"是与"正宗"相对

---

① 王充：《论衡·物势》。
② 王充：《论衡·物势》。

而言的。那么，作为异端思想的代表，王充的思想在美学上有何价值呢？

一、批判意识

（一）对儒家的批判

王充反对各种错误倾向，其中最突出的是反对当时成为儒学正宗的谶纬神学化的儒家思想。儒家思想由孔子创立，前期的儒家基本上持孔子的观点，在认识论上持唯物主义立场，不语怪力乱神。在政治上，主张仁政，以民为本；主张王道，反对战争；主张礼乐治国。在伦理学上，坚持以仁为核心的道德观，重视忠孝。在人生观上，持"乐天知命"的思想，乐天知命既有积极性的一面，也有消极性的一面，但总体来说，是值得肯定的一种人生哲学，也是一种人生美学。王充在这些基本方面，与传统儒家相同。

王充反对的主要是汉代兴起的以董仲舒为代表的谶纬神学化的儒家思想，由于董仲舒的思想已经为最高统治者所赏识，成为儒学正宗。章太炎在《驳建立孔教议》中这样描述孔子的儒学怎样在汉代被曲解妖化的过程："孔子之在周末，与夷、惠等夷耳；孟、荀之徒曷尝不竭情称颂，然皆……未尝侪之圜丘清庙之伦也。……伏生开其源，仲舒衍其流；是时汉廷适用少君、文成、五利之徒，而仲舒亦以推验火灾，救旱止雨，与之校胜，以经典为巫师豫记之流，而更曲解《春秋》，云为汉氏制诰，以媚人主而梦政纪；昏主不达，以为孔子果玄帝之子，真人尸解之伦。谶纬蜂起，怪说布彰，曾不须臾而巫蛊之祸作，则仲舒为之前导也。"[①] 汉武帝晚期，家政朝政弄得一团糟，震惊当时流毒甚远的"巫蛊之祸"导致太子自杀，几乎造成汉朝的灭亡。王充反谶纬神学的种种言论，指斥迷信的荒谬绝伦，不仅起着对民众开蒙启智的作用，更重要的是真正担负起救国的重任。

（二）对道家以及黄老之学的批判

道家表面上看是重真，但是它说的真不是真实之事，而是自然之道。由于自然之道更多地具形而上的意义，因此，自然之道在社会实践上常被

---

① 转引自侯外庐等：《中国思想通史》第二卷，人民出版社 1957 年版，第 252 页。

不轨之徒用来糊弄百姓,以致误入迷信。黄老之学于五行之学也极为热衷,以五行为经编造的种种思维模式同样易于堕入谶纬神学泥沼。事实上,谶纬神学早在西汉初就开始了,汉宣帝时期的祥瑞说轰动朝野,谄媚之徒用以粉饰太平,汉宣帝也自以为圣君,殊不知祸端已经埋伏,正待适时爆发。这些,王充在《论衡》中也深刻地揭露过,批判过。

(三) 对道教的批判

道教兴起于汉朝,以神仙为标榜,著名道士李少君推崇得道成仙的种种言论,流毒社会。王充指斥成仙不死的荒唐之言,狂批种种鬼怪的传闻,在当时称得上空谷足音,极为可贵。

(四) 对其他各种学说的批判

被王充批判过的学说,不限于上述诸学派。他还批判过墨子的鬼神思想;批判过公孙龙的坚白之论,还有他的龙说;批判过法家的任法而不尚贤的失误。

且不说他的每一批判是否正确,只说这种批判精神,无疑是极为可贵的。没有否定就没有肯定,没有反思就没有前进。王充的批判,立意在发展,在前进,在创新;而且他的每一批判都尽力立足于科学,立足于逻辑,立足于说理。他的批判不仅精神可贵,而且方法也有可取之处。

批判意识于美学来说,意义重大。美学按其学科实质来说,立足于创造,反对因循守旧。在艺术领域,中国古代不乏这样的英雄人物。就绘画来说,每一代都有重要的创新人物。自汉唐到明清,中国绘画界不断地掀起变革的大风大浪,而每一风起,均是破字当先。中国绘画的代表画种——文人画就是批判的产物。批判自然遇到反击,可贵在于坚持。文人画的开创者、元代画家倪瓒说:"仆之所谓画者,不过逸笔草草,不求形似,聊以自娱耳。近迂游来城邑,索画者必欲依彼所指授,又欲应时而得。鄙辱怒骂,无所不有。冤乎哉,讵可责寺人以不髯也。"[1]

而在美学理论上,也不断出现以批判传统开路的美学家,代表人物距

---

[1] 倪瓒:《论画》。

汉代最近的有三国魏时期的嵇康，远一些的有唐代的柳宗元，宋代的陈亮，元代的关汉卿，明代的李贽、黄宗羲，清代的袁枚、李渔，等等。他们虽然不是革命者，但对旧文化的批判不仅为新思想开路，也为新美学开路。明代大学者李贽的"童心"说不仅是明代启蒙思潮的重要渊源，而且是明代自然人性论美学乃至近现代以倡导个性、自由为特征的资产阶级美学的重要原动力。

二、尚真意识

王充思想一个突出的特点是尚真，他反对鬼神论，因为鬼神是不存在的；他反对祥瑞论，因为所谓"凤凰"（并不是真凤凰，不过是像传说中的凤凰）、麒麟这样的动物出现与政治其实没有关系。他所论及的一切问题都接受现实的检验，凡是在现实中找不到证据的，他就提出怀疑，甚至予以否定。求真是他理论追求的最高目的。

总体来看，中国美学追求真善美的统一，但不同学派对于真善美的统一，其理解是不一样的。儒家于这三者之中，比较强调善。儒家的善以仁、礼为核心，仁在人心，礼在制度，一内一外，一个体，一社会，几乎将一切价值判断都概括于其中。儒家绝不强调独立于善之外的真，更不强调独立于善之外的美。

道家于真善美三者之中，比较地强调真。但是，这是今人的理解，实际上，道家强调的是自然。道家说的自然，不是自然界，而是人和事物之本然。本然是真的，于是，就将自然理解为真了。其实，真的概念不能与本然等同，因为何为本然，也是允许各种不同说法的，不能定于一尊。因此，道家尚真不能导向唯物主义，更不能导向现实主义。事实是道家崇尚的坐忘说就是典型的唯心主义，而它的思想为道教所接受并发展出神仙说之后，就远离了现实，完全不能在社会上起到正面的积极作用。王充的尚真说，实质是尚实说，是指实际的存在。这种哲学导出的美学有着正负两面的价值，美固然以真为基础，但审美不是真的反映。审美是一种复杂的心理活动。它有认识，认识中有反映，但认识在审美中只是开端，而且审美的开端也不只是反映，它有体验，有情感。在其后的发展过程中，反映的意义逐渐淡化，而体验和情感逐渐强化。这一过程中，体验又逐渐淡化，唯情感得以强化，情感的强化催生出联想和想象。联想是反映的扩大，而想象则是反映的超越。联想与想象均是虚的，联想的虚是空间的虚，是量的增加；而想象的虚是时间的虚，是质的创造。正是在这个过程中，审美的本质——快乐产生了。审美快乐激发了审美超越，创造着审美的终极成果——境界。

王充的尚真说，于审美来说正面价值无疑是存在的；但某些地方，由于过于执着于现实的真实，于审美的超越就存在一些阻碍了。

中国文化以儒家为主体，道家为辅助。因此，儒家的美学思想——美在善占据统治地位；而道家的美在自然，只是居于辅助的地位。到宋代，在理学家的体系中，这两种学说在天人合一的框架中做了整合。这种整合谈不上成功，因为这一整合的结果，不是让美的问题更清晰了，而是更混乱了。

王充美学的批判意识、尚真意识，建构了一种新的美学——"异端美学"。虽然在中国美学的洪流中，异端美学不占主流地位，但它所激起的浪花一直最为引人注目。正是由于异端的存在，中国美学才具有不竭的活力，如穿越千山的长江、黄河，滚滚滔滔，奔向大海，蔚为大观。

第十二章

张衡的美学思想（上）：环境美学

　　张衡（78—139），字平子，东汉南阳郡人，出身官宦世家，祖父张堪，汉光武帝时任蜀郡太守。《后汉书》有传，言其"少善属文""通五经，贯六艺""虽才高于世，而无骄尚之心"。汉和帝永元年间，他被乡梓推为孝廉，公府几次征召，张衡辞谢。永初五年（111），汉安帝派公车征召他入宫，拜为尚书郎中，三年后升为尚书侍郎，次年改任太史令，主持天文、地理观测事宜。安帝建光元年（121），张衡调任公车司马令，四年后再转任太史令。汉顺帝阳嘉二年（133）张衡为侍中，永和元年（136）出任河间王的相，一年后回洛阳任尚书，不久病逝。

　　张衡是世界著名的科学家，其主要成就在天文学、算学、历法学等方面。阳嘉元年（132）他发明了候风地动仪，这是世界上第一台测知地震的机器。《后汉书·张衡传》详细地说明了该机的构制及功效，言"验之以事，合契若神"。张衡还主持研制了浑天仪，撰写了《灵宪》《浑天仪图注》等天文学著作。他测知，一周天为365天又四分之一度，与近世测知地球绕日一周历时365天5小时48分46秒相差无几。他著有《算罔论》，算出圆周率为10的平方根，为3.16强，比《周髀算经》记载的圆周率要更精确。此外，张衡还发明了指南针、记里鼓车、能飞数里的木鸟、能测日影的土圭等，堪称中国历史上最伟大的发明家。

张衡也是伟大的文学家,他的大赋《二京赋》"精心傅会,十年乃成",虽拟班固的《两都赋》,但无论其规模、思想性与艺术性,都较《两都赋》更胜一筹。他的抒情小赋《归田赋》精致典雅、清新明快,兼有诗与散文两重特点,乃中国诗性散文的开山之作。他的《四愁诗》是中国七言诗的滥觞,作品诙谐典雅,含义深邃。

张衡虽然没有提出美学命题,但是拥有深刻的美学思想,其中环境美学思想最为突出,包括人工环境如都市、宫殿、园林的美学思想和自然环境美学思想两个方面。

第一节 都市审美:据地应天,合礼乐居

中国古代都市非常注重选址。选址包含诸多的考虑,有政治的、经济的、科学的、文化的、美学的,都不同程度地体现出尊重地势、遵循礼制、合应天象这三大基本规律。

第一,据地。

选址首先是据地。关于选址为何要据地,《二京赋》有一个基本观点,那就是自然与人有一个决定与被决定的关系。都市是人的生活处所,人在此都市的命运如何,决定于所选地址的自然状况。《二京赋》云:

> 人在阳时则舒,在阴时则惨,此牵乎天者也。处沃土则逸,处瘠土则劳,此系乎地者也。

自然,在这里称之为"天地"。"天"指天空,天空有太阳,向阳为阳,背阳为阴。人在阳处,心情舒畅;在阴处,则心境悲惨。由此推到"地",地分沃、瘠。处沃土,庄稼长得好,人安逸;处瘠土,庄稼长不好,人劳苦。由此,推出一个重要规律:"帝者因天地以致化,兆人承上教以成俗。"应该说,这个基本规律是正确的、深刻的。

以这个基本规律来看据地的重要性,"秦据雍而强,周即豫而弱,高祖都西而泰,光武处东而约",由此联系到国家政权:"政之兴衰,恒由此作。"

再来谈都城选址,张衡分析西京这个地方具有三大天赐的优势。一是

安全：有险可凭。"左有崤函重险、桃林之塞，缀以二华"——左有崤山、函谷关这样的重险、桃林这样的要塞，还要加上少华山、太华山两重屏障。"右有陇坻之隘，隔阂华戎，岐梁汧雍，陈宝鸣鸡在焉"——右有陇坻山（即陇山）这样的险隘隔开汉朝与戎狄，另还有岐山、梁山、汧山、雍山、建有陈宝（神名）鸡鸣祠的陈仓山。"于前终南太一，隆崛崔萃，隐辚郁律，连冈乎蟠冢"——前有终南山、太一山（即太白山），那也是崇山峻岭、连绵起伏，与蟠冢山相连。"于后则高陵平原，据渭踞泾，澶漫靡迤，作镇于近"——至于后部，则是高陵平原，有渭水、泾水作为依傍，于京师也是护卫。二是富饶，西京所在地区为广阔的关中平原，"广衍沃野，厥田上上"；另外，"有蓝田珍玉，是之自出"。三是宜居，这地"远则九嵕甘泉，涸阴沍寒，日北至而含冻，此焉清暑"——远处九嵕山有甘泉流出，山上寒气凝聚，时已夏至，冰冻不解，可谓是避暑胜地。概括以上三点，可谓"地之奥区神皋"——地之腹心、神灵居处。

第二，应天。

都城之所以能成为都城，是因为天命所赐。天命所赐，一来自传说。"昔者，大帝说秦穆公而觐之，飨以钧天广乐。帝有醉焉，乃为金策，锡用此土"——过去天帝喜欢秦穆公而让其去觐见，奏钧天大乐招待了，天帝醉了，书写金策，将这块土地赐予他。二来自天象学。"自我高祖之始入也，五纬相汁以旅于东井。娄敬委辂，斡非其议，天启其心，人基之谋，及帝图时，意亦有虑乎神祇，宜其可定以为天邑"——汉高祖刘邦最早来到西京这地方时，这个地方的天象很神奇，具体来说，就是"五纬"即金木水火土五星和谐，并列于"东井"（即井宿又名鹑首，二十八宿之一）。关于这种天象，《汉书·高帝纪》云："元年冬十月，五星聚于东井，沛公至霸上。"应劭评曰："东井，秦之分野，五星所在，其下常有圣人取天下。"所以，这一天象实为刘邦受天命之符。张衡是天象学大师，他是深懂天象学的，虽然他未必认定这一天象是刘邦受天命之符，但他此时在做歌颂性质的文章，而且确是大汉忠臣，没有必要去否定这一说法。

尽管如此，高祖也不是一到西京这一地方，就决定在此建都。他原来打算建都洛阳，是娄敬阻止了他。娄敬是刘邦手下一员军官，汉开国时，他本戍守陇西，回朝听命，去见刘邦。时刘邦在洛阳，他将车前的横木脱下去见高祖，此一行为让刘邦感到惊讶，娄敬借此劝说刘邦放弃建都洛阳的想法，还是建都西京为上，此就是《西京赋》中"娄敬委辂，斡非其议"的来历。本来，娄敬此一做法只是人为，而张衡却将它看成是天命，"天启其心，人基之谋"：

> 及帝图时，意亦有虑乎神祇，宜其可定以为天邑。岂伊不虔思于天衢？岂伊不怀归于枌榆？天命不滔，畴敢以渝！

张衡说，其实洛阳也有它的优势，它四通八达，有"天衢"之称。另外，刘邦对他的家乡——枌榆也深有感情，何尝不想将都城建到家乡去？但考虑到天命，就毅然决然地定都西京了。天命不敢违啊！

第三，合礼。

自周朝建立礼制以来，虽然各诸侯国执行的情况不一，但都不能不承认礼制是神圣的。虽然行动上可以公然违背，因为周朝对之无可奈何，但名义上均不敢公然反对。

礼制体现在生活的诸多方面，建都自然不能例外。西京、东京作为都城，它的建设均有一定的礼制需要遵循。从两首赋中所写来看，京城选址更注重礼制问题。礼制中最重要的是，首都应能体现都城作为国之中心的地位："土圭测景，不缩不盈，总风雨之所交，然后以建王城。"这圭影不短不长，说明它正是天下的中心。

有关阳阴宅的礼制多表现在风水之中。东京的建城，是专门看过风水的："召伯相宅，卜惟洛食。"此语有出处，《尚书·召诰序》云："成王在丰，欲宅洛邑，使召公先相宅。"又《洛诰》云："我乃卜涧水东，瀍水西，惟洛食。"张衡强调洛阳的风水好，是因为东汉时期风水学盛行，张衡是相信风水学的。风水学精华糟粕杂糅，既不能一概肯定，也不能一概否定。说洛阳风水好，是一个宜于建都的地方，已为事实证明，这话是不错的。

张衡作为东汉大臣，两度担任太史令，自然对于东汉在此地建都尤为重视，强调这是龙兴之地：

　　我世祖忿之，乃龙飞白水，凤翔参墟。授钺四七，共工是除。欃枪旬始，群凶靡余。区宇乂宁，思和求中。睿哲玄览，都兹洛宫。曰止曰时，昭明有融。既光厥武，仁洽道丰。登岱勒封，与黄比崇。

　　这话意思是这样的：世祖（光武帝）对国家残破、天下大乱的时势非常愤怒，如神龙从他家乡随州枣阳的白水溪腾起，又好像凤凰在参墟（二十八宿参宿的位置）起飞。世祖将斧钺授予他的 28 位大将，历数年征战，共工氏那样的奸凶终得铲除，狼烟妖氛终被荡净，天下终于太平，人民安居乐业。世祖于是“思和求中”，想找个合适的地方建立都城。世祖真的是“睿哲玄览”，他最后确定在洛邑建都。这是伟大的决策！就在此时此地，光明的未来得以昭示！世祖“既光厥武，仁洽道丰”。他登泰山封禅，勒石铭功，此功业堪与黄帝同功比崇！

　　这段文字集中体现了张衡的都城美学思想：都城与皇上同德，皇上与天下同命！只有国家太平，人民安居，“仁洽道丰”，江山稳固，才有都城的壮丽，才有都城的辉煌！

　　第四，乐居。

　　城市是人口集中之处，是否适合于生活，需首要考虑。西京、东京是适合于人居住的，这在《二京赋》中多有描写。张衡《南都赋》写的是东汉光武帝旧里南阳，主要写它的风物人情，突出的是宜居和乐居的思想。

　　于显乐都，既丽且康！陪京之南，居汉之阳。割周楚之丰壤，跨荆豫而为疆。体爽垲以闲敞，纷郁郁其难详。

　　“乐都”是给南都的生活定调，这里不仅是宜居之地，而且是乐居之地。“既丽且康”是乐居的两个要素：“丽”“康”。“丽”指风景优美，风物迷人。“康”指生活快乐，交通方便。下面就从诸多方面，描写南阳历史典故、风土人情、地理优势、珠玉珍宝、飞禽走兽、瓜果菜蔬、山果香草、厨膳佳肴，特别是描写了诸多当地人的生活情景，诸如“献酬既交”的欢宴，“骆驿缤纷”的郊游，“载歌载舞”的跋祭，“驰乎沙场”的田猎……

　　一天的游乐结束了，张衡禁不住赞叹：

　　日将逮昏，乐者未荒。收礲命驾，分背回塘。车雷震而风厉，马鹿

超而龙骧。夕暮言归,其乐难忘。此乃游观之好,耳目之娱。未睹其美者,
焉足称举。

"游观之好,耳目之娱",美不胜收,让人乐不思归!

从某种意义上说,《南都赋》是环境审美的典范!

第二节　宫殿审美:地上天宫,美轮美奂

《二京赋》以大量的篇幅描绘宫殿,事实上,西京、东京分别作为西汉、
东汉的首都,其中心、灵魂均是宫殿以及以皇帝为首的最高统治阶级的
生活。

众所周知,秦帝国曾经在西京的前身咸阳建造规模巨大、气势宏伟的
宫殿——阿房宫,但未建成。汉帝国建立之后,以长安为国都,在龙首山建
立起庞大的宫殿群。张衡对这组宫殿群作了生动而形象的描绘,虽然主要
是文学性的,难免有夸张、疏忽,甚至有错误,但总体上来说,应该是真实
可信的。这些描述一方面反映了汉代的宫殿美学思想,另一方面也反映了
张衡的环境美学思想。

在张衡的描绘下,西京的宫殿有哪些审美属性呢?

一、天象与皇宫

在统治者看来,皇帝是天帝之子,名为天子。皇帝所住的宫殿应该是
地上的天宫。建宫殿之初,其指导思想就是"仰福帝居""比象于紫微"。
所谓"帝居",乃天帝之所居,实际上它是天上的星座即紫微星,位置在北
斗星之东北。紫微星亦称紫微垣,它有15星,东有八星,称东蕃八星;西七
星,称西蕃七星。紫微垣以北极星为中枢,东西两蕃环列,以东西两蕃的南
端如门开闭之象,名曰阊阖。汉代建宫殿模仿的就是紫微垣,其主要宫殿
未央宫就被称为紫微宫。西汉前期,在龙首山建设宫殿,以未央宫为中心,
周围再建立一些宫殿,构建起类似紫微垣的左右环拱的宫殿群体系。

汉武帝太初元年(前104),柏梁台遭受火灾,有越巫前来献息火之策,

提议营造建章宫，以镇压火殃。这建章宫的规模倍于未央宫，成了新的宫殿群中心，形象极为壮丽：

> 何工巧之瑰玮，交绮豁以疏寮。干云雾而上达，状亭亭以苕苕。神明崛其特起，井干叠而百增。跱游极于浮柱，结重栾以相承。累层构而遂隮，望北辰而高兴。消氛埃于中宸，集重阳之清澄。瞰宛虹之长鬐，察云师之所凭。上飞闼而仰眺，正睹瑶光与玉绳。

圜阙、阊阖两座宫门高耸云霄，好像两座碣石山相对而望。屋脊上凤凰张开双翅，似乎要乘风飞去。阊阖大门内，楼阁、殿堂林立，别风阙耸立，直上云霄，神明台挺拔，相得益彰。井干（楼）累增，屋梁叠加。所有建筑以北辰——紫微星为中心。尘埃散尽，九天清朗，长虹跨天，轻云飘荡。登上高楼远眺，看到了瑶光与玉绳星。

这里，完全是一幅天宫的景象！

《东京赋》中的东京"飞云龙于春路，屯神虎于秋方""飞阁神行，莫我能形"，同样是人间的天宫。

二、礼制与宫殿

古代宫殿建造是需要遵循各种礼制的。中国古代的礼制非常之多，内容极为繁复，主要意义有三。第一，核心是等级制。皇帝至高无上，以下皆为臣民，臣民又分为各种等级。等级制又可以理解为中心制，以皇帝为中心，臣民分层次围绕着他。第二，敬天法祖是重要内容。天地、祖先，在中国文化传统中具有绝对的意义，皇帝也不能逆天背祖。为了表示对天地、祖先的敬仰，设立了诸多的祭祀礼制。第三，阴阳五行为其哲学框架。中国的阴阳哲学产生于商代，远溯史前，集中于易经。战国时，又出现了五行哲学，遂与五行哲学相融合。阴阳五行哲学的核心是和谐，这种和谐体现为三个层次：太极层次、阴阳层次和五行层次。中国人所持的和谐观是生态的和谐、动态的和谐、循环的和谐，集中体现为相生相克，包括阴阳的相生相克和五行的相生相克。

礼制从本质上说属于善的范畴，是政治与道德领域中的规范；但它体现为一定的仪式，物态化了以后，就具有了审美的意义。中国古代的礼制渗透在中国人生活的各个方面，成为人们生活的指南，同时也体现在城市规划与建筑规划之中。《二京赋》从两个方面阐明礼制与宫殿的关系。

（一）礼制对宫殿建筑的约束性

《二京赋》阐述了周朝以来的建城史。周朝时，周公建城，是有法度的："经途九轨，城隅九雉。度堂以筵，度室以几。京邑翼翼，四方所视。"战国时，"七雄并争，竞相高以奢丽"，礼制被打破，至于秦朝阿房宫就完全置礼制于不顾了。汉代开国，高祖将国都定在咸阳，建宫殿时，"览秦制，跨周法，狭百堵之侧陋，增九筵之迫胁。正紫宫于未央，表峣阙于闾阖。疏龙首以抗殿，状巍峨以岌嶪"，已经于周法有所突破了。但是，当年修阿房宫的工匠们认为它"损之又损"，"观者狭而谓之陋"，"帝已饥其泰而弗康"，这是对汉高祖的歌颂。表达的意思是，礼制不是不可以突破，但要适当，不能过分，主旨是反对奢华。

东汉开国，光武帝建都洛阳，宫殿建设基本上是遵循礼制的：

> 奢未及侈，俭而不陋。规遵王度，动中得趣。于是观礼，礼举仪具。经始勿亟，成之不日。犹谓为之者劳，居之者逸。慕唐虞之茅茨，思夏后之卑室。乃营三宫，布教颁常。复庙重屋，八达九房。规天矩地，授时顺乡。造舟清池，惟水泱泱。左制辟雍，右立灵台。因进距衰，表贤简能。冯相观祲，祈禳禳灾。

这里，主要有三个要点。

第一，"规遵王度"，三宫即明堂、辟雍、灵台是必须要的。明堂是发布政令颁行常典的地方，它的体制是有规定的。据《大戴礼纪》，它有九室，每室四户八牖，复庙重屋，以茅盖顶，上圆下方。张衡在这里陈述了明堂的体制。"复庙重屋"即前后有庙，均是重檐；"八达九房"即有九屋，每屋八牖。"规天矩地"就是上圆像天，下方像地；"授时顺乡"即天子坐明堂中，顺四时方向行令。辟雍为太学，它形圆如璧，环之以水，所以文中说"造舟清池，惟水泱泱"；灵台是观察天文的地方。此三宫自古有之，东汉又营之于洛阳，说明是遵守古制的。第二，"动中得趣"。整个安排，不能呆板，要变化有致，让人能够"得趣"。第三，"奢未及侈，俭而不陋"。既要华丽，又要朴素。

（二）礼制所显示出来的秩序审美

礼制的核心是秩序，当它物态化后，就显示出一种秩序，这种秩序是可以给人以美感的。《两京赋·西京赋》中说到西京宫殿中前朝后殿的秩序：

> 朝堂承东，温调延北，西有玉台，联以昆德。嵯峨嶪嶪，罔识所则。若夫长年神仙，宣室玉堂，麒麟朱鸟，龙兴含章，譬众星之环极，叛赫戏以辉煌。正殿路寝，用朝群辟。大夏眈眈，九户开辟……
>
> 后宫则昭阳飞翔，增成合欢，兰林披香，凤凰鸳鸾。群窈窕之华丽，嗟内顾之所观。故其馆室次舍，采饰纤缛。裹以藻绣，文以朱绿，翡翠火齐（即云母），络以美玉。流悬黎（美玉）之夜光，缀随珠以为烛。金阤玉阶，彤庭辉辉……

这里，详细地描述了前朝与后殿的景观。

前朝：朝堂殿承接于东，温调殿延展于北，西有玉台殿，联结昆德殿，这些殿均高大雄峻。此外，还有长年殿、神仙殿、宣室殿、玉堂殿、麒麟殿、朱鸟殿、龙兴殿、含章殿，好像众星环绕北极，光辉灿烂。皇帝在正殿接待臣下，大厦辉煌，九门大开……

后宫：有昭阳、飞翔、增成、合欢、兰林、披香、凤凰、鸳鸾等殿。美女成群，艳丽多姿；馆中所见，灿烂辉煌。朱绿彩画满壁，翡翠云母触目，美玉发出夜光，随珠就是明烛。金砌玉阶，彤庭生辉。

前朝后宫是中国宫殿的重要礼制。前朝是皇帝处理政务的地方，要求高大威严；后宫是皇帝日常生活的地方，要求欢乐、轻松。汉朝长安城的宫殿，完全符合这一要求。

（三）建筑与装饰

宫殿的美是在建筑上。中国古代的建筑非常有特点，它非常重视屋檐，让屋角翘起来，创造出飞升之感，将人的视线引向高空；它又善于运用门的艺术，层层叠叠地纵向排列，创造出纵深之感，将人的思绪引向深远。《西京赋》突出表现了宫殿这样的美：

> 增桴重棼，锷锷列列。反宇业业，飞檐轞轞。流景内照，引曜日月。

天梁之宫，实开高闱。旗不脱扃，结驷方蕲。轺辐轻骛，容于一扉。长
廊广庑，途阁云蔓。闲庭诡异，门千户万……

前面几句是说飞檐之美。"桴"为屋前后檐之栋，"栵"为重檐之栋，"增
桴重栵"即是梁上加梁，栋上加栋；"锷锷列列"，是说重檐栋木参差而又整
齐的样子。"宇"即檐，"反宇"是上翘的殿角，"业业"形容飞檐高耸的样子；
"飞檐"，指殿角长出如飞，"轋轋"形容飞动的样子。后面几句说门的艺术。
"天梁"，宫殿名；"实开高闱"就是敞开高大的门。"旗不脱扃，结驷方蕲"
是说，进宫殿的门不必开扃掩旗，四驾马车并辔可过。"轺辐轻骛，容于一扉"
是说，鞭击车辐，快马即可从容快速通过。"长廊广庑，途阁云蔓"是说，宫
中走廊很长，堂庑阔大，阁道曲折，岔路很多。"闲庭诡异，门千户万"，"闲"
是垣墙，《汉书·效祀志》云："于是作建章宫，度千门万户。"

在这些宫殿建筑中，装饰也是很重要的。《二京赋》详细地描绘了二京
宫殿建筑中的装饰艺术之美，特别是最具中华民族特色的藻井装饰之美：
"蒂倒茄于藻井，披红葩之狎猎。饰华榱与壁珰，流景曜之韡晔。雕楹玉碣，
绣栭云楣。"① 不同的宫殿装饰不一样，后宫不同于前朝，所有建筑均花团锦
簇，构成了中国宫殿特有的繁复之美。

第三节　园林审美：观赏游猎，人间仙境

汉代园林大多是皇家园林，因而大多与宫苑连缀在一起。张衡的《二
京赋·西京赋》主要写了两座园林，一座是唐中池，位于建章宫西；另一座
是上林苑。《二京赋·东京赋》主要写了芳林苑，此外还写了皇帝猎场，那
不在宫内，而在郊野。

张衡所描绘的园林景观，其功能是多元的。它可以用来观赏，也可以
用来行猎，还可以用来宴请、娱乐乃至祭祀。功能既然多元，景观也必然大

---

① 这几句话的意思是：藻井上，有着倒置的荷花图，红色的花朵繁茂。榱及榱头上都装饰
　有美丽的图案，流光溢彩。楹柱与柱础上雕满了花，斗拱上门楣上均画上云纹。

全。这种园林，一方面是先秦及秦代园林的继承，另一方面又是向唐宋园林的过渡。

最能体现对先秦及秦代园林继承的，莫过于上林苑。司马相如有《上林赋》，说它"荡荡乎八川分流，相背而异态。东西南北，驰骛往来，出乎椒丘之阙，行乎洲淤之浦，经乎桂林之中，过乎泱漭之野"，苑址地形复杂，山高林密，港汉纵横，植物繁茂，动物成群，是天然的好猎场。秦王在此建上林苑，为的是行猎。汉代统治者继承这笔财产，将上林苑加以扩大，由长安到鏊至，可以想见其广大、雄伟与壮丽。汉代的园林之所以弄得这样大，有一个重要的原因，就是园林主要还不是观赏风景的场所，而是猎场。这种园林观念始自商周，汉代以后才有所变化。尽管如此，园林也是猎场的观念一直存留着，直到清代才彻底退出历史舞台。

上林苑的美基本上由两个部分构成。一是荒野，这里"植物斯生，动物斯止。众鸟翩翻，群兽否驿。散似惊波，聚以京峙，伯益不能名，隶首不能纪。林麓之饶，于何不有？"二是文明，这个地方为皇帝所发现，他在这里盖起了宫苑，并在这里行猎。

于是，这里上演着一场又一场文明与荒野的激战：

> 光炎烛天庭，嚣声震海浦。河渭为之波荡，吴岳为之陁堵。百禽棱遽，骇瞿奔触。丧精亡魂，失归忘趋。投轮关辐，不邀自遇。飞罕潚箭，流镝霅撮。矢不虚舍，铤不苟跃。当足见蹑，值轮被轹。僵禽毙兽，烂若碛砾。

这是一幅什么样的情景呢？猎火触空，人马喧嚣，黄河、渭水为之震荡，吴山、岳山为之崩溃。动物惊慌失措，丧魂失魄，竟纷纷自投轮辐；飞鸟扑棱棱撞上猎人设置的大网。猎手们箭不虚发，猎物纷纷中箭，扑地而死；矛不瞎掷，野兽中枪倒地，不是被踩住，就是被轮子辗死。僵禽死兽，如碎石遍地都是。

对于这样一种情景，张衡的心情是复杂的，一方面，他歌颂天子的威风，赞美猎手们的英勇。诸如，他歌颂天子打猎的排场："天子乃驾雕轸，六骏駮……华盖承辰，天毕前驱。千乘雷动，万骑龙趋。"又如，他歌颂猎手们的英勇："陈虎旅于飞廉,正垒壁乎上兰……武士赫怒。缇衣韎韐,睢盱拔扈。"这些都让人感到有些不当,这毕竟不是在打仗,而是在行猎。过分张扬的用词,分明透露出一种讥讽与批评的意味。

更重要的是,这种奢华的生活方式,本就是张衡所不赞成的。另外,猎捕动物,赶尽杀绝,也是张衡所反对的。张衡描述天子的猎队将陆地上的鸟兽杀绝后,又来到水边捕捞,什么都捕,拾取紫贝,抓获老龟,捕捉水豹,捆绑潜牛,小鱼小虾也不放过。写到这里,他不禁愤怒地质问:

> 泽虞是滥,何有春秋?撠滰澥,搜川渎。布九罭,设罿罳。攃昆鲕,珍水族。蓬藕拔,蜃蛤剥。逞欲畋鲛,效获麐麚。摎蓼泙浪,乾池涤薮。上无逸飞,下无遗走。攫胎拾卵,蚳蝝尽取。取乐今日,遑恤我后!

如此滥设网罟,哪里分春夏秋冬?探查浅水,搜尽川渎。布设名为"九罭""罿罳"的细眼小网,将鱼子("昆")剿尽,将细鱼("鲕")捕光,真的是灭绝水族啊!拔荷根取藕,剥蚌壳取肉,幼麋小鹿亦不例外,恨不得搜索水草以捕捞。真的是竭泽而渔,赶尽捕绝。上无逃脱之飞鸟,下无漏网之野兽。剖腹取胎,寻窝取卵,蚁子幼蝗尽取。只顾取乐今日,哪里顾及来日?

张衡在这里表现出非常可贵的生态意识!

上林苑名为苑,实质为园,应该是以园林为主的宫苑。另外,每座宫殿中都设有园林,这些园林依附于建筑。一般来说,在这样的园林中,是不宜进行大规模渔猎活动的。它的审美有两个特点。

第一,侧重于观赏性的审美。园子中动物很多,它们不是捕猎对象,而是观赏对象。园林中植物也很多,"嘉木树庭,芳草如积"。《二京赋·东京赋》这样描述建章宫中的动植物之美:

> 濯龙芳林,九谷八溪。芙蓉覆水,秋兰被涯。渚戏跃鱼,渊游龟蠵。

这些景观都是与建筑相伴的,在这里,人与动植物的关系是和睦的、友好的,真个如宫殿取名"和骦""安福"一致。

第二,营造仙界景观。中国先秦始,就有神仙思想,《庄子》中就描写了藐姑射山上的神人。秦始皇时,方士徐福就给秦始皇讲述过海外神山的故事。东汉时道教产生，神仙思想获得普及。向往神仙生活，渴望成为神仙，成为统治阶级的最高追求。于是，营造神仙的生活环境，就成了园林建设的一大主题。张衡在《二京赋》中描绘了两京园林的仙境之美：

> 前开唐中，弥望广潒。顾临太液，沧池漭沆。渐台立于中央，赫昈昈以弘敞。清渊洋洋，神山峨峨。列瀛洲与方丈，夹蓬莱而骈罗。上林岑以垒崉，下崭严以岩龉。长风激于别隯，起洪涛而扬波。浸石菌于重涯，濯灵芝以朱柯。海若游于玄渚，鲸鱼失流而蹉跎。于是采少君之端信，庶栾大之贞固。立修茎之仙掌，承云表之清露。屑琼蕊以朝飧，必性命之可度。美往昔之松乔，要羡门乎天路。想升龙于鼎湖，岂时俗之足慕。若历世而长存，何遽营乎陵墓！

这段话的大意是：建章宫前开辟了唐中池。遥望池水，广阔无垠。回顾太液池，碧波荡漾。渐台浸立于湖中央，放射宏大的赤光。清渊池茫茫，神山峨峨。瀛洲、方丈、蓬莱三座仙山排列在湖水之中。山上树林茂密，山下怪石嶙峋。长风呼啸，激岛扬波。石菌浸在水边，灵芝亦被洗濯。海神游玩于玄渚，石鲸失水卧在岸边。这时，天子采信神仙少君的话语，希望宫人栾大的不死之药可得的话成为现实。于是，在建章宫建造高高铜柱，铜柱顶上托起铜盘，似张开的仙人掌，以承接云中清露。以清露调和玉石粉末作为早餐，认为这样必然可以不死而成仙。赞美昔日的仙人赤松子和王子乔，邀约仙人羡门天路相聚。希望像黄帝那样在鼎湖乘龙升天。哪里还羡慕什么世俗生活！如果能历世而不死，又何必急忙营造陵墓！

仙境景观不仅设置在建章宫，还设置在上林苑：

> 乃有昆明灵沼，黑水玄阯。周以金堤，树以柳杞。豫章珍馆，揭焉中峙。牵牛立其左，织女处其右，日月于是乎出入，象扶桑与檬汜。

这里设置的景观来自神话。一是牛郎织女的故事，东汉班固的《西都赋》已经描绘了长安的这一景观："集乎豫章之宇，临乎昆明之池，左牵牛而右织女，似云汉之无涯。"二是日月出入的故事，《淮南子·天文训》云，"日出于旸谷，浴于咸池，拂于扶桑"；又，《尔雅》云："西至日所入，为大蒙。"

将古代的神话故事营造在园林中,始自汉代,以后得以承传,成为中国园林的重要主题。

就功能来说,汉代宫中的园林不只是用作一般的审美观赏,还用于祭祀、礼仪、宴请、娱乐等诸多的活动,张衡的《二京赋》详尽而又生动地描写了园林中的这些活动。因此,汉代宫中园林几乎集中了皇家的全部生活情景,宫中园林景观堪称皇家生活大全景观。

第四节　自然审美:出入儒道,超尘绝俗

张衡的人生观总体来说,是儒道互补,既具有入世的情怀,又具有出世的思想。在他看来政治环境尚好,能够发挥作用之时,奉儒家人生观,积极地投身政治,为君为民为国作贡献;在他看来政治环境不好,不能够发挥作用之时,则奉道家以及道教的人生观,力求脱离政治,以实现个人的身心自由为最大追求。两种人生观派生出两种美学观,一种视贡献为美,以荣生为最高人生境界;另一种视自由为美,以乐生为最高人生境界。

集中反映儒道互补人生观的是《七辩》。文章十分精彩,特录之如下:

无为先生,祖述列仙,背世绝俗,唯诵道篇。形虚年衰,志犹不迁。于是七辩谋焉,曰:"无为先生淹在幽隅,藏声隐景,铲迹穷居。抑其不韪,盍往辩诸?"乃阶而就之。

虚然子曰:"乐国之都,设为闲馆。工输制匠,谲诡焕烂。重屋百屋,连阁周漫。应门锵锵,华阙双建。雕虫彤绿,螭虹蜿蜒。于是弹比翼,落鹏黄,加双鹠,经鸳鸯。然后擢云舫,观中流,搴芙蓉,集芳洲,纵文身,搏潜鳞,探水玉,拔琼根。收明月之照耀,玩赤瑕之璘豳,因飙拂其寮,兰泉注其庭。此宫室之丽也,子盍归而处之乎?"

雕华子曰:"玄清白醴,蒲陶醲酪。嘉肴杂醢,三臡七菹。荔支黄甘,寒梨乾榛。沙饧石蜜,远国储珍。于是乃有刍豢腯牲,麋麝豹胎。飞鸟栖鹭,养之以时。巩洛之鳟,割以为鲜。审其齐和,适其辛酸。芳以姜椒,拂以桂兰。华芗重秬,滍皋香秔。会稽之菰,冀野之粱。滫瀡顿

面，糅以青枳。珍羞杂遝，灼烁芳香。此滋味之丽也，子盍归而食之？"

安存子曰："淮南清歌，燕余材舞，列乎前堂，递奏代叙。结郑卫之遗风，扬流哇而脉激，楚聱鼓吹，竽籁应律。金石合奏，妖冶邀会。观者交目，衣解忘带。于是乐中日晚，移即香庭。美人妖服，变曲为清，改赋新词，转歌流声。此音乐之丽也，子盍归而听诸？"

阙丘子曰："西施之徒，姿容修嫭。弱颜迴植，妍夸闲暇。形似削成，腰如束素。蜷蛴之领，阿那宜顾。淑性窈窕，秀色美艳。鬓发玄髻，光可以鉴。靥辅巧笑，清眸流盼。皓齿朱唇，的皪粲练。于是红华曼理，遗芳酷烈。侍夕先生，同兹宴廒。假明兰灯，指图观列。蝉绵宜愧，夭绍纤折。此女色之丽也，子盍归而从之？"

空桐子曰："交趾缎绨，简中之絅。京城阿缟，譬之蝉羽。制为时服，以适寒暑。微雾之冠，飞融之缨。驷秀骐之駃駿，载辂猎之辌车。建采虹之长旒，系雌霓而为旗。逸骇飙于青丘，超广汉而永逝。此舆服之丽也，子盍归而乘之？"

依卫子曰："若夫赤松、王乔，羡门、安期，嘘吸沆瀣，饮醴茹芝；驾应龙，戴行云，枹弱水，越炎氛；览八极，度天垠，上游紫宫，下栖昆仑。此神仙之丽也，子盍行而求之？"

先生乃兴而言曰："吁，美哉！吾子之诲，穆如清风。启乃嘉猷，实慰我心。"矫然倾首，邪睨玄圃。轩臂矫翼，将飞未举。蹊路诡怪。

仿无子曰："在我圣皇，躬劳至思。参天两地，匪怠厥司，率由旧章，遵彼前谋。正邪理谬，靡有所疑。旁窥《八索》，仰镜《三坟》。讲礼习乐，仪则彬彬。是以英人底材，不赏而劝。学而不厌，教而不倦。于是二八之俦，列乎帝庭。揆事施教，地平天成。然后建明堂而班辟雍，和邦国而悦远人。化明如日，下应如神。汉虽旧邦，其政惟新。"

先生乃翻然迴面曰："君子一言，于是观智。先民有言，谈何容易。予虽蒙蔽，不敏指趣，敬授教命，敢不是务！"

此篇虚拟无为先生与七位方外人士的论辩，展示张衡的人生追求。文章中的无为先生可以视为张衡的化身。

与张衡论辩的七位先生，分别陈述当时社会所认可的几种丽。

一是由虚然子提出的"宫室之丽"，二是由雕华子提出的"滋味之丽"，三是由安存子提出的"音乐之丽"，四是由阙丘子提出的"女色之丽"，五是由空桐子提出的"舆服之丽"，六是由依卫子提出的"神仙之丽"。这几位先生在描绘各自提出的丽之后，都向无为先生说："子盍归而从之？"希望无为先生归从自己所提出的丽。

无为先生对于"宫室之丽""滋味之丽""音乐之丽""女色之丽""舆服之丽"均未发表意见，独对依卫子提出的"神仙之丽"表示赞许并愿意接受，他将依卫子关于神仙的描绘，一是比喻为"清风"，让人身心快乐，美妙无比；二是说为"嘉献"，让人茅塞顿开，确是人生大道。

仅从无为先生对于神仙之丽的赞许来看，似乎他的人生观就是道家及神仙道教了。然而，第七位先生仿无子说的一段话，完全是儒家的人生哲学。它可以分为五个要点。第一，楷模：圣皇。儒家将三皇五帝、尧舜禹汤文武周公视为圣皇，以他们为人生楷模。第二，经典：就是《三坟》《八索》。《左传昭公十二年》有句"能读《三坟》《五典》《八索》《九丘》"，杜注："皆古书名"，孔安国《尚书序》云："伏牺神农黄帝之书谓之《三坟》，少昊颛顼高辛唐虞之书谓之《五典》，八卦之说谓之《八索》，九州之志谓之《九丘》"，这些书都是儒家崇奉的经典。第三，礼乐：这是儒家治国的基本方式。第四，教育：儒家视教育为治国之本，重视人才的培养，优秀人才的代表就是八恺、八元。《左传·文公十八年》说"高阳氏有才子八人"，谓之"八恺"；"高辛氏才子弟八人"，谓之"八元"。第五，政治理想："和邦国而悦远人"，天下太平。

对于这种儒家思想，无为先生的态度更是积极。他认为，这些话让他"观智"。"智"，慧也；"观"，明也。《周易》有观卦，观卦象传云："风行水上，观，先王以省方观民设教。"《彖传》云："大观在上，顺巽，中正以观天下。'观，盥而荐，有孚颙若'，下观而化也。观天之神道，而四时不忒；圣人以神道设教，而天下服矣。"根据观卦，观是教化的意思。观而明，教而化。"先民"应是指古代的圣人，包括孔子；有言是指包括《周易》在内的言；"谈何容易"，应是说值得珍惜。无为先生说自己"蒙蔽"，即长期不解儒家的真谛，如今获得仿无子的教诲，"敢不是务"，意思是马上行动，完全照办。这些话的意思是明显的，表示出对儒家的尊崇。

　　一方面是道家思想，另一方面是儒家思想，两者均是无为先生所信服尊崇的，相比而言，似是儒家思想更为重要。

　　在正常的情况下，张衡的思想就像无为先生一样，信儒亦信道，以儒为骨，以道为血，儒道共存一体。但是，在特殊的情况下，特别是政治黑暗的情况下，道家及道教的思想就占上风了，这突出体现在《骷髅赋》中。此赋设计这样一个情节：张衡自己一天在路上发现一具骷髅，与之对话，原来是庄周的遗体。张衡表示愿向神灵祷告，让这具骷髅复回人形。然而，骷髅表示不愿意，说了这样一番话：

　　　　公子之言殊难也。死为休息，生为役劳。冬水之凝，何如春冰之消？荣位在身，不亦轻于尘毛？飞锋曜景，秉尺持刀。巢、许所耻，伯成所逃。况我已化，与道逍遥。离朱不能见，子野不能听；尧舜不能赏，桀纣不能刑；虎豹不能害，剑戟不能伤……

　　这段话集中表现了道家的思想。骷髅的故事，原型在《庄子·至乐篇》中。庄子也看见一具骷髅，也说要让他复回人形，那具骷髅也说了一番话，那番话是这样的：

　　　　骷髅曰：死，无君于上，无臣于下；亦无四时之事，从然以天地为春秋……吾安能弃南面王乐，而复为人间之劳乎！

　　在骷髅看来，死比生不知要好多少。生是劳，是累；而死，不再受王的管束，自己就是王，一切自己做主，这是多么快乐的事啊！将《庄子》中骷髅说的话与《骷髅赋》中骷髅说的话比较，发现二者基本思想一致；不过《庄子》更多地强调死不再受王的管束，而《骷髅赋》则更广泛地谈人世间不得自由的诸多原因，除了来自外在的诸如王的管束之外，还有自身所受功名利禄等的驱使与约束。其实，重要的不是生还是死，而是如何从肉体与精神上实现"阴阳同其流，与元气合其朴"，张衡比庄子更为生动地描绘了与天地合一的自由境界：

以造化为父母，以天地为床褥。以雷电为鼓扇，以日月为灯烛。以云汉为川池，以星宿为珠玉。合体自然，无情无欲。澄之不清，浑之不浊。不行而至，不疾而速。

这就是张衡所尊崇并追求的人生之美啊！

第五节　极般游之至乐，苟纵心于物外

中华民族的自然审美，源远流长，远可追溯到史前。距今8000年至5000年前的秦安大地湾文化的彩陶器上就有花草纹。进入文明时代，有了文字，人们就不仅在器物上描摹自然风物，而且在诗文中表述自然风物的美。成书于周朝的中国最早诗歌集《诗经》中就有不少对自然景观的精彩描写。这些描写，前人将它概括为"比兴"，"比"重在喻人；"兴"重在启情；一般来说，"兴"多兼有"比"，"比"也兼有"兴"。其实《诗经》中的自然审美，决不只是比与兴，它还有别的意义。比如，《溱洧》中的"溱与洧，方涣涣兮"，就很难说它是比，也不好说它是兴；应该说，它就是生活的一部分，如果没有这"方涣涣兮"的水，哪里还有"士与女，方秉蕳兮"？《楚辞》中的自然风物更多，它的功能完全超出了"比"与"兴"，成为审美的重要对象。

自然审美在张衡的作品中，大体上是三种情况：一是以社会生活为主题，其中夹有自然景物的描写，如《二京赋》；二是以自然景物为主题，如《怨篇》《温泉赋》；三是两者结合，很难说以何为主题，以《归田赋》为代表。

较之前人的自然审美观，张衡的贡献有三。

第一，自然美成为独立的审美对象。这突出表现在，《二京赋》中有关自然景物的描写，没有诸如比兴、比德、言志、物利等功能，而仅仅让人愉悦。比如《二京赋·东京赋》有这样一段："永安离宫，修竹冬青。阴池幽流，玄泉洌清。鸭鸥秋栖，鹍鹍春鸣。雎鸠丽黄，关关嘤嘤。"

第二，自然美成为社会某种事物的象征。比如《怨篇》中的"秋兰"："有馥其芳，有黄其葩。虽曰幽深，厥美弥嘉。"这种美，类似君子品格，于是秋

兰成为君子人格的象征。以植物或动物作为人格的象征，可以追溯到先秦的自然物"比德"的审美观，也可以追溯到屈原作品中以"香草"比喻圣君、贤人的修辞手法。问题是，这些审美方式大多是一次性的，而张衡将秋兰作为君子的象征，后来稳定下来，成为中华民族共同的审美方式。中国文人画中有"四君子"画，其一就是画兰花。

第三，将自然审美融入日常生活，将自然物的功利性与审美性融为一体。比如《温泉赋》中所写的温泉，有治疗皮肤病的功能："温泉汨焉，以流秽兮。"如果仅只是说这一点，可能还谈不上审美。张衡不只是这样看温泉，他将温泉作为一种景观来写。首先是这种温泉环境很美："览中域之珍怪兮，无斯水之神灵。控汤谷于瀛洲兮，濯日月乎中营。荫高山之北延，处幽屏以闲清。"这种美，一在现实本有的清幽，二在与想象中的"汤谷""瀛洲"合一。自然景观离不开人的赏识，没有人的赏识，就没有自然美。《温泉赋》不仅写出了温泉作为自然景观的美，而且写出了人对它的喜爱——"殊方交涉，骏奔来臻，士女晔其鳞萃兮，纷杂遝其如烟"，于是构成了一种自然风物与人物活动同现的审美意象。

第四，将自然景观与人生追求结合起来，以便提升自然景观的哲学品格。比如《归田赋》云：

> 游都邑以永久，无明略以佐时；徒临川以羡鱼，俟河清乎未期。感蔡子之慷慨，从唐生以决疑。谅天道之微昧，追渔父以同嬉。超尘埃以遐逝，与世事乎长辞。
>
> 于是仲春令月，时和气清。原隰郁茂，百草滋荣。王雎鼓翼，仓庚哀鸣；交颈颉颃，关关嘤嘤。于焉逍遥，聊以娱情。
>
> 尔乃龙吟方泽，虎啸山丘。仰飞纤缴，俯钓长流；触矢而毙，贪饵吞钩；落云间之逸禽，悬渊沉之魦鰡。
>
> 于时曜灵俄景，系以望舒。极般游之至乐，虽日夕而忘劬。感老氏之遗诫，将回驾乎蓬庐。弹五弦之妙指，咏周孔之图书。挥翰墨以奋藻，陈三皇之轨模。苟纵心于物外，安知荣辱之所如？

文章的背景是辞官回乡，时间是顺帝永和三年（138）。张衡时年61

岁,为河间相,感于河间王刘政的骄奢不遵法度,张衡上书"乞骸骨"。此文表明心迹,开头就写出自己的无奈:"无明略以佐时",宦官专权,朝廷黑暗,皇帝昏愦,无力挽救时势。然后写出无望:"徒临川以羡鱼,俟河清乎未期"。既如此,就只能逃避,远走了。逃到哪里去?最好的去处就是大自然了。

那么,大自然有何好?文章第二、三段分别从两个层次谈大自然之好。

第二段主要写赏景,选取仲春之景为欣赏对象。仲春之景,有什么特点呢?主要是时和气清,适合生物繁荣发展,于是就有"原隰郁茂,百草滋荣","王雎鼓翼,仓庚哀鸣"。而人呢?一是可"于焉逍遥"。何谓逍遥?"销尽有为累,远见无为理,以斯而游,故曰逍遥。"[①] 二是可"聊以娱情"。为何能娱情,是因为自然物的生命蓬发感染了人的生命,人的生命与自然物的生命在同调中高蹈,情感自然激荡,且无比愉悦。

概括这段所说的自然审美,其意义就在物我同游,忘怀世事。

第三段主要说主观与客观的关系。以动物为喻,正反论述。正面论证,以"龙吟方泽,虎啸山丘"为代表。龙为何能在方泽高吟,虎为何能在山丘呼啸?因为这是它们的家。这地盘是完全适合它们生存的,概言之,就是适性,适性即自由,适性即美。由之联系到人,同样,自然是人有家,它于人是适性的。因此,"归田"的本质是适性,是归根。反面论证,以鸟的"触矢而毙"、鱼的"贪饵吞钩"为代表。鸟之所以触矢,是因为飞得不高;鱼之所以吞钩,是因为贪饵。这里,暗喻人的生命之所以得不到保障,身心得不到快乐,是因为人主观上存在着麻痹、贪心、好功、好名、好禄等诸多违背自然本性的毛病。

最后得出结论:

> 于时曜灵俄景,系以望舒。极般游之至乐,虽日夕而忘勤。感老氏之遗诫,将回驾乎蓬庐。弹五弦之妙指,咏周孔之图书。挥翰墨以奋藻,陈三皇之轨模。苟纵心于物外,安知荣辱之所如?

---

① 顾桐柏语,成玄英:《庄子注疏·序引》。

这段文章提出了"至乐"的概念。从哪里获得"至乐"？要获得"至乐"，最重要的是"苟纵心于物外，安知荣辱之所如"，就是摒弃人间的一切荣华富贵，与大自然共同纵心于生命。

张衡的人生观是复杂的，他既具有儒家的入世情怀，又具有道家的出世情怀。他的入世情怀体现为家国之志，而出世情怀则体现为自然审美。

第十三章

张衡的美学思想（下）：设计美学 ①

在中国世界科学技术历史上，张衡无疑是一颗巨星。据史料记载，张衡在科学技术上的发明创造主要有六项：浑天仪、地动仪、指南车、记里鼓车、自飞木雕、日圭，其中多项堪为世界第一。张衡所处的时代经学被尊为形而上学，科学技术则被置于形而下学的地位。张衡是大知识分子，于经学其实也很精通，但他最大的成就是科学技术上的发明。张衡那些发明，均是世界上独一无二的技术设计，用他的话来说，为"孤技"。张衡的"孤技"建立在科学基础上，可以说是至真；他的"孤技"是人类文明进步的最新成就，可以说是至善；而就美学来说，它是至美。张衡的设计是特定时代科学技术的最高成就，就当代而言，也许其技术部分是落后了，但张衡的创新意识、设计智慧不仅没有过时，而且仍然领时代之风骚，具有极为重要的价值。张衡是中国设计美学的重要开拓者。

第一节　尚器："艺"行佐国

中华文化思想以儒道两家为主干，儒道两家均不同情况地存在着对器

---

① 　此章由笔者的博士后朱洁写成初稿。

物制造以及技艺活动的排斥观念。道家核心思想为"无为"，"无为"虽然不是说不要有所作为，但因为道家有主"静"的思想，所以，其实际影响，更多的是让人静待自然而然而不要有所作为。因此，道家之徒少有在科学技术上有所创造。儒家认为，道是形而上者，器是形而下者，这上下之分，明显见出对器的轻视。另，儒家将人分为劳心者与劳力者，劳心者论道，劳力者务器，劳心者统治劳力者，明显地看不起务器的劳力者。《荀子·修身》曰："君子役物，小人役于物。"在儒家思想中，务工、务农、务商、务渔均是"小人"之事。儒道两家重道轻器的思想，对后世的科技发展产生了消极的影响，严重地妨碍了科学技术的发展。

中国古代的儒家文化，从政治思想到伦理思想，乃至人生哲学，无不体现着一种积极的入世的精神。尚书曰："立功立事，可以永年。"儒家学派认为，人的一生要积极地投入社会实践中去，政治上的功名是人一生中最重要的追求。但儒家并不鼓励在实践上对于科学技术的追求。他们将前者的追求视为道，后者的追求视为器。

政治观、伦理观，张衡应归属于儒家；但是，在道器问题上，张衡对儒家的道器观有着重要的背叛。他重道，但不轻器，不论在思想上还是在实践中，他都力图将道、器统一起来。他在科学技术上之所以有重大的创造，究其根本原因，是因为持道器一体观。张衡在他仕途不得志时，没有像道家学派那样放弃事业，追求人生的逍遥，而是在科学技术事业中实现自己的人生理想。人生的追求不仅仅是立德立功，也可以是从事有益的科学技术活动，以利民生。

张衡执着于科学技术活动，取得了卓越的成就，但并没有获得主流意识形态的赞同。有舆论批评他：

> 有间者余者曰："盖闻前哲首务，务于下学上达，佐国理民，有云为也。朝有所闻，则夕行之，立功立事，式昭德音。是故伊尹思使君为尧舜，而民处唐虞，彼虚言而已哉？必旌厥素尔。昝单巫咸，实守王家……不亦丕与！且学非以要利，而富贵萃之。贵以行令，富以施惠，惠施令

行，故《易》称以大业。……"①

这段批评立足于"佐国理民"，而"佐国理民"就是政治。榜样是伊尹、咎单、巫咸，他们都是商朝的贤臣，他们的功业均在为国君出谋献策，安国抚民。而所得也是"富贵萃之"，荣耀之至。舆论认为，这就是《周易》所说的"大业"。他们认为张衡"怀德体道，笃信安仁，约己博艺，无坚不钻，以思世路，斯何远矣"——思想品德才华均好，但路一经走偏，离正路就很远了。

语气虽似委婉，但批评非常严厉。张衡的回答则是：

> 是何观同而见异也！君子不患位之不尊，而患德之不崇；不耻禄之不夥，而耻智之不博。是故艺可学而行可力也。②

的确，这种分歧为"观同而见异"，说"观同"，因为持的立场均为"佐国理民"，也就是说都是为国为民；说"见异"，因为对于"佐国理民"的理解不同。上引舆论所认为的"佐国理民"就只是政治，而且这种政治仅限于行政管理，当然就这种理解而言，伊尹可以为人生楷模，但这种理解是狭隘的，甚至是不当的。张衡认为有两个对立的选择：位与德，禄与智。作为君子，不能"患位之不尊"，而应该"患德之不崇"；不能"耻禄之不夥"，而应该"耻智之不博"。最后归结为"艺可学而行可力"。"艺"，指技艺，相当于现在的科学技术和工艺制作。这些东西，在中国古代称为"器"，"形而下者"，它们是可以学习的，而且也是应该学习的，潜台词就是，君子不只是学"道"，不只是追求"形而上者"。在张衡看来，艺，也就是道。不管是道还是艺，都重在行。在这里，他强调的行是科学技术和工艺制作上的行，也就是科学实践、技术实践和工艺实践，而且要"行可力"。

张衡道器一体观，是他的科技美学的基础，正是因为道器一体，所以，科学技术的美可以上升到道的高度，成为道之美。

---

① 张衡：《应间》。
② 张衡：《应间》。

第二节　尚异：因艺而受任

基于舆论对于"佐国理民"理解的狭隘，张衡进一步阐发佐国方式的多样性，这其中，他提出"人各有能，因艺而受任"[1] 具有重要的美学意义。

张衡说：

> 浑元初基，灵轨未纪，吉凶分错，人用瞳矇，黄帝所斯深惨，有风后，是焉亮之，察三辰于上，迹祸福乎下，经纬历数，然后天步有常，则风后之为也。当少昊青阳之末，实或乱德，人神杂扰，不可方物，重黎又相颛顼而申理之，日月即次，则重黎之为也。人各有能，因艺受任，鸟师别名，四叔三正，官无二业，事不并济。昼长则宵短，日南则景北，天且不堪兼，况以人该之？ 夫玄龙，迎夏则陵云而奋鳞，乐时也；涉冬则涸泥而潜蟠，避害也。公旦道行，故制典礼，以尹天下；惧教诲之不从，有人之不理。仲尼不遇，故论六经，以俟来辟，耻一物之不知，有事之无礼。所丁不齐，如何可一？[2]

这是一篇极精彩的审美多元赞词。首先，从远古说起，说了两件事：一件是天地开辟之时，灵轨未纪，吉凶分错，人用瞳矇。黄帝用了一个名叫"风后"的人，把历数建立起来，于是"天步有常"，人行也有轨了。另一件是少昊青阳的末期，人神杂扰，百姓无则，颛顼帝用一个叫"重黎"的人，分清神与人各自的工作，从而天下有序了。这说明"人各有能，因艺受任"。黄帝、颛顼就是因为善于用人之长（艺）而让天下安定太平。接着，张衡强调"官无二业，事不并济"。"官无二业"，以"鸟师别名"为例，少昊为帝时，以鸟名官，不同的鸟名意味着不同的官，而不同的官管不同的事。"事不兼济"，一是表现为自然界，如"昼长则宵短，日南则景北"，玄龙夏天奋飞，涉冬潜

---

① 张衡：《应间》。

② 张衡：《应间》。

藏,都是不能兼的;二是表现在社会界,以孔子为例,尽管周礼大行于天下,孔子也有不得志的时候。不遇,做不了官,就只能阐述"六经",教教弟子了。张衡最后得出结论:"所丁不齐,如何可一?"

说得非常对!

自然多元化,才成其为自然;社会多元化,才成其为社会;人才多元化,才有利于家国;事业多元化,才有利于发展。

这里,包含着几个不同层面的意义:

第一,自然生态层面。举凡自然、社会,都存在生态网络,彼此相关,无一例外,生灭兴衰,平衡协调,持续发展。网络无大小,事事都重要。

第二,社会分工层面。社会是一个有机整体,任何事业均存在分工与合作的关系,正是因为这样,对于社会各项工作均应得到应有重视与恰当的处置。

第三,审美多元层面。美既具有共同性,又具有特殊性。特殊性中有共同性,共同性中有特殊性。既各美其美,又美美与共。"万方亿丑,并质共剂"①。

以上三个层面的意义,均会落实到科学技术、工艺制造。张衡面对质疑者不无自嘲地反讽说:

> 子忧朱泙曼之无所用,吾恨轮扁之无所教也。子睹木雕独飞,愍我垂翅故栖,吾感去蛙附鸥,悲尔先笑而后号也。②

张衡说,先生您担忧《庄子》中的朱泙曼向支离益学屠龙,虽然学成了,却无所用其巧,我不担心这个,我恨的是《庄子》中的那个做轮高手轮扁,其技艺教不了他的儿子,这都是需要自己心领神会创造性去做的啊!先生看见木雕的鸟独自飞,同情我这只笨鸟垂翅回归于故地,我倒是担心自己如同《庄子》中的井底之蛙,还有那只衔腐鼠的鸥,目光短浅啊!

张衡在这里表现出的审美胸怀直如这浩瀚的天空,让人敬佩不已!

---

① 张衡:《应间》。
② 张衡:《应间》。

第三节　尚奇：以"孤技"自傲

张衡在《应间》一文中谈到舆论对于他的讽刺：

　　……曾何贪于支离，而习其孤技邪？参轮可使自转，木雕犹能独飞，已垂翅而还故栖，盍亦调其机而犹铦诸？①

这段话中的关键词是"孤技"，在这里，不是一个褒义词，而是舆论界对于张衡技术创造的讽刺。

称为"孤"，当然，绝无仅有。但批评者意不在此，意在此技不大众，没有用处。它的来历为上句的"贪于支离"，支离为支离益，是《庄子列御寇》中的一个人物，善屠龙。有人名朱泙曼，向支离益学屠龙技术，罄千金之产，费三年多功，技是学成了，却没有用处。这里，借支离益的故事，说张衡的发明没有用处。舆论也说了张衡几件发明：一件是三轮，可以自己转动；另一件是木鸟，能独飞。但没有用，张衡自己也没有因之得到重用，最后不过是重任太史令，好比那只能独飞的木鸟，"垂翅而还故栖"。既然如此，何不调整一下自己的机关使之利于高升呢？

这里，涉及学与用的关系。按腐儒的看法，"学非所用，故临川将济，而舟楫不存焉"，而张衡研究"灵宪"、浑天仪之类有关天道的问题，叫着"徒经思天衢，内昭独昏"，是不会得到世人重视的。张衡自己也说"尝见谤于鄙儒"。

张衡主张"道、技、器"并重，同时他还认为"技、器"以创新为美。"孤技"在他人是批判，在张衡却引以为傲，因为"孤"不是孤立，而是独一无二，是创新。

西汉前期，以黄老思想治国，推崇道家，道家的"无为"思想从根本上与设计的创造与革新相对。与道家的"无为"相比，儒家"有为"更具有对社会变革的积极态度。但是，儒家赞同设计的"有为"是有限制的。一方面，

---

① 张衡：《应间》。

设计有严格的规范和程序不能随意创设；另一方面，儒家以"器以藏礼"为手段，实现传达"礼"之道德观念的社会作用，设计要出自官方的认可，标新立异或哗众取宠者都有可能受到诛杀。《礼祀·王制》中有"四诛"，其中有"析言破律，乱名改作，执左道以乱政，杀；作淫声、异服、奇技、奇器以疑众，杀"。儒家对设计的形式和纹饰都有限制，过于严苛的设计制度不利于设计的创新，阻碍了设计师的创新思维。

创新是设计的灵魂，设计美在创新。张衡主张创新精神，并且在他的设计中实践创新。张衡在《应间》中说："世易俗异，事势舛殊，不能通其变，而一度揆之，斯契船而求剑，守株而伺兔也。"① 张衡反对做事情墨守成规而不求变通，他主张创新，对待事物提倡变革。张衡的设计突出的特点就在创新，他做了许多创造性的发明。浑天仪是将天文学理论运用于机械制造的创造性发明，是中国天文史上第一个完整的天体自动演示仪器。张衡被世界科学界誉为"地震仪之鼻祖"，他设计的地动仪是世界历史上第一台检测地震的仪器，是一项伟大的创新设计。张衡被后人称作"木圣"，"圣人"与百工的最大区别就在于具有创新思维，进行创造性的发明。

张衡的设计与儒家所批判的"奇技、奇器"有本质的区别。中国古代的器物大体可以分为两类。一类是专供欣赏把玩的"奇器"，这类器物往往没有实际的功用，仅在材质上追求珍奇或贵重，在装饰上极尽烦琐雕饰，儒家批判和反对的主要是这一类器物。还有一类是有实际用途、解决问题的"器具"，张衡的设计属于后者。张衡的设计以科学原理为基础，以解决实际问题为出发点。他说："是故艺可学而行可力也。""艺可学"，不仅是说此艺能学好，而且说此艺应该学。而说"行可力"，强调的是艺的实际用途以及它的给力度。说"可力"，这用途就是重要的，而且给力的。张衡设计的浑天仪、地动仪、指南车、记里鼓车、土圭等都大有功用。浑天仪主要是用仪器来模拟天象变化、显示时刻，准确地测定历法，为农民因时进行农耕播种提供参照。地动仪在远方地震时，相应地震方位的铜丸就会掉落，具有验震

---

① 张衡:《应间》。

的功能。指南车是指示方位的车，无论车身转向哪个方向，车上的木制小人永远指向南方。记里鼓车可以预报车行的里数，车每行一里路，车上的木制小人就击鼓一次，指南车和记里鼓车是古代的作战用车，秦以后则转变为一种皇权典礼的仪式车。土圭是一种天文仪器，带有刻度，用来测量日影的变化。这些设计都具有很明确的功能性，可见，张衡无论是思想上还是在设计的实践中，都始终将设计的功能放在首位，设计就要备物致用。

张衡所有这些技术发明均为奇，均为新，而且此奇此新又都有用。这里反映了张衡的一种美学思想：人工美应以用为美之本，而以新为美之灵，以奇为美之貌。

第四节　主真：创科技之智

搞科学研究，必须尚真，张衡尚真。

中国传统文化是尚真的，但是，在中国传统文化中，有着多种真。

其一，是道家的真。道家主张"法自然"，道家的"法自然"，有人认为是法自然物，尊重自然规律。其实，它既不是法自然物，也不是尊重自然规律。道家说的"自然"是"自然而然"即本然。应该说，本然也包含有自然规律的内涵；但是，在道家，它说的本然，主要是指事物的本性，而且主要指人的本性，不是指自然的本性。道家让人"法自然"，从根本上讲，是让人的本性得以解放。道家其实并不鼓励人去探索自然规律，求真；更不鼓励人运用自然规律去改造自然，行善。

其二，是儒家的真。儒家不怎么讲自然，最多的是讲人。讲自然，也只是讲自然现象，更多的是用自然物比德，诸如"智者乐水，仁者乐山"。儒家讲"天命"，天命是什么，儒家不再深究。唯一涉及真的话是《中庸》中所说的，"诚者，天之道也。诚之者，人之道也。""天之道"很容易让人联想到真，但儒家没有往自然之真这方面去探究，很快就又回到人这方面来了。它说"唯天下至诚，为能尽其性；能尽其性，则能尽人之性"。说来说去，还是为了解决人性的问题、善的问题。儒家的真，在很大程度上说的是诚，这诚是从哲学层面向伦理层面的转化,它对人生、做人具有积极意义,但它不能转化为认识自然,更不能造物。

不能说道家、儒家一点也不关心客观自然的真,但总体来说,是关注得比较少的,它们共同关注的是人的问题、社会的问题。即使涉及自然的真,也只停留在哲学层面,完全没有深入科学技术层面。在这点上,张衡与道儒两家有着重大的不同。第一,张衡关注的真是客观自然的真即自然规律。第二,张衡的真是实证主义之真,也就是说,它来自自然界,又可以指导人们进一步认识与改造自然界。用今天的话来说,张衡的真是科学知识的真,他探求专业知识的描述和科学本质的探究,并提炼落实到技术层面,他的真可以直接造物,为社会服务。

张衡求真思想成为时代的异端,在神秘主义盛行的汉代,"关联式的思考"形成一整套"天人相通"和"天人相类"的系统图式,其中包含着大量的神学色彩。在这样一种神秘思想盛行的时代,对于科技的"真",儒道思想都不关注。儒家认为宇宙以道德为经纬,对人世社会理想的关注多于对自然科学的关注,"儒家对那些以科学来了解自然,及寻求工艺的科学根据及发扬工艺的技术都持反对的立场"①。它称赞技艺对社会的价值,但绝不认为精微而平凡的科学逻辑有研究的需要。道家关注自然,但"道家对技术与发明表示强烈的不满"②。道家认为万物由始至终是难测难识的道德秘密,人类能够做到的只不过是描述其现象而已。中国哲学思维知行合一的特点,使中国古代求知求科学的过程是同功能和制造紧密联系在一起的,为求知而求知的态度在中国古代哲学家或科学家那里不具有普遍性。在这种思想的影响下,中国古代的科学发展面对两大阻力:一是科学活动受到打击和抑制,二是科技仅仅重视功能而不重视对基本学理的探讨。

在此反科学发展的巨大思想阻力下,中国历史上还是难能可贵地涌现

---

① [英]李约瑟:《中国古代科学思想史》,江西人民出版社 2006 年版,第 11 页。

② [英]李约瑟:《中国古代科学思想史》,江西人民出版社 2006 年版,第 141 页。

出了众多杰出的科学家。在先秦时期的思想流派中，墨家就表现出了积极的科学精神。墨家投身科学实践，"早期墨家着意于伦理、社会生活与宗教；而后期的墨家则颇注重于科学的逻辑与科学及军事技术。"[1] 墨子就是一位设计师，他精通机械制造，几乎谙熟当时各种兵器、机械和工程建筑的制造技术，并且墨家是中国科学最早记载力学与光学研究的。张衡与墨家思想契合，异于儒道主导的传统思想，是中国古代为数不多的科学实践者，他表现出了对科学的实践精神和对科学本质的探究精神。

张衡的设计依赖于他广泛的科学知识，他的科学研究也是以具体的器物设计为目的进行的。张衡对中国古代科学史作出了重要的贡献，他在天文学方面著有《灵宪》《灵宪图》《浑天仪》，是对古代浑天说理论的继承与发展；在数学方面著有《算罔论》，"他关于圆周率的计算，取用 $\pi = 730/232 \approx 3.1466$，又在球体体积公式中取用 $\pi = \sqrt{10} \approx 3.1622$。"[2] 通过对"天周""地广"的计算推算出圆周率的数值为 3.1623，这一数率在天文学史和数学史上均具有重要意义；于堪舆学，著有《地形图》；另外，在地震学、机械学、物理学等领域，都有所专研。

张衡在设计中就运用了以上的科学知识。比如，张衡设计的指南车、记里鼓车的齿轮结构，浑天仪的水运联动装置，地动仪的悬垂摆机关，自飞木雕腹内的机械动力等，都利用了相关的杠杆、线绳 (铜链) 或者齿轮传递位移等传动系统和自动装置。张衡用数学知识，尤其是几何学原理，对齿轮齿数进行计算，对齿轮大小进行几何分析和测量，对整体器物的联动装置用物理学相关知识进行整合。浑天仪的演示天球还包括了天文学知识，用"五日同率"的数学计算方法，取得赤道、黄道与地平线的夹角度数等。张衡的科学知识和设计之间可谓辅成相弼，运用科学知识进行设计是张衡异于当时许多设计者而独显的设计思维，是张衡设计成果显著的重要原因。

---

① [英] 李约瑟：《中国古代科学思想史》，江西人民出版社 2006 年版，第 188 页。
② 自然科学史研究所主编：《中国古代科技成就》，中国青年出版社 1978 年版，第 101 页。

除了对科学本质的探究,张衡在设计中还运用了观察和实测的科学方法。在《灵宪》中,张衡提出了自己的设计方法"有象可效,有形可度","度"即观察测量之意。张衡常在设计中观察和实测,这种方法可以说是设计方法,也可以说是科学研究的实证方法。比如浑天仪的演示天球体设计就运用了观察和实测,首先对"形象之象"天体运转规律进行观察和测量以取得科学数据,再根据这些数据进行制造。天球体上黄道与赤道的交角为 24°这一数据就使用了"夏历晷景之法",就是每天正午太阳直射的时候,用土圭测量太阳的影长。为了得到更精准的证明,张衡还制作了一个"小浑"模型,对这一数字结论进行实际检测,以避免运用土圭等工具测量时,会因天气等因素的影响而产生的误差,"本当以铜仪日月度之,则可知也。以仪一岁乃竟,而中间又有阴雨,难率成也。是以作小浑,尽赤道黄道。"天球体上南极与北极分别出地入地的夹角度数,也是通过对南极星宿、北极星宿及二十八星宿的观测得知的。张衡在浑天仪天球体的表面,绘制了汉代最为详尽的星图,这些星图是张衡通过对星座数与恒星坐标的实测得来的,他所观测的恒星总数达到 2500 颗,比甘德、石申、巫咸三家观测的总星数多了近一倍。

张衡是追求真知的代表人物,侯外庐称张衡"是与王充年代相接反图谶的后继者"[1]。张衡思想的求真,主要表现在反对董仲舒《春秋繁露》的天人感应神学体系,以及与之相呼应的谶纬图说。汉代谶纬鬼神之说盛行,张衡能清醒地认识及分辨其中的真伪已十分难得,这是张衡思想求真的体现。张衡的科技制造、技术创新,是他求真思想更直接、更充分的展现,不仅是对汉代神秘思想的有力反击,更是对儒道科学技艺观的彻底颠覆。在古代中国大多数科学者还未完全摆脱思想的神学观时,张衡就在设计中运用科学知识进行设计,运用观察和实测的设计方法,其科学研究和设计过程充分体现了求真的科学精神。

---

① 侯外庐:《中国思想史纲》,上海书店出版社 2004 年版,第 146 页。

第五节　尚礼：“器以藏礼”

　　张衡的器物审美观突出体现为“器以藏礼”。

　　“器以藏礼”出自儒家著作《左传》。《左传·成公二年》云：“唯器与名，不可以假人，君之所司也。名以出信，信以守器，器以藏礼，礼以行义，义以生利，利以平民，政之大节也。”按这段文字，器与礼的关系，有三重意义。其一，器是礼的体现，主人的身份（“名”）因此而得以确定（“信”）。某种意义上说，器是礼的形式，礼是信的内容。器与礼的关系成为形式与内容的关系。其二，器是外显的，礼是内藏的，既是内藏的，又何以知之？当然，外行的人是不知道的，而内行的人是知道的。他凭什么知道？凭外显的形象，外显的形象对于内藏的内容具有一种指定性。既如此，外显之象就成为内藏之礼的符号。其三，由于外显之象对内藏之礼的指定具有特定性，它不容许含糊，不存在他义；因此，这特指的符号与被指的对象具有一对一的关系，它们是完全贴合的。这种统一达到了形式即内容或者说内容即形式的高度。

　　这样一种内容与形式相统一的关系，儒家在哲学上将它归属于文与质的统一。孔子说：“质胜文则野，文胜质则史；文质彬彬，然后君子。”[①] 这是从伦理学意义上讲文质的统一，文为外在表现，质为内在修养，二者要求高度统一。儒家也将文与质的统一用到艺术上。《论语·八佾》有一段对话，子夏问曰：“‘巧笑倩兮，美目盼兮，素以为绚兮’何谓也？”子曰：“绘事后素。”曰：“礼后乎？”子曰：“起予者商也！始可与言《诗》已矣。”“巧笑倩兮，美目盼兮，素以为绚兮”，本是说卫国一位女孩的美，强调这美在“素”即本色。既然是本色，就完全是自然的，没有一丝装扮出来的成分。孔子将它用到绘画上，说“绘事后素”，强调绘画之美也在素，这话就包含两个意思了。其一，画好不好，在是否“后于素”即是否以素为底子；其二，底子虽好，

---

① 《论语·雍也》。

也只是底子,这画好不好,还要看在这素的底子上绘了什么。这一观点与"器以藏礼"是相通的,礼相当于素——底子,器相当于绘。

张衡是深谙儒家的文质观的,他将"器以藏礼"的观念在设计中充分体现出来了。

第一,器物设计首先要遵循"礼"的制度,设计不能任意而为之,要依据规范,符合章法。

第二,器物设计要体现、传达"礼"的制度,如何体现传达?《礼记·礼器》曰:"先王之立礼也,有本,有文。忠信,礼之本也;义理,礼之文也。无本不立,无文不行。"[①] 先王制定礼,有根本,又有文饰。忠信,是礼的根本;义理,是礼的文饰。没有根本,礼就不能成立;没有文饰,礼就不能施行。要通过"文"来传达"礼"的制度,在设计中"文"可以理解为"纹饰",就是用设计的"纹饰"符号语义来传达"礼"的内容。

第三,"器以藏礼"此处用的是一"藏"字,就是说,设计对"礼"的体现除了用显现的"纹饰"来体现以外,也可能用隐藏起来的形式或者功能来体现。

"器以藏礼"观要求设计的功能与外观审美相和谐,将设计的形式美提升到与功能平等的地位,如此重视设计的形式其背后还是有功能目的的,就是设计的形式具有传达"礼"之道德观念的作用。张衡的设计思想完全遵循"器以藏礼",他在《思玄赋》中对房屋的设计做过评论:"匪仁里其焉宅兮,匪义迹其焉追?"他认为房屋要"仁里",就是房屋要用外观文饰来表达"仁"的观念。设计装饰和纹样更深层的含义是从宇宙观高度上给儒家思想、仁义之道以一个系统论证,张衡认为器物的形式美不仅是一种装饰,更是儒家"仁礼"观念的外在表达。这使器物的纹饰也具有了意义,除了器物本身的功用对社会的整体文明和发展起到推动作用以外,器物的外观造型意旨或符号意义的传达也可以促进社会的"仁义礼制"观,是人性教化的重要手段,起到维护社会秩序、促进道德进步的作用。张衡设计的器物主

---

① 《礼记·礼器》。

要是国家礼器，如浑天仪、地动仪、指南车、记里鼓车等，在设计中也必须体现当权者的意志，就是要"器以藏礼"。

那么如何将儒家的"仁礼"观念用器物的形式表达呢？这就涉及从观念到视觉设计语言的转化问题。中国古代艺术作品中常见的也是典型的一种艺术手法就是将形象与象征意义联系起来，比如张衡在文学艺术作品中常常运用"比兴"的手法，以鸾鷖来比喻君子，用鹠鸼 (杜鹃鸟) 来比喻谗人，等等。这种同类比附的艺术手法转换到设计上，即用器物上的装饰纹样的象征意义来表达"仁礼"观念，借用符号的形式来表达器物的内涵与精神层面的意义。例如，运用神话故事传说、阴阳五行思想或吉祥纹样等进行器物的装饰艺术加工，就是"器以藏礼"设计语言转化的方式。

以张衡设计的地动仪为例，在地动仪上具有装饰性的纹样主要有：方位图形、龙形、蟾蜍，这些装饰图案具有多重象征含义。

方位图形在地动仪的尊体外，含有三种标记方向的图形：一是符号 (八方兆，八卦卦形)，二是文字 (篆文，震兑坎等八个字)，三是图案 (山龟鸟兽之形，青龙、白虎、朱雀、玄武)。这些方位图形加上地动仪形似酒樽的外形，就象征了古代天圆地方的宇宙观思想。

地动仪上有龙形和蟾蜍形象，而在古代龙是统治者的象征，是皇权的代表。地动仪作为国家的礼器，需要有与礼乐相匹配的装饰纹样，而龙的形象正符合礼器纹饰的需要，它代表皇权的威严和天子贵为天地之精的身份，并且在封建社会的礼乐等级制度下"龙"成为皇帝专用的象征符号，只有贵为天子或皇室才能使用。龙在古代还有丰富的象征内涵，比如象征"君子自强不息"的精神，这也是张衡自身天道观的追求，他的文学作品中常将自己喻龙：遇顺境则出，骁勇奋战；遇逆境则隐，明哲保身。

在地动仪的设计上，上方运用龙形，下方运用蟾蜍形，龙形与蟾蜍形象结合起来，代表了张衡对地震成因的解释。《易经·说卦》中记八卦所象之物："乾为马。坤为牛。震为龙。巽为鸡。坎为豕。离为雉。艮为狗。兑为羊。"其中"震为龙"，龙与震动有关，龙在上，象征阳气，下有蟾蜍，象征阴气，恰恰说明了张衡认为地震源于阴阳二气相激相荡之理，是古代对地震解释的地动说和阴阳说理论。

张衡的设计完全遵循了儒家"器以藏礼"的思想。现代设计符号学将器物符号划分为图像性符号、指示性符号、象征性符号,这些在张衡的设计中都有体现;但特别需要指出的是,张衡设计的图像性符号、指示性符号也同样具有象征性符号的意义,可见象征与意义对于张衡的设计是极为重要的事情,也是他设计形式美所追求的根本目标"器以藏礼",即通过形式美表达政治的崇礼观和人生的天道观。

第六节 用简:遵节俭之风

张衡在设计风格上崇尚以简为美。

中国古代社会物质资源还相对匮乏,各家思想纷纷提出器物的审美论,对器物功能的肯定是各家思想的普遍认同,而对器物的审美风格则普遍以简为美。道家是极简风格的代表,道家认为设计应以实用性为目的,排除一切人工形式与美,"五色令人目盲,五音令人耳聋,五味令人口爽。驰骋畋猎,令人心发狂。难得之货,令人行妨。是以圣人为腹不为目,故去彼取此。""是以大丈夫处其厚,不居其薄;处其实,不居其华"。① 道家思想的根本是追求"道法自然"的审美境界,道家首先是不看重人工设计,其次对于设计品的形式或者装饰则极为反对,这种对自然、去人工美的追求可以被认为是一种极简的设计形式。法家也认为设计以简为美,过分的装饰和贵重的材质都是不必要的,韩非子拿瓦当和玉卮作比喻,"夫瓦当器至贱也,不漏,可以盛酒。虽有千金之玉卮,至贵,而无当,漏不可盛水,则人孰注浆哉?"② 珍贵的玉卮如果没有底来盛水的话它的价值还不如一个贫贱的瓦当,可见法家将功能作为设计美的唯一标准。墨家同样赞同设计要简洁,墨家提出"先质而后文",所谓"衣必常暖,然后求丽;居必常安,然后求

---

① 《老子·十二章》。
② 《韩非子·外储说左下》。

乐"①。实用是第一位的，但不排除形式美，墨家提出了设计的功能与形式孰先孰后、孰轻孰重的问题，但总体上仍然要简洁。

　　汉代流俗的观点认为，那些竭尽装饰技艺之事的豪奢品最能体现工巧；然而，张衡却崇尚简朴反对浪费，他追随孔子和老子遵节俭、尚素朴的人生观。张衡《东京赋》云："因秦宫室，据其府库。做洛之制，我则未暇。是以西匠营宫，目玩阿房，规摹逾溢，不度不臧。损之又损，然尚过于周堂。观者狭而谓之陋，帝已讥其泰而弗康。"文中，张衡用汉高祖的故事来劝诫当世君主要清廉俭朴，高祖所持的天下疾苦、君应尚俭以慰民心的思想是张衡所拥护的，也希望今世引以为鉴，消除铺张浪费的生活作风和烦琐的祭奠仪式，为民谋福。这里不是直接讲设计的，但设计如果过分装饰、奢侈、铺张、浪费一定是张衡所反对的，张衡提倡的是一种简朴的美，他在《东京赋》中说："奢未及侈，俭而不陋"，"改奢即俭，则合美乎斯干"，"为无为，事无事，永有民以孔安。遵节俭，尚素朴，思仲尼之克己，履老氏之常足。将使人心不乱其所在，目不见其可欲。"张衡还用孔子和老子的思想教育人们，遵节俭，尚素朴，人就能克制"恶"的欲望，达到身心平静。

　　张衡节俭、朴素的人生观转换到设计上就是对器物形式美的克制，器物整体呈现一种简洁的设计风格。这里需要说明的是，在尚简和形式美之间存在着一个矛盾，以上各家思想都推崇简洁的风格，去除形式美，它们批评的形式美主要是指文采、数量规模和贵重的材质等。它们反对形式美的根本出发点还是反对不必要的形式浪费，出于民生的考量而提倡设计要简朴，而大家所反对的形式美有时正是儒家实现"礼"的规范而进行的文采、数量和材质的设计，是儒家"器以藏礼"的体现，这里的功能与形式、简朴和崇礼看似矛盾重重而不可调和。张衡设计的器物多为简洁大方的造型，少有纹饰；但有些设计属于礼器，就必须要有纹饰装饰。如何使器物的造型符合礼器的审美要求，而又简洁朴素呢？张衡用设计的智慧化解了矛盾，他的设计尚简而崇礼，是一种更高境界的美。

---

① 《墨子·佚文》。

　　张衡的设计将功能和纹饰结合起来,将器物的功能部件与装饰纹样的造型巧妙地结合起来。比如,在浑天仪和地动仪上都设计了龙的造型,在漏水转浑天仪中"以玉虬吐漏水入两壶",虬龙就是有角的小龙。地动仪上"外有八龙,首衔铜丸",前者是龙首吐水,后者是龙首吐丸。浑天仪的虬龙和地动仪的龙首都具有使用功能。在浑天仪的漏壶装置中,三层漏壶利用虹吸原理由上至下漏水,上层漏壶与下层漏壶的导水漏管设计成了虬龙的样子,"玉虬吐漏水"起到导水的作用。地动仪上八个龙首的造型都有功能。一是指示四面八方的方位;二是龙口张开以衔铜丸,待地震时"施关发机",龙首与机关相连,龙作为联动功能的一部分,引导铜丸下落,起到报警的作用。在设计中,张衡始终克制地使用装饰,那种在功能之外仅仅为美观或样式而存在的形式,在张衡的设计中完全看不到,张衡是绝对反对奢侈之风和铺张浪费的。

　　张衡尚简的设计观有对儒、道思想的继承,但也有创新和突破,与传统唯功能至上的尚简观是不同的。同时,他的尚简观具体地落实到了设计实践中,其尚简思想具有丰富的内涵。

　　首先,他让我们重新反思功能与形式的关系问题。形式美在设计中是至关重要的,形式与功能并不是绝对矛盾的对立面,形式美不等于浪费或奢侈,依靠设计师的智慧可以实现两者的和谐与统一。张衡的设计就是这样,实现了功能与形式的和谐,巧妙的设计使器物既精致美观,又很简朴实用。对设计形式美的完全否定或者忽视是狭隘的,在社会物质条件极为匮乏的年代,这种思想是一种极端的做法。张衡在遵循儒家器物功能与形式并重及"器以藏礼"观念的同时,又吸取了道家等思想对形式美的克制,形成了独具特色的设计尚简观。

　　其次,从张衡的设计实践中我们还能看到以"简"为美更深层、更广泛的内涵。"简"是指设计的整体和谐,一件好的设计作品需要功能完善、形式美观,同时还要材料考究、技术优良、结构精巧。但是,设计的过程不是几者简单的相加:功能+造型+技术+结构,而是设计师对几者关系进行综合分析、整体组合、交叉、叠加,这一过程是复杂的,共同构成器物美的整体。张衡尚"简"的理想，实际上是综合各要素在设计理性上实现平衡，"化繁为简"，去除无用功，实现效率的最大化与整体和谐。张衡的整体和谐尚简的设计审美观念，促成了其设计的成功。

张衡的事业曾在汉代被世人嘲笑为"孤技"，而当今我们再来看张衡的"孤技"，则是伟大的智慧。张衡的"孤技"就是创新，他在设计上创新，制作了当时独一无二的创造发明；他在科技上创新，在科学本质和技术应用上开拓进取，他异于当时主流思想投身科技与设计，忍受孤独，创造世人无法企及、无法超越的事业，这样的"孤技"是多么难能可贵啊！

设计需要创新精神，首先要突破禁锢的思想，勇于尝试创造，设计的新是紧密围绕生活实践找到突破口，综合、整合各种资源。如果设计仅仅停留在模仿、复古、式样的简单重复，就将无法实现创新，也无法体现价值。设计的创新也不应该是功能的简单相加，而应该是从功能到式样再到使用方式的整体创新。

设计需要科技支撑，因为设计的核心是功能，而功能的巨大动力来自于科技。一个国家产品的强大与这个国家的科技水平有密切的关系，从产品的材料到产品的制作工艺都是科技实力的体现；但科技的强大不能直接带来产品的优良，它还必须通过中介设计将科技转换运用到产品上，从而实现它的价值，这时，设计及设计创新的重要性就更为凸显了。

设计需要以简为美，中国古代的设计思想多崇尚简洁的设计，尽量去除不必要的装饰、无用的数量和昂贵的材质，这是出于民生的考虑。中国传统的设计尚简风格与当代生态文明提倡的以"简朴"为美的生态审美观遥相呼应，从产品设计到生产制作再到产品用弃都要从简。简洁、朴素、节制，将是未来人类社会对设计之美的终极追求。